U0678878

国家重大科技专项（2016ZX05044）资助出版

煤层气勘探开发地质工程

康永尚　叶建平　姜杉钰　王　金等　著

科学出版社
北京

内 容 简 介

本书共分 8 章。第一章系统总结了煤层气基本特点；第二、三、四章全面探讨了煤层气密集成藏模式；煤储层关键参数及其分布规律，并对煤层气勘探开发评价方法进行了论述；第五、六、七章针对煤层气开发中的压裂、排采等工程问题提出了针对性的方法探讨；第八章对煤层气井产量预测和经济评价方面进行了初步分析。

本书可供煤层气勘探开发研究人员和工程技术人员阅读参考，也可作为高等院校相关专业的参考用书。

图书在版编目(CIP)数据

煤层气勘探开发地质工程 / 康永尚等著. —北京：科学出版社，2020. 10

ISBN 978-7-03-066435-8

Ⅰ. ①煤…　Ⅱ. ①康…　Ⅲ. ①煤层-地下气化煤气-地质勘探-研究　Ⅳ. ①P618. 110. 8

中国版本图书馆 CIP 数据核字（2020）第 201059 号

责任编辑：韦　沁 / 责任校对：张小霞

责任印制：赵　博 / 封面设计：北京图阅盛世

科 学 出 版 社 出版

北京东黄城根北街 16 号

邮政编码：100717

http://www.sciencep.com

北京建宏印刷有限公司印刷

科学出版社发行　各地新华书店经销

*

2020 年 10 月第　一　版　开本：787×1092　1/16

2025 年　3　月第二次印刷　印张：13 1/4

字数：314 000

定价：188. 00 元

（如有印装质量问题，我社负责调换）

前　　言

我国煤层气资源十分丰富，埋深2000m以浅的煤层气地质资源总量为$36.81\times10^{12}m^3$，与我国陆上常规天然气资源量相当。我国目前处于煤层气商业开发初级阶段，“十二五”期间我国煤层气产能建设规划为$200\times10^{12}m^3$，煤层气产气量正逐年提高，煤层气作为一种非常规能源，其开发具有巨大的经济效益和社会效益。

煤层气的开发属于新的技术领域，而我国煤层气盆地地质条件复杂，商业开发处于初级阶段，诸多理论尚待深化认识。目前国内外很多学者对煤层气早期资源评价、成藏条件分析、煤储层及水文地质条件方面，钻完井工艺、储层改造工艺方面做过大量研究，取得了丰硕的成果。但是，对于处于商业开发初级阶段的中国煤层气来说，排采动态分析，以及地质模式和开发对策的研究思路和方法还处于起步阶段。为此，笔者在近10年煤层气开发研究工作的基础上，结合油气重大专项“滇东黔西煤层气开发技术及先导性试验”研究成果，撰写了《煤层气勘探开发地质工程》一书，旨在从煤层气井排采动态出发，在排采动态典型指标分析、排采动态表征和动态分区的基础上，揭示排采动态表象背后的由煤储层本身的地质性质（厚度、含气量、渗透率）、区域构造、区域水动力场、局部构造（局部褶皱、断裂）等多重地质因素有机组合而形成的地质模式，并以地质模式为指导，探索不同地质模式下针对性的排采策略，从而更好地指导生产，以期对我国煤层气商业开发提供理论指导，推动我国煤层气产业的发展。

本书重点讨论了煤层气富集规律和富集模式、煤储层关键参数分布规律和主控因素，以及煤层气勘探开发评价方法和阶段划分等，构成了煤层气开发地质的主要内容；另一重点是煤层气井的开发动态分析、动态表征和诊断研究，构成了与煤层气井排采有关的动态分析内容。

本书具体章节分工：前言由康永尚撰写，第一章、第二章由叶建平、康永尚和毛得雷撰写，第三章、第四章由康永尚、姜杉钰、王金、孙良忠、刘娜撰写，第五章由康永尚、尹锦涛撰写，第六章由康永尚、秦韶峰、毛得雷撰写，第七章由康永尚、赵群、邓泽撰写，第八章由康永尚、杨慎撰写，全书由康永尚统稿。本书在编写过程中，得到了许多专家、学者的关心和帮助，参考并引用了国内外很多文献，在此表示衷心感谢。

由于作者水平、时间和精力有限，书中不足和错误之处恳请广大读者批评指正。

目　录

第一章　煤层气基本特点

第一节　煤 岩 特 征

煤是一种由高分子有机化合物与矿物组成的固态可燃有机岩。它是由植物残骸经过复杂的生物化学、物理化学及地球化学变化转变而来的，经过了从植物死亡、堆积到转变为煤的一系列演变过程。

这个演变过程即为成煤作用，大致可分为两个阶段：第一阶段主要发生于地表的泥炭沼泽、湖泊及浅海滨岸地带，植物死亡后的遗体在各种微生物的参与下，不断地分解、化合、聚积，这一阶段是低等植物转变为腐泥，高等植物转变为泥炭，故这一阶段称为腐泥化阶段或泥炭阶段；已形成的泥炭或腐泥，由于地壳沉降等原因被沉积物覆盖掩埋于地下深处，成煤作用就进入第二阶段，即煤化作用阶段，这一阶段起主导作用的是使煤在温度、压力条件下进一步转化的物理化学作用，以及煤的成岩作用和变质作用。

一、物理性质

煤的物理性质是煤的化学组成和分子结构的外部表现，受到煤化程度、煤组成和煤风化程度的影响（赵庆波等，1999；张建博等，2000；李增学等，2005）。

1. 颜色

在不同的光学条件下，煤呈现不同的颜色。在普通白光照射下，煤表面反射光线所显示的颜色成为表色。

腐殖煤的表色随煤化程度的增高而变化，褐煤通常为褐色、褐黑色；低、中煤化程度的烟煤为黑色，高煤化程度的烟煤为黑色略带灰色，无烟煤往往为灰黑色，带有铜黄色或银白色的色彩。因此，可根据表色区别出褐煤、烟煤和无烟煤。

腐泥煤的表色变化较大，有深灰色、棕褐色，甚至灰绿色至黑色。

煤中的水分能使煤颜色加深，而煤中的矿物质往往使煤的颜色变浅。

2. 光泽

腐泥煤的光泽一般都比较暗淡。腐殖煤的 4 种宏观煤成分中，镜煤的光泽最亮，亮煤次之，暗煤和丝炭的光泽暗淡。

随着煤化程度的增高，各种宏观煤成分的光泽有不同程度的增强。丝炭和暗煤的光泽变化小，而镜煤和较纯净的亮煤变化明显。

3. 比重和容重

煤的比重又称煤的密度，它是不包括孔隙在内的一定体积的煤的重量与同温度、同体积的水的重量之比。煤的容重又称煤的体重或假比重，它是包括孔隙在内的一定体积的煤的重量与同温度、同体积的水的重量之比。煤的容重是计算煤炭和煤层气储量的重要指标。褐煤的容重一般为1.05～1.2g/cm^3，烟煤为1.2～1.4g/cm^3，无烟煤变化范围较大，为1.35～1.8g/cm^3。煤组成、煤化程度、煤中矿物质的成分和含量是影响比重和容重的主要因素。在矿物质含量相同的情况下，煤的比重随煤化程度的加深而增大。

4. 硬度

硬度是指煤抵抗外来机械作用的能力。根据外来机械力作用方式的不同，可进一步将煤的硬度分为刻划硬度、压痕硬度和抗磨硬度三类。煤的硬度与煤化程度有关，褐煤和焦煤的硬度最小，2～2.5；无烟煤的硬度最大，接近4。

5. 脆度

脆度是煤受外力作用而破碎的程度。成煤的原始物质、煤成分、煤化程度等都对煤的脆度有影响。在不同变质程度的煤中，长焰煤和气煤的脆度较小，肥煤、焦煤和瘦煤的脆度最大，无烟煤的脆度最小。

6. 断口

断口是指煤受外力打击后形成的断面的形状。在煤中常见的断口有贝壳状断口、参差状断口等。煤的原始物质组成和煤化程度不同，断口形状各异。断口反映了煤物质组成的均一性和方向性的变化。组成较均一的煤，如腐泥煤、腐殖腐泥煤、镜煤等常具有贝壳状断口；而组成不均一的煤，常见其他类型的断口。

7. 导电性

导电性是指煤传导电流的能力，通常用电阻率来表示。褐煤电阻率低。褐煤向烟煤过渡时，电阻率剧增。烟煤是不良导体，随着煤化程度增高，电阻率减小，至无烟煤时急剧下降，而具良好的导电性。

8. 压缩性

煤在恒温下加压，其体积变化的百分数，称为煤的压缩性。压缩性与煤化程度有关，煤化程度越高，压缩性越小。加压后丝质组体积变化极少，镜质组有变化，稳定组分变化最大。显微组分的压缩性随压力的增大而增加，壳质组变化最大，镜质组其次，惰质组最小。

9. 比表面积

煤的表面积包括外表面积和内表面积两部分，但外表面积所占比例极少，主要是内表面积。煤的表面积用比表面积表示，即每克煤所具有的表面积，单位为m^2/g，煤比表面积大小与煤的分子结构和孔隙结构有关，每克煤的内表面积可达100～400m^2。因此，通过吸附作用，煤比常规砂岩具有更高的储气能力。

煤层气吸附量与煤的比表面积呈正比关系，比表面积大，煤层气吸附量也大。

二、宏观煤成分和类型

1. 宏观煤成分

宏观煤成分是用肉眼可以区分的煤的基本组成单位，包括镜煤、亮煤、暗煤和丝炭（赵庆波等，1999；张建博等，2000；李增学等，2005）。

1）镜煤

镜煤的颜色深黑、光泽强，是煤中颜色最深和光泽最强的成分。它质地纯净，结构均一，具贝壳状断口和内生裂缝（割理）。镜煤性脆，易碎成棱角状小块。在煤层中，镜煤常呈凸透镜状或条带状。

2）亮煤

亮煤的光泽仅次于镜煤，一般呈黑色，较脆易碎，断面比较平坦，比重较小。亮煤的均一程度不如镜煤，表面隐约可见微细层理。亮煤有时也有内生裂缝（割理），但不如镜煤发育。在煤层中，亮煤是最常见的宏观煤成分，常呈较厚的分层，有时甚至组成整个煤层。

3）暗煤

暗煤的光泽暗淡，一般呈灰黑色，致密坚硬，比重大，韧性大，不易破碎，断面比较粗糙，一般不发育内生裂隙。在煤层中，暗煤是常见的宏观煤成分，常呈厚、薄不等的分层，也可组成整个煤层。

4）丝炭

外观像木炭，颜色灰黑，疏松多孔，性脆易碎，能染指。在煤层中，丝炭常呈扁平透镜体沿煤层的层理面分布。

2. 宏观煤类型

按宏观煤成分的组合及其反映出来的平均光泽强度，可划分为4种宏观煤类型（赵庆波等，1999；张建博等，2000；李增学等，2005）。

1）光亮型煤

主要由镜煤和亮煤组成（>80%），光泽很强。内生裂缝（割理）发育，脆度较大，容易破碎。

2）半光亮型煤

亮煤和镜煤占多数（50%～80%），含有暗煤和丝炭。光泽强度比光亮型煤稍弱。

3）半暗型煤

镜煤和亮煤含量较少（20%～50%），而暗煤和丝炭的含量较多，光泽比较暗淡。

4）暗淡型煤

镜煤和亮煤含量很少（<20%），而以暗煤为主，有时含较多的丝炭。光泽暗淡，不显层理。

三、物质组成、显微组分和煤阶

1. 物质组成和显微组分

煤在物质组成上有别于常规碎屑岩和碳酸盐岩，煤基质在地下状态下由有机质、矿物质（灰分）、束缚水和吸附气4个部分组成（图1.1），脱气煤样工业分析可获得水分、灰分、挥发分和固定碳所占的重量百分比，表1.1为中国中部某盆地××井煤工业分析成果表，中国现行煤工业分析的标准为GB/T 202-2008《煤的工业分析方法》。

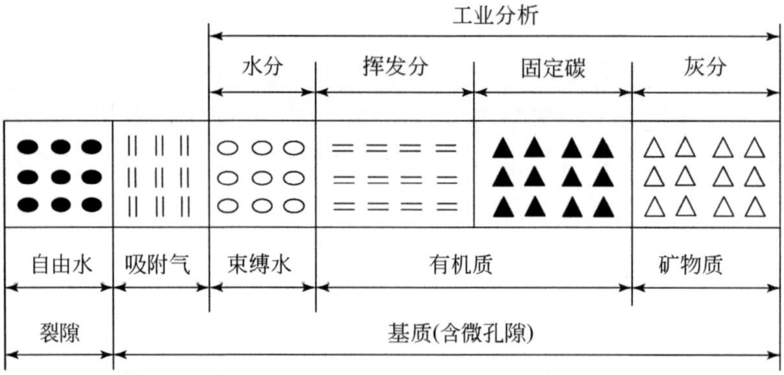

图1.1　煤物质组成示意图

表1.1　中国中部某盆地××井煤工业分析检测数据表

样品编号	深度/m	煤层号	M_{ad}/%	A_{ad}/%	V_{ad}/%
××-3-1	504.41～504.71	3	0.22	60.68	9.59
××-3-2	504.71～505.01	3	0.38	43.60	10.58
××-3-3	505.41～505.71	3	0.33	62.24	9.33
××-5-1	534.14～534.44	5	0.14	11.03	10.80
××-5-2	534.64～534.94	5	0.11	32.59	11.37
××-5-3	534.94～535.24	5	0.30	29.31	11.30
××-5-4	535.34～535.64	5	0.26	43.50	11.01
××-5-5	535.64～535.94	5	0.17	20.02	10.22
××-11-1	574.51～574.81	11	0.14	15.11	9.88
××-11-2	575.26～575.56	11	0.30	18.15	9.88

注：M_{ad}为空气干燥基水分含量；A_{ad}为空气干燥基灰分含量；V_{ad}为空气干燥基挥发分含量。

煤基质单元的固体部分由有机质和矿物质两部分组成，有机质是可燃物，有机质又可分为挥发分和固定碳两个部分。

矿物质主要以黏土矿物为主，矿物质主要是煤层沉积过程中与煤层同生沉积的黏土矿物，或后期遭受河流冲刷而在煤层之上沉积的砂岩等矿物，还有高等植物本身的组成物质。

煤基质中的水为束缚水，是不能流动的。煤层割理中的自由水是可动的，起到地层压力传递的作用，而地层压力的大小在很大程度上决定着煤层吸附气量的大小。

煤有机组分按显微组分来分，又可细分为镜质组、惰质组和壳质组 3 种显微组分，表 1.2为中国中部某盆地××井煤显微组分百分含量测定成果表。

表 1.2　中国中部某盆地××井煤显微组分百分含量测定成果表

样品编号	深度/m	镜质组/%	惰质组/%	壳质组/%	矿物/%	有机质类型
××-3-2	504.71～505.01	67	1.2	—	31.8	Ⅲ
××-5-1	534.14～534.44	71.1	15.3	—	13.6	Ⅲ
××-5-3	534.94～535.24	56.5	8	—	35.5	Ⅲ
××-11-2	575.26～575.56	75.2	19.4	—	5.4	Ⅲ

2. 煤变质程度和煤阶

煤变质程度用镜质组反射率来表示，镜质组反射率是在垂直照明条件下，煤组分磨光面的反射光强度与入射光强度之比，以百分率表示。随着煤化程度的增高，煤的反射率不断增强。

根据煤的变质程度，可划分不同的煤阶。根据均质镜质组最大反射率，煤阶划分为褐煤、烟煤和无烟煤三大类，又可进一步分为褐煤、长焰煤、气煤、肥煤、焦煤、瘦煤、贫煤和无烟煤八小类：烟煤一般测随机反射率，无烟煤一般测最大反射率。

通常按照煤的镜质组反射率进行煤阶的划分，不同的煤阶直接反映煤的热演化程度的差异。一般将 R_o<0.65% 的煤定义为低煤阶煤，R_o>2.0% 的煤定义为高煤阶煤，R_o而介于二者之间的煤为中煤阶煤（陈振宏等，2008）。

表 1.3 为中国中部某盆地××井煤镜质组反射率测定成果表。

表 1.3　中国中部某盆地××井煤镜质组反射率测定成果表

样品编号	煤层编号	深度/m	煤种	$R_{o,min}$/%	$R_{o,max}$/%	R_o/%	标准差	测点数
××-3-2	3	504.71～505.01	贫煤	1.84	2.03	1.92	0.06	60
××-5-1	5	534.14～534.44	贫煤	1.79	2.07	1.93	0.08	35
××-5-3	5	534.94～535.24	贫煤	1.80	2.07	1.93	0.07	45
××-11-2	11	575.26～575.56	贫煤	1.80	2.09	1.95	0.07	45

四、煤体结构

煤体结构是指煤层经过地质构造变动后煤的结构和构造的保留程度。而煤的结构是指煤的组成成分的各种特征——包括形态、大小、厚度、植物组织残骸及他们之间数量的变化等，煤的构造是组成成分之间的空间排列和分布特点及他们之间的相互关系，它们都是煤的重要原生特征。煤层遭受的构造破坏越强烈，煤就越破碎，煤的原生结构和构造保留得就越差，因而煤层结构、构造呈现出不同的变化（梅放等，2019）。

根据煤层所受构造破坏的程度，按从小到大顺序，煤体结构可依次划分为原生结构、破裂结构、碎粒结构和糜棱结构4种类型：原生结构煤，煤层基本上未受到后期构造运动的破坏，煤的原生层理和结构形态保留完整，清楚可见，有少量裂缝存在；糜棱结构煤，原生层理和结构形态完全破坏，煤层中构造镜面很发育，煤呈粉末状或鳞片状，手搓捻就成煤粉；破裂结构煤和碎粒结构煤，其特征介于上述二者之间。在我国煤田地质界将破裂结构煤，碎粒结构煤和糜棱结构煤称为构造煤，这主要是从煤层的机械强度及其在开采中的稳定性来考虑的。

在原生结构煤和破裂结构煤中，由于原生的或后期区域性的不太强烈构造应力作用形成的裂缝系统的存在，使煤层本身保持着较好的开启性和连通性，因而使煤层具有较好的渗透性能；碎粒结构煤和糜棱结构煤，由于强烈的挤压和揉皱作用使煤中的裂缝被压缩、扭曲、变形以致不存在，加之煤粉和岩粉不同程度对裂缝的堵塞，从而使煤层的渗透性大大降低。可见，煤体结构对煤储层的渗透性有直接的影响；通过对煤体结构的分析研究，可以从宏观上定性的预测煤储层的渗透性。

对煤体结构的研究，最直接的方法就是通过野外新鲜露头和井下采掘工作面对煤层剖面进行观察描述，绘制煤体结构平面图，利用该图对煤层的不同渗透性区段进行预测；在露头和煤矿采掘外围以外的地区，对煤层剖面进行直接观察的方法受到限制，此时可以利用煤田勘探钻孔中有关煤体结构的描述来编制煤体结构平面分布图。

第二节　煤储层物性特征

一、煤储层孔隙性

1. 孔隙度

煤储层是一种非均质多孔介质，孔隙是储集煤层气的主要场所。我国煤岩孔隙度分布普遍不超过30%，中煤级和高煤级煤岩的孔隙度一般都在10%以下，总体上具有低孔隙度的特点。

目前测定煤岩孔隙度最为常用的是氦气法和压汞法，氦气法理论上可以测量到大于0.2nm的所有孔隙，压汞法可以测量到孔隙半径为3.75～7500nm的孔隙体积，但氦气法测出的是煤岩的绝对孔隙度，而压汞法测得的是煤岩中连通的中孔和大孔孔体积及有效孔隙度，相比之下，压汞孔隙度更能代表具开发意义的煤层气储存空间比例。

煤岩孔隙度主要受到 R_o 的影响，即随煤级升高：R_o 小于0.65%，孔隙度急剧减小；R_o 介于0.65%～1.90%，孔隙度缓慢降低；R_o 介于1.90%～3.5%，孔隙度升高；R_o 大于3.5%，孔隙度降低。除煤级外，煤体结构、镜质组含量和灰分产率对孔隙度也有影响但对不同煤级区的影响程度不同。在中低煤级区，复杂煤体结构导致孔隙度降低，在高煤级区，复杂煤体结构导致孔隙度升高。在低煤级区，镜质组含量和灰分产率对孔隙度影响明显，在中高煤级区，镜质组含量和灰分产率对孔隙度影响程度减弱。

2. 孔隙结构

典型的常规储层孔隙大小是微米到毫米级（10^{-6} ~ 10^{-3} m），典型的煤孔隙则要小得多。煤孔隙大小通常分为大孔（>1μm）、中孔（0.1 ~ 1μm）、小孔（0.01 ~ 0.1μm）和微孔（<0.01μm）四类（赵庆波等，1999）。根据煤孔隙成因可分为原生孔隙、次生孔隙和裂缝孔隙三大类（表 1.4）。原生孔隙是指煤沉积过程中进入煤结构的孔；次生孔隙形成于固体煤的煤化过程，是煤结构去除挥发分形成的，其成因与大量的气体生成有关；裂缝孔隙是指割理和构造裂缝的孔隙。

表 1.4 煤孔隙分类表（据赵庆波等，1999）

煤孔隙分类体系		成因分类	
		原生孔隙	次生孔隙
形态分类	大孔（>1μm）	煤植体孔	裂缝和热成因孔
	中孔（0.1 ~ 1μm）	过渡型	
	小孔（0.01 ~ 0.1μm）		
	微孔（<0.01μm）	分子间隙	热“去堵塞孔”

国内煤孔隙分类标准（表 1.4）采用的是霍多特于 1961 年提出的分类标准，霍多特的分类是依工业吸附剂研究提出的，认为微孔构成煤的吸附容积，小孔构成煤层气毛细凝结和扩散区域，中孔构成煤层气缓慢层流渗透区域，而大孔则构成剧烈层流渗透区域，这是目前煤层气领域普遍采用的方案（苏现波，1998），本书也采用了这一方案。在国外文章中，也见到采用由 Girish 等依据煤的等温吸附特性于 1987 年提出并由国际理论与应用化学联合会（International Union of Pure and Applied Chemistry，IUPAC）认可的煤孔隙分类方案，即微孔孔径<2nm、中孔孔径 2 ~ 50nm、大孔孔径>50nm（Bustin and Clarkson，1998）。

对煤的孔隙吼道大小的研究表明，孔隙容积主要与中孔有关，而孔隙的表面积主要与微孔有关。据对圣胡安（San Juan）和皮申斯（Piceance）盆地的研究表明，煤的孔隙吼道直径有 60% ~ 74.54% 小于 0.02μm。由于煤层中储集甲烷的主要机理是吸附在孔隙表面，因此绝大部分气体吸附在微孔中，在压力作用下，呈吸附状态。又由于煤的微孔极其发育，具有特别大的比表面，每克煤的表面积可达 100 ~ 400m^2。通过吸附作用，煤比砂岩具有更高的储气能力。煤的孔隙结构分基质孔隙和裂缝孔隙，构成煤的双重孔隙结构。煤基质中发育有大量的微孔隙，其孔径可小至 0.5 ~ 1.0nm，水分子难以进入。煤基质对甲烷具有极强的吸附能力，但基质孔隙对煤层渗透率贡献甚微，甚至可以忽略。

煤的孔隙结构受显微组分、灰分含量等煤自身因素的影响。不同的显微组分含不同级别的孔隙，如镜质组中的基质镜质体和均质镜质体，多含一些小孔或微孔，对残留植物组织孔而言多属中大孔，如丝质体；灰分含量对煤的孔隙的影响是它充填了一部分大中孔隙，使孔隙总孔容下降，但另一方面，矿物本身可能存在一些孔隙，如晶间孔，对煤的孔隙度有微弱贡献，但矿物对煤层气的吸附能力远低于煤，虽然矿物含量高，内部可能含许多孔隙，但总体上不利于煤层气吸附储存，随矿物含量增高，煤的孔隙度逐渐降低，特别是大、中孔隙的减少更为迅速（苏现波，1998）。煤在外部因素作用下，因内部分子结构重组变化，煤化程度对煤的孔隙结构影响最大。褐煤基质中的孔隙以中孔、大孔为主，烟煤和无烟煤以微孔（小于10nm）和小孔（10～100nm）为主，约占总孔隙的60%～85%（张新民等，2006）。

二、煤储层渗透性

1. 割理-裂隙系统

煤层气在煤储层中渗流的主要通道是割理-裂缝系统，扩散到煤层裂缝中的甲烷分子，以及裂缝中的水分子，在压力梯度的驱动下以各自独立的相态沿煤层裂缝混相运移，这一过程符合达西（Darcy）定理。按成因，一般将裂缝分为内生裂缝（割理）和外生裂缝两类。内生裂缝（割理）的形成主要是煤化过程中煤中挥发分、水分逸散产生的收缩内应力所决定的，它在煤层中的分布普遍而且有相对的均一性（图1.2）；外生裂缝是由区域构造应力和局部应力形成的，分布也具有普遍性，虽然其数量与内生裂缝（割理）相比少得多，但外生裂缝的延伸长度，切穿的地层厚度通常很大，因此它对煤层的渗透性有重要影响。裂缝发育程度主要是指裂缝的密度（或间距）、长度、高度和裂口宽度等，它们的值越大，煤层的渗透性就越好。裂缝发育程度受煤的显微组分、煤体结构、构造应力、煤宏观成分和煤变质程度等因素的控制。如果煤层构造变形强、现今地应力高、煤阶高（瘦、焦煤，多属区域热力作用变质区）、镜质组含量高，一般割理相对发育。割理越发育，煤渗透率越高，如沁水煤层气气田煤层割理密度为800～1000条/m，渗透率为0.5～1.6mD，而唐山地区煤层割理一般小于100条/m，其渗透率小于0.5mD。但是，断裂带附近割理过于发育，会导致煤层气散失，因此并不是割理越发育越好。

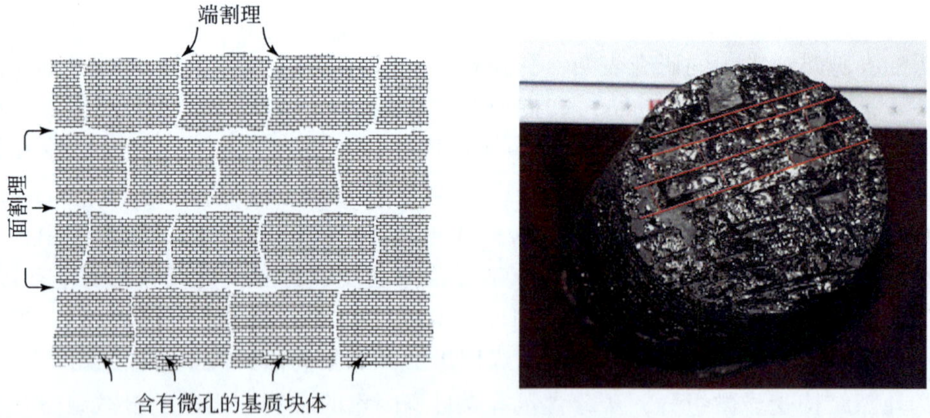

图1.2　煤的割理系统示意图

2. 渗透率

煤储层的渗透率是反映煤层中气、水等流体渗透能力的重要参数，是影响煤层气井生产能力极为重要的因素。煤岩的原始渗透率不能在实验室钻岩心柱测定，一般要在井点采用注入/压降试井法或 DST 试井法测取。

低渗透率煤层分布区的煤层气一般无开采价值；产能高的地区，煤层原始渗透率一般为高-较高。例如，圣胡安盆地高产区块为 1 ~ 50mD（$1mD = 10^{-3} \mu m^2$），属中高渗透率；黑勇士（Black Warrior）、皮申斯盆地及沁水煤层气田、鄂尔多斯盆地东部柳林地区一般为0.5 ~ 5mD，为较高渗透率。日产气 1000 ~ 1500m^3的较低工业性气流区，多为中-低渗透率，如陕西吴堡地区、山西省沁水盆地东部屯留地区，渗透率为 0.1 ~ 0.5mD。我国煤储层渗透率特征及影响因素将在第三章进行详细讨论。

第三节　煤层气解吸-扩散-渗流特征

一、等温吸附特征

煤层气是成煤母质在煤化过程中形成并储集在煤层中，以 CH_4为主的非常规天然气（含有少量 CO_2和 N_2）。煤层气藏与常规天然气藏最大的差异就是，煤层气以吸附、游离和溶解三种状态赋存于煤孔隙中。煤内表面分子的吸引力在煤的表面产生吸附场，把煤层气吸附在基质块的表面上和基质块内部微孔隙内，煤层气的这种赋存状态称为吸附状态。褐煤对甲烷的吸附能力很低，褐煤基质中的游离气含量通常占总气含量的 50%以上，烟煤和无烟煤煤层气的储集主要依赖于吸附作用，呈吸附状态的煤层气体约占70% ~95%，以游离状态自由地存在于割理和其他裂缝或孔隙中，这种赋存状态下的煤层气约占总量的不到 10%（张新民等，2006）。除了以上两种赋存状态之外，还有少量的煤层气溶解在煤层内的地下水中，称为溶解气。这部分气体量极小，在短期内经常忽略不计。煤层被打开后，随着条件的变化，三种赋存状态下的煤层气所占的比例将逐步发生变化。

煤是一种多孔介质，其微孔隙特别发育，形成了巨大的内表面积，因而具有很强的吸附能力（Saulsberry *et al.*，1996）。煤层气在基质中的吸附过程是一种物理现象，吸附能力与温度、压力有关。国内外研究均表明，当温度一定时，随着压力的升高吸附量逐渐增大，当压力达到一定程度时，煤的吸附能力达到饱和。而吸附是完全可逆的，在一定条件下，被吸附的气体分子又会从煤基质表面脱离出来，称为解吸。

早在 1918 年，朗缪尔（Langmuir）从动力学的观点出发，得出了单分子层吸附的状态方程，即 Langmuir 方程：

$$V = V_L \frac{P}{P + P_L} \tag{1.1}$$

式中，V_L为最大吸附量，称 Langmuir 体积，m^3/t；P_L为达到一半最大吸附量时的压力，称 Langmuir 压力，MPa。

Langmuir 方程的直观表达形式为 Langmuir 等温吸附曲线（图 1.3）。等温吸附曲线反映的是在一定温度下（煤储层温度）煤层的吸附能力随压力增加呈非线性增加的理论曲线，曲线中，$A(P \to \infty, V_L)$ 代表对应最大吸附量的最大吸附点，$A'(P_L, V_L/2)$ 代表对应 1/2 最大吸附量的 1/2 最大吸附点，Langmuir 体积 V_L是压力达到无穷大时煤层的最大吸附能力（这时 $P\to\infty$），Langmuir 压力 P_L是吸附量 V 达到 $V_L/2$ 时所对应的压力值。等温吸附曲线可通过等温吸附实验获得。

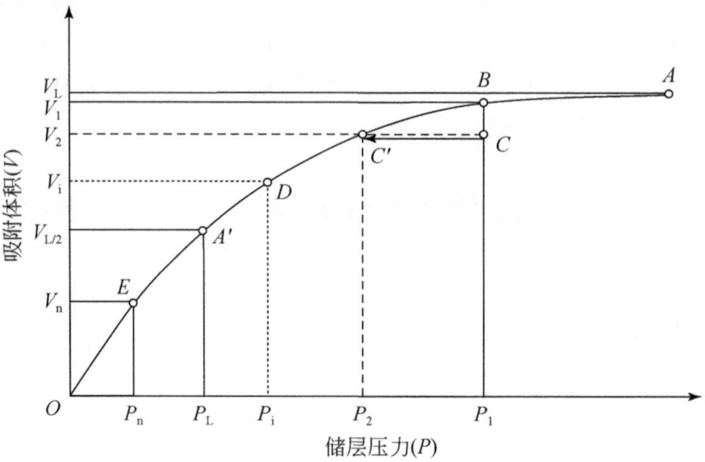

图 1.3　煤层等温吸附曲线示意图

V_L. 煤层的最大吸附能力（这时 $P\to\infty$），简称 Langmuir 体积；P_L. 吸附量 V 达到 $V_L/2$ 时所对应的储层压力值，简称 Langmuir 压力；$A(V_L, P\to\infty)$. 最大吸附点；$A'(V_L/2, P_L)$. 1/2 最大吸附点；P_1. 储层压力，即当前煤储层压力；V_1. 当前地层压力下的理论含气量；V_2. 当前地层压力下的实际含气量；$B(P_1, V_1)$. 理论吸附点；$C(P_1, V_2)$. 实际吸附点；P_2. 临界解吸压力，即吸附气开始解吸的压力点；$C'(P_2, V_2)$. 临界解吸吸附点；P_i. 排采过程中的储层压力；V_i. 排采过程中的含气量；$D(P_i, V_i)$. 排采过程吸附点；P_n. 煤层气井的枯竭压力；V_n. 煤层残留含气量；$E(P_n, V_n)$. 枯竭吸附点

对某一煤储层，实测储层压力为 P_1，对应到等温吸附曲线上的理论吸附量为 V_1，$B(P_1, V_1)$称为理论吸附点，实测吸附量（即吸附含气量）为 V_2，$C(P_1, V_2)$ 称为实际吸附点。若 $V_2=V_1$，则实际吸附点与理论吸附点重合，此时，称煤层气藏为饱和气藏；若 $V_2<V_1$，则实际吸附量低于理论吸附量，此时，称煤层气藏为欠饱和气藏；V_2/V_1为吸附气含气饱和度。从中国煤层气勘探开发的经验来看，多数煤层气藏为欠饱和气藏。

实测吸附含气量 V_2在等温吸附曲线上对应的压力 P_2为临界解吸压力，指的是储层压力从 P_1降到 P_2时，吸附气才开始解吸，$C'(P_2, V_2)$ 称为临界解吸点。

在排采过程中，当储层压力降到临界解吸压力 P_2之下时，在某个压力点 P_i，煤层中的吸附气量为等温吸附曲线上对应于 P_i的 V_i，$D(P_i, V_i)$ 称为采收过程吸附点，$(V_2-V_1)/V_2$为生产过程中动态采收率。

P_n为煤层气井的枯竭压力，此时，煤层中的吸附气量为等温吸附曲线上对应于 P_n的 V_n，V_n为煤层残留含气量，$E(P_n, V_n)$ 称为枯竭吸附点，$(V_2-V_n)/V_2$为理论最大采收率。

有两点需要进一步说明：

（1）等温吸附曲线和含气量都要在储层温度下实验测定。

（2）在一定的温度和压力条件下，实测的吸附气量（吸附含气量）最大只能达到理论吸附量，但在一些情况下，煤储层中因含有游离气（在煤层裂缝系统中），导致实测的含气量大于理论吸附量，此时，称煤层气藏为过饱和气藏。

（3）图1.3中的临界解吸压力P_2可记为P_{cd}，可得

$$P_{cd} = \frac{P_L C_{ad}}{V_L - C_{ad}} \tag{1.2}$$

式中，C_{ad}为实测含气量，m^3/t。

煤的吸附能力（Langmuir体积）受多种因素的影响，包括煤岩微观结构、煤岩显微组分和煤化程度等，其中煤化程度是最重要的因素，煤的吸附能力随着煤变质程度的增加出现规律性变化：当$R_o<3.5\%$时，煤的吸附能力随煤阶增高而逐渐加强。其原因主要是由于低煤阶褐煤的结构松散，单位表面积上碳原子密度小，亲甲烷能力低，因而吸附能力弱，随煤化作用的加强，煤结构中支链减少，芳环缩合度增加，分子的定向排列和各向异性明显，导致煤的亲甲烷能力增强，从而增加了煤层的吸附能力，但由于芳环结构更加有序，煤中的微孔隙体积不断减少；当$R_o>3.5\%$时，随煤阶增高，煤中的微孔隙体积逐渐减少，煤的吸附能力逐渐下降（陈振宏等，2008），说明孔隙体积是控制该阶段吸附能力的主因。

煤的吸附能力除主要受煤阶影响外，还受温度、煤岩组分和水分等因素的影响：温度越高，Langmuir体积系数越小，煤的吸附能力越弱。例如，澳大利亚煤层的吸附能力在5MPa压力和20～65℃温度区间内，随温度升高1℃而降低的幅度为$0.12m^3/t$（Levy *et al.*，1997）。

煤的吸附能力与煤的镜质体含量呈正相关关系，镜质体含量越高，则吸附能力越强（Bustin and Clarkson，1998）。

由于有机质吸附能力大于矿物质的吸附能力，煤的吸附能力与灰分含量呈负相关关系。

煤中束缚水一方面阻止煤层气的吸附，另一方面，占据了煤层吸附的空间，因此，水分越大，煤的吸附能力就越低，据（Levy *et al.*，1997）的研究结果，在5MPa压力下，对吸附能力为$10\sim24m^3/t$的煤，含水量每上升1%（重量），其吸附能力降低的幅度为$4.2m^3/t$，可见，水分对煤层的吸附能力影响是很大的。因煤的平衡水分与煤阶和组分有关，其对吸附能力的影响常常难以从煤阶和组分对吸附能力的影响中单独分开考虑（Bustin and Clarkson，1998）。

需要强调的是，煤的吸附能力是一个方面，煤中实测含气量是另一方面，不能把二者混淆，煤的含气量除与煤的吸附能力有关外，还受到其他因素影响，关于煤层气含气量的主控地质因素，将在第二章中进行深入讨论。

二、煤层气解吸-扩散特征

1. 解吸

煤层气的解吸是吸附的逆过程，处于运动状态的气体分子因温度、压力等条件的变化，导致热运动动能增加而克服引力场，从煤的内表面脱离成为游离相，发生解吸。煤层

气的开采正是这种人为的排水-降压，打破能量平衡而形成甲烷气被动解吸的过程（李景明等，2008）。

煤层气井通过排水来降低储层压力，当煤储层压力降低到临界解吸压力之下，甲烷分子从煤颗粒内表面解吸，进而在浓度差的作用下由基质岩块（matrix）中的微孔隙（原生孔隙，Primary Porosity）扩散到裂缝（含割理）中，然后在裂缝（含割理）系统中运移，最后在流体压差的作用下流向生产井筒（King *et al.*，1986）（图 1.4）。

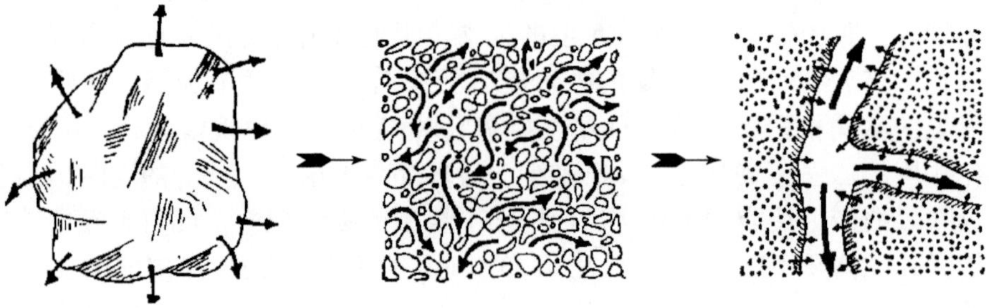

图 1.4　煤层气解吸-扩散-运移机理示意图（据 King *et al.*，1986）

解吸是吸附的逆过程，当煤储层压力降低时，吸附在煤基质微孔隙内表面上的气体就会解吸下来，重新回到微孔隙空间成为自由气体，其过程同样可用 Langmuir 等温吸附定律来描述。煤层气的解吸过程由临界解吸压力和初始煤层压力的大小控制，两者越接近，煤层气从基质孔隙表面解吸之前的降压幅度越小。当临界解吸压力等于初始煤层压力时，这种煤层称为饱和煤层；含有游离气的饱和煤层，称为过饱和煤层；当临界解吸压力小于初始煤层压力时，这种煤层称为欠饱和煤层。欠饱和煤层往往是在漫长的地质年代中由于地质运动造成吸附气散失而又未得到补充所造成的。

煤层气解吸率定义为逸散气量、解吸气量之和与总气体量之比（李景明等，2008）。解吸率作为煤层气解吸难易程度的一个衡量指标，是决定煤层气采收率的重要参数之一。我国煤岩含气量资料的构成主要包括两种：一种由逸散量、现场 2h 解吸量、真空加热脱气量和粉碎脱气量 4 个部分构成；另一种由逸散气量、解吸罐测试解吸气量及残余气量 3 个部分构成。由于两种方法计量的解吸气量的差异，用不同方法计算的煤层气解吸率不同。

采用第一种解吸资料计算，中国煤层气解吸率绝大多数小于 70%，一般在 40% 左右，解吸率变化比较大，区域分布不均衡。采用第二种解吸资料计算的煤层气解吸率普遍较前者计算值高出许多，通常大于 80%，且大于 90% 的样品比例也较大（李景明等，2008）。根据我国部分煤层气测试井资料计算，可采率为 11.2% ~74.5%，平均可采率仅为 35%；理论采收率为 6.7% ~76.5%，平均理论采收率为 27%。这一结果与第一种方法计算的解吸率大小有一定的可比性，与第二种方法计算结果相差甚远。因此用第一种方法计算的煤层气解吸率值更具合理性与可比性（李景明等，2008）。美国黑勇士盆地煤样 120d 解吸气量与样品深度之比与气井一年累计产量之间呈现明显相关（拟合优度系数为 0.65），表明测试解吸气量可用于预测气井的产量（Bodden and Ehrlich，1998）。

2. 扩散

扩散是指从煤基质孔隙表面上解吸的煤层气运移到割理系统的主要过程（图 1.4 中间），由于煤基质块中孔隙的孔径很小，渗透率极低，煤层气在其中的达西渗流非常微弱，可以忽略不计，所以一般认为煤层气在煤基质块孔隙中运移或质量传递方式主要是扩散作用。煤层气解吸之后将向渗透性裂缝扩散，扩散实质上是甲烷分子从高浓度区向低浓度区的运动过程，微孔隙中的扩散可以是体积扩散、克努森扩散与二维表面扩散 3 种不同机理单独或共同作用的结果（Saulsberry *et al.*，1996）。

发生扩散的前提条件是气体浓度差的出现，衡量扩散能力大小的重要参数是扩散系数，前者为由解吸速度、解吸气量和煤层气产量、井孔压力降等因素控制的动态参数，而后者为主要受扩散物质性质、扩散介质特征、扩散系统的温度、压力和孔隙结构形态等因素影响的静态参数。煤层气在煤储层中的扩散量与煤层气浓度差和扩散系数呈正比关系（曹成润等，2004）。

煤层气的扩散作用符合 Fick 第一定律，即单位时间内通过单位面积的扩散量与浓度梯度呈正比（曹成润等，2004）：

$$\frac{\mathrm{d}q}{\mathrm{d}t} = -D \cdot A \frac{\mathrm{d}c}{\mathrm{d}x} \tag{1.3}$$

式中，$\frac{\mathrm{d}q}{\mathrm{d}t}$ 为煤层气扩散速率，m^3/s；A 为煤层气扩散流经过的面积，m^2；D 为煤层气扩散系数，m^2/s；$\frac{\mathrm{d}c}{\mathrm{d}x}$ 为浓度梯度，$m^3/(m^3 \cdot m)$。

由式（1.3）可知，煤层气在煤储层中扩散速率的大小，主要取决于其扩散系数和浓度梯度的大小，煤基质孔隙与裂隙之间的浓度差越大，煤层气的扩散速度就越大。在气体的浓度差 $c-c_0$（c 为基质孔隙中气体的浓度，c_0 为煤层裂隙中气体的浓度）作用下，t 时间内通过割理间距为 L、孔隙面积为 S 的煤基质的扩散量为

$$q = D \cdot \frac{c - c_0}{L} \cdot S \cdot t \tag{1.4}$$

由式（1.3）和式（1.4）联立可得气体的扩散速度 V_d［单位时间单位面积的气体扩散量，$m^3/(m^2 \cdot s)$］为

$$V_d = \frac{q}{S' \cdot t} = \frac{D(c - c_0) \cdot \phi}{L} \tag{1.5}$$

式中，S 为基质孔隙面积，m^2，$S = S' \cdot \phi$；S' 为割理之间所夹的面积，m^2；ϕ 为基质孔隙度。

扩散系数受气体压力、气体温度、基质孔隙度、扩散组分分子大小、扩散介质黏度、气体组成等因素的影响（表 1.5；曹成润等，2004）。

表 1.5　各种参数对扩散系数的影响（据曹成润等，2004）

影响因素	参数变化	扩散系数
气体压力	压力降低	增大
气体温度	温度升高	增大

续表

影响因素	参数变化	扩散系数
基质孔隙度	基质孔隙度增大	增大
扩散组分	气体分子越小	越大
扩散介质黏度	介质黏度减小	增大
气体组成	气体组分越复杂	越大

扩散效应可用吸附时间定量表示（Saulsberry *et al.*，1996）：

$$\tau = \frac{L^2}{8\pi D} \tag{1.6}$$

式中，τ 为吸附时间，s，定义为总吸附量 63.2% 的解吸所需要的时间，在常压和储层温度下测定；L 为割理间距，m。

煤层气解吸得到的吸附时间参数，反映了气体在煤层中扩散速度的大小。煤储集层的吸附时间变化极大。美国圣胡安盆地、中阿巴拉契亚盆地（Appalachian Basin）等煤储集层的吸附时间为 1～5d，黑勇士盆地煤储集层的吸附时间为 1～30d，北阿巴拉契亚盆地煤储集层的吸附时间为 80～100d，各盆地煤储集层吸附时间相差悬殊，最大值与最小值之比可达 100 以上（李景明等，2008）。

我国辽河、新疆、宁武、大宁–吉县和沁水等地约 300 个不同煤阶煤岩样品解吸测试数据统计分析表明，煤岩的吸附时间变化范围较大，不同地区差别明显。辽河、新疆地区低煤阶（R_o最大值为 0.27%～0.43%）煤岩吸附时间主要在 0.0263～3.0417d；宁武、大宁–吉县地区中煤阶（R_o最大值为 0.9%～2.09%）煤岩吸附时间主要为 0.0438～9.958d，高煤阶（R_o最大值为 2.41%～2.66%）煤岩吸附时间主要为 0.1158～20.5667d；沁水盆地高煤阶（R_o最大值为 2.58%～3.78%）煤岩的吸附时间主要为 0.1883～19.17d。可以看出，不同煤阶煤岩的吸附时间分布有较大的差别，以高煤阶煤岩吸附时间的跨度最大，而低煤阶煤岩的吸附时间分布区间最小，以小于 3d 为主（李景明等，2008）。

以高煤阶煤岩为主的沁水盆地，不同矿区煤岩的吸附时间差异性也较大：潞安矿区主煤层吸附时间为 0.06～2.69d，平均为 0.82d，解吸速率相对较高，南部樊庄、郑庄地区 14 口井 144 块煤岩样品吸附时间最大可达 20d，甚至更大；晋城一带部分煤岩由于岩浆热液的碳酸盐成分充填，导致裂隙矿化，影响了裂隙的导流能力，气体解吸速率减小，吸附时间长达 10d 以上，最长可达 30 余天；北部阳泉一带煤岩虽然裂隙发育，但解吸速率稍低，吸附时间一般为 2～7d，韩庄井田主煤层的吸附时间也相对较长，为 1～9d。高煤阶煤岩吸附时间分布范围虽大，但仍有 60% 的样品吸附时间以小于 3d 为主，其次是吸附时间为 4～6d 的样品。整体上来看，我国煤储集层吸附时间与美国圣胡安盆地和中阿巴拉契亚盆地类似，吸附时间不太长，解吸速率较快，有利于煤层气的产出（李景明等，2008）。

李小彦和司胜利（2004）对我国 125 个解吸样品的吸附时间统计表明，最小仅几小时，最大可达 35.64d，峰值分布在 10～11d，分布在 0～16d 的频率占 89%，认为吸附时间变化与煤级没有明显的关系，更直接地与煤层的裂隙发育程度有关，裂隙控制着煤的块度，裂隙的间距决定了气体的扩散距离，块度越小气体扩散运移的路径越短，扩散运移速度越快；裂隙的开度、长度、连通性控制着气体的流量。据作者统计，沁水盆地寿阳地区煤储层吸附时间是目前见到的吸附时间中相对最长的（表1.6）。

表1.6　沁水盆地寿阳地区煤储层吸附时间统计表

煤层	吸附时间区间/d	平均吸附时间/d
3#	14～155	54.5
9#	17～123	79.67
15#	15～155	73.27

吸附时间是煤储集层微观结构在时间上的反映，是直观评价煤层开发潜力的重要参数。吸附时间越长，反映煤层解吸扩散速度越慢；吸附时间越短，反映煤层解吸扩散速度越快，因此它在很大程度上控制着煤层气的早期生产动态。煤层气储集层模拟也表明，吸附时间不同的煤层，不仅产气高峰出现时间不同，而且高峰期产量也不同。King等（1986）对黑勇士盆地煤层气井的敏感性模拟表明：①吸附时间为30d，则单井产气量在30d后达到$1.9\times10^3m^3/d$的高峰；②吸附时间为100d，则产气量在100d后达到$1.1\times10^3m^3/d$的高峰；③吸附时间为300d，则产气量在200d后达到$8.5\times10^2m^3/d$的高峰，但随着时间的推移，不同吸附时间煤层的模拟产量逐渐趋于一致。我国沁水盆地煤岩吸附时间较黑勇士盆地煤岩明显偏低，对沁水盆地南部JSX井煤岩吸附时间与单井产气量关系的数值模拟也表明，吸附时间越长，产气峰值越小且出现越晚（李景明等，2008）。

三、煤层气渗流特征

甲烷分子从煤基质块的孔隙系统扩散到裂隙系统中后，运移空间变大，驱动力增强，具有了一定的渗透率，渗流取代扩散成为主要的运移方式。渗流在甲烷气体产出过程中起到最关键的作用，因为渗流是解吸、扩散运动发生的前提，有了渗流，才有降压，降压之后才有解吸和扩散，畅通的渗流会加速扩散的进行，而甲烷的扩散也能促进解吸的发生。

放产阶段裂隙系统中流动着煤层水与煤层气两相，两相因物理性质的差别和饱和度的不同而表现出不同的渗流特征，一般用有效渗透率来描述气与水共存时每一相流体通过裂隙的能力。两相在压力梯度的驱动下，沿着压力降低的方向流动，其在裂隙中的流动应用达西定律能很好地描述，煤层水和煤层气的运动方程分别为

$$v_w=-\frac{k\cdot k_{rw}}{\mu_w}=-\frac{k_w}{\mu_w}\cdot\frac{\partial P}{\partial l}\tag{1.7}$$

$$v_g=-\frac{k\cdot k_{rg}}{\mu_g}=-\frac{k_g}{\mu_g}\cdot\frac{\partial P}{\partial l}\tag{1.8}$$

式中，v_w、v_g为煤层水、煤层气的渗流速度，m/s；k_{rw}、k_{rg}为煤层水、煤层气的相对渗透率，mD；k_w、k_g为煤层水、煤层气的有效渗透率，mD；μ_w、μ_g为煤层水、煤层气的黏度系数，MPa·s；k为煤层渗透率，mD。

对比裂隙中煤层水与煤层气的渗流速度式（1.7）和式（1.8），很明显主要是因两相的动力黏度和有效渗透率的不同造成渗流速度的不同。气与水在煤储层的流速都与各自的有效渗透率成正比，与各自的黏度成反比。借用油田中水驱油里面流度（张琪，2006）的概念，即相渗透率与该相黏度的比值，来衡量煤层裂缝中煤层水和煤层气流出的难易程度。流度小，则流体自煤层中流出就困难，反之流度大，则流体自煤层中流出就容易。再引入流度比 M 的概念，表示煤层水的流度与煤层气流度的比值：

$$\frac{v_w}{v_g}=\frac{k_w/\mu_w}{k_g/\mu_g}=\frac{\lambda_w}{\lambda_g}=M \tag{1.9}$$

式中，λ_w、λ_g 为煤层水、煤层气的流度；M 为煤层水与煤层气的流度比。

流度比表示煤层水与煤层气流动能力的对比情况。流度比 $M<1$，表示甲烷气体相比煤层水会快速流出裂缝，这可能是气体的滑脱效应造成的；流度比 $M>1$，表示煤层水渗流速度大于甲烷气体的渗流速度。在标准状况下（20℃，101.3kPa），甲烷气体的黏度比水的黏度小 3 个数量级（孙维吉，2007），相渗透率同样为黏度的函数，所以在同样的总压力梯度下，气体流速要比液体流速至少大一个数量级。

甲烷对水的溶解度很低，当压力为 3.4MPa，温度为 20℃时，其溶解度仅为 $1m^3/m^3$（王锦山等，2005）。故裂隙中煤层水与煤层气以各自独立的相态，各自曲折稳定的通道渗流。另外，中、高煤阶煤具有疏水性，而煤层与甲烷分子之间存在吸附力，所以从基质孔隙解吸扩散出来的煤层气首先聚集在割理表面，这样甲烷分子则沿着裂隙壁和煤层水之间的通道扩散，直到气泡连续达到渗流条件，煤层水和煤层气已各自独立的相态沿煤层裂隙向井筒渗流。由于气体黏度远小于水的黏度，煤层气的运移速度要远大于煤层水的运移速度，所以一旦甲烷气体连续达到渗流条件，并且解吸气供应充足，则甲烷气体将会快速产出，日产水量也同样快速降低，这样裂隙中气相饱和度会逐渐大于水相饱和度，气相渗透率逐渐大于水相渗透率，甲烷气体的渗流阻力变小，煤层水的渗流阻力变大，气就会超越到水的前面，产生窜流。

第四节　煤层气勘探开发特点

一、煤层气勘探特点

煤层气是一种非常规天然气，与常规天然气的主要差异在于地下的赋存形式和成藏机理不同。煤层气是由煤源岩生成之后直接被煤储层吸附而聚集，这种聚集不受流体动力场的控制而受温压场的影响（Jenkins and Boyer，2008；邹才能等，2013）。

煤层气气藏不能采用找常规天然气藏或找煤的理论和方法来勘探，也不能用常规气藏的采气方法开采。构造圈闭煤层气气藏一般弱含水或不含水，难以排水降压采气，如以勘探常规油气为主要目的而钻探的欧 5 井、沁参 1 井、大参 1 井，兼探煤层气均不理想（赵庆波和张公明，1999）。也有的井煤层埋藏深而储集性能很差，含气量虽大但可解吸率低，如吴试 1 井，煤层埋深 1360m，渗透率为 0.01mD，尽管单层煤厚达 10m，总厚 15m，含气量高达 15m³/t，但由于渗透率低，开采中日产气最高 1100m³，并且递减很快。盆地边缘浅煤层（开采深度一般浅于 600m）是煤田勘探重点，这类煤层多分布于甲烷风化带或生物降解带的低瓦斯区、无水区，煤层的含气饱和度低、产气量低；即使是其中的高瓦斯突出区，如包头、白沙、开滦煤矿和曲江向斜，瞬时产气量虽高，但产量递减很快；处于强烈构造变形区的，如荥巩新 1 井、新 2 井和焦作煤矿古汉山及唐山煤层气开发试验区，煤层微孔隙多，割理过于发育，煤层气散失严重，开采时水大而气产量低（赵庆波和张公明，1999）。

煤层气富集成藏的机理是承压水封堵和压力封闭，因此煤层气勘探的基本思路是找向斜、找斜坡，既要避开水动力强冲刷区和浅埋藏区，又要有承压水封堵条件和侧向水封堵条件，同时煤层既要有好的储集物性，物性又不能太好而导致煤层气散失（赵庆波和张公明，1999）。

二、煤层气开发特点

与常规气藏不同，煤储层大的孔隙空间主体被水所占据，水中含有一定量的溶解气，部分孔隙中存在游离气，气藏中的大部分气体是以吸附相存在，约占 80% 以上。煤层中的水体控制着煤层的压力，煤层气的开采要先排水降压才能使吸附气解吸（张新民等，2006）。

煤基质的孔隙大小为埃米级到微米级，煤层气在其中主要发生扩散作用，煤层中的裂缝为煤层气提供了主要的渗流通道。煤层的特殊性使得气体和水的储集和开采机理有别于常规储集层。煤的孔隙体积和孔隙大小的分布决定着开采时甲烷从内孔隙结构扩散出来的难易程度，煤储层与砂岩储层有许多不同之处（表 1.7），决定了各自的储气方式、储气能力、产能和开采工艺。

煤层的裂缝孔隙主要是由煤化作用过程中煤物质结构、构造等的变化而产生的内生裂缝（割理）和构造裂缝，裂缝系统是煤储层渗透率的主要贡献者，是煤层气渗流的主要通道。

表 1.7 煤层气与常规砂岩天然气对比表

项目	煤层气	常规砂岩天然气
岩石成分	有机质	矿物质
生气能力	有	无
气源	本身	外源
储气方式	吸附	圈闭
分布特点	大面积连续分布	受构造、地层、岩性圈闭控制
储气能力	较高	较低
孔隙度	一般小于 10%	一般大于 10%

续表

项目	煤层气	常规砂岩天然气
孔隙大小	多为纳米级（$20\times10^{-10}\sim200\times10^{-10}$m）和埃米级（$<20\times10^{-10}$m）	大小不等，多为微米级以上孔隙，致密砂岩储层孔隙为纳米级
孔隙结构	双孔隙结构	单孔系结构或双孔隙结构
裂缝系统	独特的内生裂缝（割理）系统	构造裂缝发育或不发育
渗透性	一般低于1mD时，渗透率不能单靠岩心测定，渗透率对应力很敏感，随开采时间延长有变好的趋势	高低不等，岩心测定渗透率对应力不敏感，开采过程中比较稳定
地层水	阻碍气的产出，先要排水	推进气的产出，不需先排水
开采深度	较浅，一般在1000m左右	较深，一般大于1000m
生产曲线	产量先上升，达到高峰后缓慢下降，持续较长的开采期	下降曲线
产气量	相对较低	相对较高

参考文献

曹成润，牛伟，张遂安，霍永忠，陈秀艳，孙英男. 2004. 煤层气在煤储层中的扩散及其影响因素. 世界地质，23(3)：266～269.

陈振宏，贾承造，宋岩等. 2008a. 高煤阶与低煤阶煤层气藏物性差异及其成因. 石油学报，29(2)：179～184.

陈振宏，王一兵，宋岩等. 2008b. 不同煤阶煤层气吸附、解吸特征差异对比. 天然气工业，28(3)：30～32.

李景明，刘飞，王红岩，周文，刘洪林，赵群，李贵中，王勃. 2008. 煤储集层解吸特征及其影响因素. 石油勘探与开发，35(1)：52～58.

李小彦，司胜利. 2004. 我国煤储层煤层气解吸特征. 煤田地质与勘探，32(3)：27～29.

李增学，魏久传，刘莹. 2005. 煤地质学. 北京：地质出版社.

梅放，康永尚，李喆，邓泽，王伟洪，顾骄杨. 2019. 中高煤阶煤层煤体结构识别测井法适用性评价研究. 煤炭科学技术，47(7)：95～107.

苏现波. 1998. 煤层气储集层的孔隙特征. 焦作工学院学报，17(1)：6～11.

孙维吉. 2007. 不同孔径下瓦斯流动机理及模型研究. 阜新：辽宁工程技术大学硕士研究生学位论文.

王锦山，尹伯悦，谢飞鸿. 2005. 水-气两相流在煤层中运移规律. 黑龙江科技学院学报，15(1)：16～19.

张建博，王红岩，赵庆波. 2000. 中国煤层气地质. 北京：地质出版社.

张琪. 2006. 采油工程原理与设计. 青岛：中国石油大学出版社.

张新民，韩保山，李建武. 2006. 褐煤煤层气储集特征及气含量确定方法. 煤田地质与勘探，34(3)：28～30.

赵庆波，张公明. 1999. 煤层气评价重要参数及选区原则. 石油勘探与开发，26(2)：23～26.

赵庆波等. 1999. 煤层气地质与勘探开发技术. 北京：石油工业出版社：57～61.

邹才能等. 2013. 非常规油气地质. 北京：地质出版社.

Bodden W R A, Ehrlich R. 1998. Permeability of coals and characteristics of desorption tests: implications for coalbed methane production. International Journal of Coal Geology, 35: 333～347.

Bustin R M, Clarkson C R. 1998. Geological controls on coalbed methane reservoir capacity and gas content. International Journal of Coal Geology, 38: 3～26.

Jenkins C D, Boyer Ⅱ C M. 2008. Coalbed and shale gas reservoirs. Journal of Petroleum Technology, 60(2): 92～99.

King G R, Ertekin T, Schwerer F C. 1986. Numerical simulation of the transient behavior of coal seam degasification wells. SPE Formation Evaluation, 1(2): 165～183.

Levy J H, Day S J, Killingley J S. 1997. Methane capacity of Bowen Basin coals related to coal properties. Fuel, 74: 1～7.

Saulsberry J L, Schafer P S, Schraufnagel R A. 1996. A Guide to Coalbed Methane Reservoir Engineering. Chicago: Gas Research Institute.

第二章 煤层气富集规律和富集模式

第一节 煤层气富集主控地质因素概述

一、煤层厚度和分布是煤层气富集的物质基础

煤层既是煤层气生成的源岩，又是煤层气的储集体，煤层厚度和分布是煤层气形成的物质基础，而煤层厚度和分布主要受控于煤层沉积条件和沉积环境（叶建平等，1998；秦勇等，2000；郑德文，2007）。煤层气藏的形成与气源和储集等煤层自身条件有关，气源条件是气藏形成的基础，只有气源供给充足才能形成富集程度较高的气藏，煤层的厚度和分布、变质程度及煤岩组成是控制生气量的主要因素，具有一定变质程度的厚度较大且分布稳定的煤层是煤层气藏形成的资源基础。煤层厚度大，不仅生气量大而且资源丰度高，并且煤层厚度大也有利于煤层气赋存；煤层气变质程度越高生气量越大。

煤层是煤层气赋存的物质基础，煤层厚度的大小在一定程度上控制着甲烷含量，煤层的空间展布规律同样影响着煤层气的运移和富集。煤层厚度越大，基质内的气体逸散需要通过的路径就会越长，即保存在基质内的气体就会越多。煤层气远景资源量取决于煤层的厚度及分布面积、煤层发育稳定性及煤的性质、热演化程度，可定量评价的参数有煤层厚度和煤层气资源丰度（康永尚等，2013；姜杉钰等，2018）。其中，煤层厚度和分布是资源基础，国内外获得商业性煤层气气流的地区，单井煤层总厚度均大于10m；薄煤层（总厚度小于5m）分布区的煤层气一般没有商业性开采价值；中等厚度煤层（总厚度为5～10m）分布区稳产期短，开采经济价值不高。煤层单层厚度要大于0.6m，才具有与上、下煤层分层压裂合采的经济价值（赵庆波和张公明，1999）。

国内外获得商业性煤层气的地区，煤层总厚度均大于10m，主力煤层厚度大于2m，薄煤层分布区的煤层气一般没有商业开采价值。美国圣胡安盆地高产区煤层平均厚15m，低煤阶的粉河（Powder River）盆地煤层厚12～30m；我国沁水煤层气田、鄂尔多斯盆地东部大宁–吉县地区和宁武盆地南部煤层气富集区煤层厚15m左右，准噶尔盆地昌吉地区、阜新盆地刘家区块煤层厚30m左右，霍林河盆地煤层厚度超过50m。统计我国主要煤层气目标区煤层厚度与煤层含气量及单井日产量之间的关系初步得出，中、高煤阶煤层单层厚度大于2m、低煤阶煤层厚度大于8m的情况下煤层气开发具有较好效果（李五忠等，2010）。

二、煤质、煤阶和埋深是煤层气富集的主要控制因素

国内外已开发的煤层气田高产区块以较高含气量为主，美国圣胡安、黑勇士盆地重点

开发区，平均含气量分别为 $17m^3/t$、$16.6m^3/t$。我国沁水煤层气田平均为 $16m^3/t$，最高达 $30m^3/t$；鄂尔多斯盆地东部大宁-吉县地区煤层含气量平均为 $16m^3/t$；宁武盆地南部煤层含气量平均为 $12m^3/t$。而含气量低于 $8m^3/t$ 的一些低含气、高饱和地区，如美国尤因塔盆地、粉河盆地单井日产气量也可超过 $4000m^3$。我国阜新盆地刘家区块煤层含气量平均为 $8m^3/t$，吸附饱和度超过 85%，单井日产气量为 1300～$5000m^3$；霍林河盆地煤层含气量平均为 $5.7m^3/t$，吸附饱和度超过 90%，单井日产气量达到 $1000m^3$。统计我国煤层含气量与单井日产量之间的关系，中、高煤阶单井日产气量超过 $1000m^3$ 的煤层气井煤层含气量大于 $6m^3/t$，低煤阶单井日产气量超过 $1000m^3$ 的煤层气井煤层含气量大于 $3m^3/t$。为便于先采气，后采煤并与国家已有煤矿安全生产规程衔接，初步将煤层气有利目标区煤层含气量界限中、高煤阶煤层含气量为 $6m^3/t$ 以上，低煤阶煤层含气量大于 $3m^3/t$（李五忠等，2010）。

1. 煤质对含气量的控制作用

含气量是影响煤层气井产量的主要地质因素之一，它和煤层的厚度、面积共同决定着开发区的煤层气资源总量和煤层气井的产量。一般来说，煤层含气量越高，气井的产量越高。煤层含气量受煤层的生气条件、储气条件和保存条件 3 个方面因素的控制，这些因素包括地质构造、煤层顶底板岩性、煤质、煤层变质程度、埋藏深度和水文地质条件等。在一定区域范围内造成煤层含气量分布差异的主要因素为煤特征和煤层有效埋藏深度。

有机组分按显微组分来分，又可细分为镜质组、惰质组和壳质组 3 种显微组分。其中，惰质组的吸附能力最强，壳质组的生气能力最强，镜质组的百分含量最大。对于中、高煤阶煤，壳质组因变质生成甲烷和二氧化碳等气体而导致百分含量最低甚至没有，又因惰质组含量通常较低，所以此时煤层中显微组分主要是镜质组，煤层吸附气量也随着镜质组含量的增加而升高；对于低煤阶煤，壳质组没有完全生烃，3 种显微组分都会存在，相对于高煤阶煤，低煤阶煤含气量低。

矿物质主要是煤层沉积过程中与煤层同生沉积的黏土矿物，或后期遭受河流冲刷而在煤层之上沉积的砂岩等矿物，还有高等植物本身组成物质。无论是固体煤燃烧取热还是气田地面或者井下抽排煤层气，矿物质的存在均不利于生产的进行。在相同条件下，黏土矿物越多煤层的吸附能力就越低，煤层含气量也越少。

灰分是煤燃烧后的残渣，在煤层其他条件相同的情况下，灰分含量越少，煤层含气量越高。该参数可直接反映煤层含气量的高低，如山西煤层气勘探开发试验区晋试 1 井，上部煤层灰分含量为 8.1%，含气量为 $27.17m^3/t$，下部煤层灰分含量为 25%，含气量为 $19m^3/t$；河北大城煤层气勘探开发试验区大 121 井，上部煤层灰分含量为 11%～17%，含气量为 $12m^3/t$，下部煤层灰分含量为 31%～47%，含气量为 $7m^3/t$。国内外煤层气高产富集区的煤层多为低灰分（含量小于 1%），煤层灰分含量高于 40% 的地区含气量小于 $8m^3/t$，无商业性开采价值（赵庆波和张公明，1999）。

水是由割理中的自由水和基质单元中的束缚水两部分组成。割理中的自由水对煤层气藏起水力封闭作用，稳定的水力封闭作用有利于煤层气的吸附，相反，活跃的水动力条件将打破原煤层气的吸附动态平衡，吸附气不断解吸散失掉，不利于煤层气富集。同时，对于煤层气开发，自由水也起到积极的作用，例如，对割理的支撑作用，提高煤层渗透率。

此外，煤层水的压力传递，使煤层中压降漏斗充分延伸，井筒远处的吸附气体得以解吸产出。

2. 煤阶对含气量的控制作用

煤层气存在生物成因和热成因两种。原生生物成因气是指煤化作用的早期阶段（成岩作用阶段），有机质在微生物作用下降解形成的煤层气；次生生物成因气是指经历了变质作用的中低煤阶煤（R_o<1.5%）抬升后在微生物作用下形成的煤层气。原生热成因气是指有机质在变质作用过程中形成的煤层气，如果原生热成因气经过解吸—扩散—运移—再聚集，则为次生热成因煤层气，高煤阶以原生和次生热成因煤层气为主，低煤阶生物成因煤层气不可忽略（赵群等，2007）。

现今的煤阶是煤系地层沉积后，经历埋藏和热演化历史的结果，区域岩浆活动或局部岩浆侵入，皆可造成古地温梯度的提高，加速煤变质演化过程。岩浆活动对煤层气的影响主要表现在3个方面：一是区域岩浆热和接触变质使煤的变质程度增高，含气量增高；二是使煤层微孔增加，提高了煤层的吸附能力；三是使煤层气的成分改变，形成一些特殊气体如 CO_2（王亮等，2014）。

我国沁南地区在晚古生代作为华北巨型盆地的一部分，在石炭-二叠纪聚煤作用结束后，覆盖了巨厚的三叠系沉积，煤层经深成变质作用后，处于低煤化烟煤阶段；印支-燕山运动期间成为逐渐形成的 NE — NNE 向沁水盆地的一部分，在强烈的岩浆活动产生的区域地热异常条件下，使深成变质的煤叠加了区域岩浆热变质，煤阶由烟煤向无烟煤演化；到喜马拉雅运动晚期，期间有经历多次抬升和沉降，但幅度不大，对煤阶几乎没有影响（傅雪海等，2004）。正是由于印支-燕山运动期间的区域岩浆热变质作用，使沁南晋城地区石炭-二叠系煤层的 R_o 达到现今的 2.4% ~4.2%，因此，该地区煤层具有较高的 Langmuir 体积，据晋试1井煤层等温吸附测试结果，3#煤层的 Langmuir 体积为 39.91m^3/t，15#煤层的 Langmuir 体积为 46.84m^3/t（王亮等，2014）。

煤的变质程度决定着煤层气生成量和煤的吸附能力，对煤层气含气量起着决定性作用，煤阶越高，煤层气生成量越大，吸附能力随煤阶增高经历了低—高—低3个阶段，在 R_o=3.5%左右时达到极大值（Scott，1993；Clayton，1998）。煤层含气量与煤阶有直接关系，在相同的温压条件下，当 R_o<3.5%时，高煤阶吸附能力强，含气量高，低煤阶吸附能力弱，含气量低。例如，我国沁水盆地南部主要为高煤阶无烟煤，R_o 在 2% ~4%，煤层含气量一般在 10 ~20m^3/t，最高可达 37m^3/t；美国粉河盆地古近系、新近系 Fort Union 组的煤在盆地的大部分地区为褐煤（R_o=0.3% ~0.4%），深部存在高挥发分烟煤，没有达到可大量产生热成因煤层气的成熟度，煤层含气量一般为 0.78 ~1.6m^3/t，最高不超过 4m^3/t；中国阜新盆地白垩系阜新组煤的 R_o 在 0.6% ~0.72%，煤层含气量一般为 8 ~10m^3/t（赵群等，2007）。

3. 煤层埋深与上覆地层有效厚度

对以生物成因气为主的低煤阶煤层来说，煤层含气量与埋深没有直接关系，而是取决于地下水径流条件和甲烷菌的繁殖条件，如准噶尔盆地南缘低煤阶煤层的含气性有明显的分带性，表现为浅高深低的特点，浅部煤层受天山冰雪融水的补给，煤层水流动呈缓慢径流模式，煤层水矿化度较低，有利于甲烷菌降解煤层生成煤层气，深部由于逆断层的封闭效应，煤层水为滞流水，矿化度较高，相对浅部不利于甲烷菌降解煤层生成煤层气，煤层气含量也较低（赵群等，2007）。

对以热成因为主的煤层气而言，煤层含气量随埋深变化呈现出一定的变化规律，煤层埋深对煤层的主要影响体现在温压对含气量的影响上，一般来说，随埋深增加，地层温度和地层压力增加，根据 Langmuir 等温吸附特征，吸附量随地层压力的增加而增加，煤层含气量增加（宋岩等，2007）。

温度对吸附量的影响方向正好相反，即随温度增加，吸附量减少。温度和压力的逆向作用，使煤层含气量随深度的变化趋势出现拐点，一般认为在 1500m 以浅，地层压力对含气量起主导作用，含气量随深度增加而增加，在 1500m 以深，地层温度对含气量起主导作用，含气量随深度增加而减小（宋岩等，2005）。具体到每个盆地，含气量出现拐点的临界深度应该是不同的。

中国除变质程度较低的含煤盆地外，绝大多数盆地都经历了回返抬升演化阶段，煤层经历了埋藏-抬升的构造演化过程，有的盆地甚至经历了多次旋回，煤层现今埋深是煤系地层沉积后，经历后期埋藏、抬升和（或）再埋深埋藏史作用的结果，而现今煤层含气量和含气饱和度是聚煤盆地回返抬升和后期演化对煤层气保持和破坏的综合叠加结果，煤层气形成的关键时期是煤层停止生气后上覆“有效厚度”在埋藏史上煤层埋深最小的时期（宋岩等，2007）。

煤层含气量定格于关键时期“有效厚度”下的温压环境中，尽管现今煤层埋深可能大于“有效厚度”，煤层含气量与关键时期的含气量相比不会发生明显变化。“有效厚度”是指煤层到其上部第一个不整合面之间的地层厚度加上剥蚀厚度，因此，严格地说，上覆“有效厚度”越大，煤层气含量越高。

中国聚煤盆地回返抬升后的喜马拉雅期构造演化对煤层气的富集程度也有重要影响。一直处于隆起剥蚀的地区，煤层气将不断散失，当煤层抬升后，上覆地层压力减小，煤层中流体压力降低，导致煤层气发生解吸、散失，部分以游离气和水溶气的形式保留在煤层中，其结果是煤层的含气量降低，但含气饱和度增大，可达到 100%（宋岩等，2007）（图 2.1），此时，可用等温吸附曲线预测煤层的含气量（Saulsberry *et al.*，1996）。若在喜马拉雅期，盆地或盆地中的某一部分经历了下降，煤层上覆地层厚度增大，煤层中流体压力也相应增大，煤层的吸附能力是随着压力的增加而增大，也就是说，理论上煤层的吸附量增大，但是由于没有气源的补给，煤层还保持着下降前的含气量，造成煤层含气处于欠饱和状态（宋岩等，2007），吸附气含气量低于等温吸附曲线预测的理论值（Saulsberry *et al.*，1996）。

在高挥发分烟煤阶段（R_o在 0.65% 以上）已开始大量生成煤层气，且生气量大于煤的吸附能力，如果未经后期散失，则实测吸附含气量应等于在储层温压条件下等温吸附曲线的理论含气量，正是因为煤系沉积后构造演化的影响，导致吸附含气饱和度降低至低于 100%，而这种降低趋势受到煤储层渗透率的影响，含气饱和度与渗透率呈负相关关系（$r=-0.78$），可能与高渗储层更易导致煤层气扩散散失有关（Bustin and Clarkson，1998）。

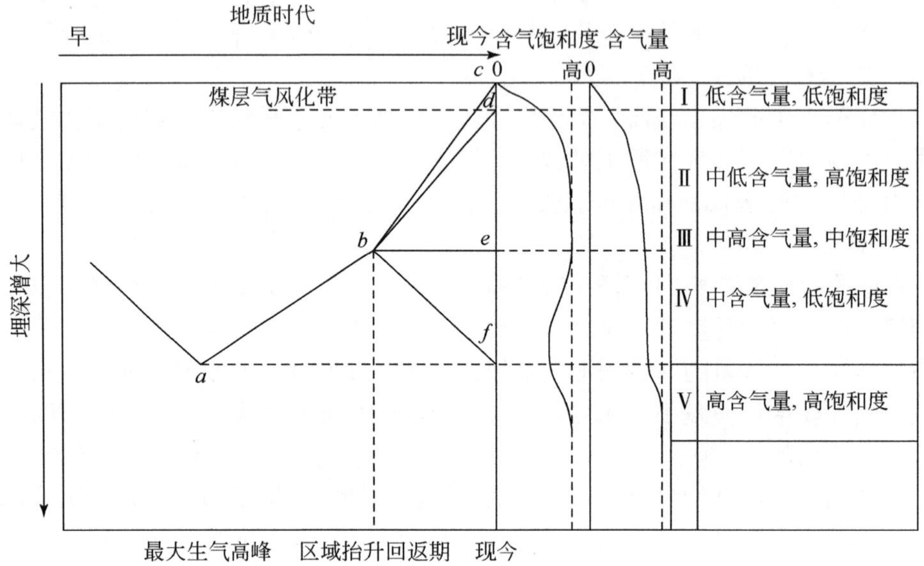

图 2.1　回返抬升后 3 种构造演化模式的现今煤层气富集程度（据宋岩等，2007）

含气饱和度是实测含气量与理论含气量的比值。实测含气量是煤心解吸得到的含气量（包括解吸气、残余气和损失气），需要用绳索密闭取心技术快速取煤心（由井底拔心到地面密封装罐仅用十几分钟）实测；理论含气量是吸附等温线上与原始地层压力对应的含气量。

与含气饱和度具有类似物理含意的一个参数是地解比，地解比是吸附等温线上与实测含气量对应的临界解吸压力与原始地层压力的比值（$P_{临}/P_{原}$）。临界解吸压力反映产气高峰期出现的快慢和高产程度，一般利用初期开采井开始出气时计算的井底压力进行校正，该值越接近原始地层压力（即地解比越接近 1），煤层气富集高产条件越优越（赵庆波和张公明，1999）。

一般来说，具有中孔、大孔（孔隙半径大于 0.1μm）的煤层热演化程度低，生气量小于吸附能力，且孔隙的总内表面积小，致使含气饱和度低；反之，孔隙半径小于 0.1μm 的小孔和微孔总内表面积大，小孔发育，煤热演化程度一般高，生气量大，含气饱和度高（赵庆波和张公明，1999）。

三、构造-水文地质条件是煤层气富集的重要控制因素

煤层气藏的形成除了与气源和储集等自身条件有关外，更重要的是与后期保存条件密切相关，而构造演化和水动力条件是煤层气保存的两大关键地质因素（宋岩等，2007）。现今煤层气藏的形成除了与煤层的自身条件有关外，更重要的是与后期保存条件密切相关。因为，煤层气的散失首先要发生解吸，然后呈游离气和溶解气再向外散失。散失途径可有孔隙中的游离气通过盖层（隔层）的散失、储-盖层烃浓度差分子扩散散失和溶于水中的气直接被水带走散失 3 种方式。目前普遍认为滞流水环境有利于煤

层气的吸附和富集，而交替的水流环境，容易把煤层中的气体呈水溶态带走而破坏吸附气、游离气和溶解气之间的平衡，煤层吸附量减小不利于煤层气的富集（宋岩等，2007）。

1. 构造对煤储层含气量的影响机理

不同形态的地质构造，地质构造的不同部位，不同力学性质和封闭情况形成了有利于煤层气赋存或逸散的不同条件，封闭性地质构造有利于煤层气赋存，开放性地质构造有利于煤层气逸散排放（李贵中等，2005）。

在褶皱的不同部位，围岩的封闭能力有较大差别。在背斜轴部，节理以张性为主，围岩封闭能力明显减弱；但如果背斜闭合而完整且盖层不透气，则为良好的储存煤层气储集场所，在其轴部煤层内往往聚集高压气，形成“气顶”。在向斜轴部，节理以压性或压扭性为主，围岩封存能力较强。理论研究和实践亦表明，向斜为煤层气富集的主要构造形态。

断层保存煤层气的能力随断裂性质的不同而具有显著的差异，压性、压扭性断层因其受到较大压应力作用，煤层及围岩结构致密，透气性差，沿断层和垂直断层面方向上的煤层气运移都相对困难，对煤层中煤层气的保存有利；张性断层则相反，煤层及围岩结构松散，透气性好，易于煤层气逸散。

断层与褶皱对煤层气含量的控制作用非常明显。一般情况下向斜轴部煤层气相对富集。这主要与是向斜轴部煤层埋深较大、地下水相对滞留，以及煤层气的保存条件较好有关。断层对煤层气含量的控制作用分两类：开放性断层和封闭性断层。封闭性断层对煤层气的保存最为有利，如沁水盆地东南部的寺头断层为封闭性断层，没有造成煤层气显著散失。开放性断层是煤层气散失的通道，但取决于断层带充水条件，如果断层带富含水，且地下水为较高，则可形成相对高的静水压力，利于煤层气保存，反之煤层气散失严重。

2. 水文地质条件对煤层含气量的影响

煤系中流动的地下水对煤层气的含量和地球化学特征影响很大，在平面上和剖面上，水动力条件强的地区，煤层气的含量小、甲烷碳同位素轻；相反，在水动力不活跃地区，或滞流水区域，煤层气的含量则比较高（宋岩等，2007）。

煤系中的水文地质条件对煤层气的保存、破坏影响很大，造成不同水文地质条件下煤的含气量差别很大。关于水动力条件对煤层气的控制作用，前人作了大量的研究工作，提出了水动力对煤层气的封堵作用、水力封闭作用及滞留水控气论等理论（叶建平等，2001）。主要表现在不同的水文地质条件下，煤层气的富存条件不同，煤层含气量、含气饱和度不同。某些水动力条件对煤层气保存有利，而有些水动力条件对煤层气保存却十分不利，表现在对煤层气的破坏作用上。在相似地质条件下，平面上、纵向上煤系地下水比较活跃的地区煤层含气量较低；相反，地下水相对滞留的地区，含气量较高。滞留水地区对煤层气的保存非常有利，是煤层气保存的最佳水动力条件，这就是煤层气的滞留水控气论。在寻找煤层气富集区的时候，在其他地质条件相似的情况下，滞留水区就是相对的煤层气富集区。需要强调的是，滞留水区是指现今的状态，而实际上，由于长期构造运动和水文地质旋回的作用，滞留区在平面上的位置可能也是变化的，这就增加了煤层气富集区预测的难度。

1）煤系垂向地层组合对煤层气含气量的影响

根据韩城煤层气田含水层、煤层沉积、构造及地层发育特征，将气田主力煤层（3#、5#、11#）与顶底板含水层（隔水层）在垂向上的组合关系分为 3 种类型：

（1）煤层上覆和下伏含水层的水动力条件弱，与煤层不发生水力联系，代表煤层为 3#煤层（图 2. 2a）；

（2）煤层上覆和下伏含水层的水动力条件强，由含水层内压力差和煤层内外气体浓度差导致煤层发生间接水力联系，代表煤层为 11#煤层（图 2. 2b）；

（3）煤层局部存在断层或河道侵蚀沟通含水层代表煤层为 5＃与 11＃煤层（图 2. 2c、d）。

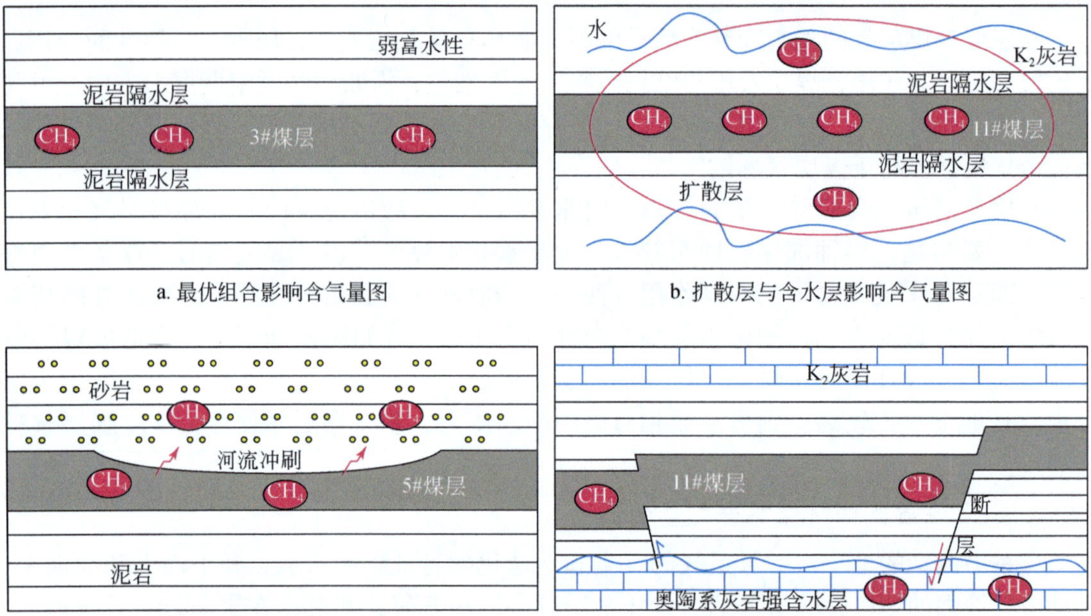

a. 最优组合影响含气量图　　b. 扩散层与含水层影响含气量图

c. 河道侵蚀煤层影响含气量图　　d. 断层沟通煤层影响含气量图

图 2. 2　煤层与含水层组合关系及对含气量影响模式图

以上 3 种垂向上煤层与顶底板含水层的组合类型，分别代表了 3 种不同类型的煤层甲烷气体的保存条件，控制着煤层含气量的高低，使本来变质程度一致的煤层，表现出含气量的差异性。从第一种类型到第三种类型，顶底板含水层对煤层气的逸散、运移的影响依次增强，第一种情况的顶底板含水层几乎不对煤层气的储集、扩散产生影响，为煤层气保存富集创造了稳定的环境，十分有利于煤层气的吸附，确定为最优垂向组合；第三种组合关系含水层直接沟通煤层，地层水直接涌入煤层，冲刷并带走煤层气，煤层气也会逸散运移到含水层中，造成煤层中甲烷气体的降低，为垂向组合中最差类型。但煤层顶板砂岩作为常规岩层“捕获”并储集甲烷气体在勘探开发中不可忽视；第二种组合对煤层气的富集、运移介于前两者之间，间接顶底板含水层透过薄的直接顶底板隔水层而在一定程度上影响着煤层含气量，煤层气保存受到一定的影响。

正是因为从3#到5#再到11#煤层，垂向组合条件变差，导致含气量从3#到5#再到11#煤层呈现降低的趋势（图2.3）。

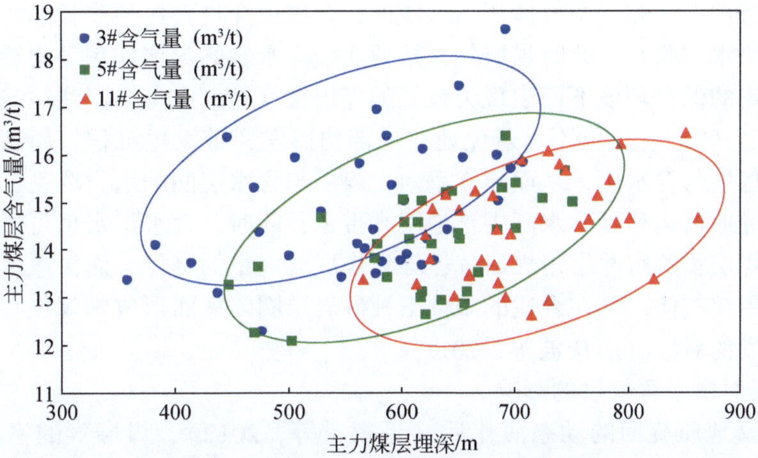

图2.3　韩城煤层气田主力煤层含气量对比图

2）煤层顶底板岩性

煤层气在其形成过程中或形成以后必须被封存在煤层中才可能形成煤层气藏。这种封存主要取决于盖层的排替压力。盖层具有相对较高的排替压力，促使煤层气散失的动力达不到这一压力时，煤层气可赋存在煤层中不至于散失。实际上水对气的净浮力远远大于油，使天然气易于散失，因此气藏对盖层要求更严格。煤层气也是如此，要使之封存在煤层中，顶板岩石的排替压力必须高于煤层气的散失动力。可见作为盖层的煤层顶板的封存能力是相对的。在储层压力较高时，顶板岩石即使有较高的排替压力，可能也阻止不了煤层气的散失；储层压力较低时，顶板岩石即使排替压力较低，可能阻止煤层气的扩散。

对煤层而言，顶板多为泥岩、粉砂岩、砂岩，个别情况下为石灰岩。一般情况下泥岩、粉砂岩比较致密，孔隙半径较小，排替压力较高，对煤层气有较强的封存能力。单纯从岩性角度考虑，砂岩封存能力不及泥岩或粉砂岩。如果成岩作用较强、砂岩孔隙较小、裂缝节理不发育、排驱压力较高，可阻止煤层气失散。含煤地层中的中细粒砂岩一般比较致密，对煤层气有一定的封存能力（高洪烈，1988）。

平面上的稳定水动力条件的承压水区反映了较好的区域性保存条件，在此基础上，垂向上的含水层与煤层组合可反映出单个煤层的保存条件，从而优选出垂向最优开发煤层。受煤层沉积环境的限制，煤层气田中隔水层与含水层往往互层沉积（李增学等，2005），这就限制了含水层之间在垂向上的联系，决定了与煤层有水力联系的含水层往往仅有煤层顶底板含水层。顶底板含水层为煤层的直接充水含水层，它的富水性、导水性及与煤层的水力连通性很大程度上决定了煤层气的保存、富集和扩散运移特征。

当煤层顶底板为隔水性较好的泥岩层时，煤层与含水层发生水力联系的可能性较小，此时煤层气处于较稳定的水动力环境中，保存条件较好，稳定的地层压力维持着煤储层内煤层气原始的吸附平衡，煤层表现为较高的含气量；由于煤层气藏为压力气藏（刘成林等，1998），不可能存在完全封闭性的顶底板隔层，特别是在水动力条件比较活跃的间接顶底板含水层条件下，煤层中气体压力形成的扩散层可穿过直接顶底板隔水层与间接顶底板的含水层发生水力联系，此时煤层气直接顶底板隔水层的封堵作用显得更加薄弱。煤层气因处于不稳定的保存环境下而表现为较低的煤层含气量；由于煤层往往是空间连续性沉积的（赵德政，1987），这就不可避免地在局部构造发育带发生沉积，局部存在断层或河道侵蚀可沟通煤层与含水层，从而建立垂向上煤层与含水层间的水力联系，煤层中的甲烷气体可通过沟通通道运移到含水层中被地层水带走，同时，含水层水也可通过沟通通道涌入煤层中冲刷煤层，溶解并带走煤层气，导致煤层含气量的降低。而扩散运移到煤层顶板河道砂岩中的甲烷气体，可在合适的条件下被砂岩层圈闭从而形成常规气藏，与煤储层一起作为勘探开发的对象（赵庆波等，2011）。

3）压力场对煤层含气量的影响

经历了水文地质旋回的动态演化后（毛得雷等，2012），煤层气的富集更重要的是受控于现今水动力场下的压力分布，其分布特征在一定程度上反映了煤层气的保存条件。低压力往往显示了开放的地层压力环境，压力降低使煤层气解吸，煤层气在一定压力差的作用下从高压力区向低压力区渗流，导致煤层含气量降低。同时，低压力区通常分布于构造发育的盆地边缘，盆地边缘构造往往为连通性较好、导水性强烈的断裂构造，丰富的地下水在重力作用下顺地层较快的向下径流（康永尚和张一伟，1998），交替的水动力条件可作为载体溶解带走煤层气。高压力控气作用一般发生在盆地中埋藏深部的稳定水动力条件的承压水区，地层平缓，构造相对稳定，地下水主要为原始沉积水，处于稳定的水动力封闭环境中，较高的地层压力保持着稳定的煤层气保存环境，使煤层气吸附于煤层中，煤层气相对富集而不发生逸散，煤层含气量较高（康永尚等，2018）。

陕西韩城煤层气田煤层含气量随煤层压力的变化规律揭示了平面水文地质条件下压力场对煤层气富集的控制作用。北部、中南部的背斜断裂带及东部变浅部的鼻状构造带均因处于局部高构造部位，埋藏相对较浅，煤层压力较低，煤层气保存条件相对较弱，从而表现出较低的煤层含气量。特别是东部鼻状构造带，因构造裂缝发育，煤层埋藏较浅，地表淡水的入侵严重改变了煤层气的保存条件，使煤层处于较开放的水动力环境中，煤层气被活跃的地表补给水带走。在气田西北和西南部为稳定水动力条件的煤层水承压区，因处于气田中深部，构造简单，地层平缓。煤层气处于稳定的、相对较高的储层压力保存环境中，故平面上稳定水动力条件的承压水区煤层表现出较高的含气量（图 2.4），为气田平面有利开发区。

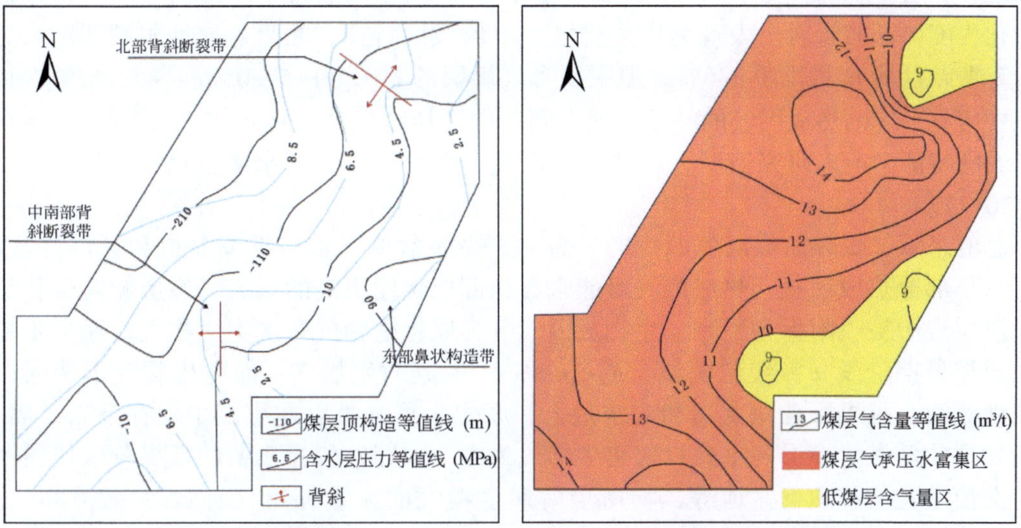

a. 压力平面分布特征图　　b. 煤层气含量等值线图

图 2.4　韩城煤层气田主力煤层压力和含气图

第二节　低煤阶煤层气富集规律与成藏模式

低煤阶煤一般是指镜质组反射率（R_o）小于0.65%的煤，美国粉河盆地、澳大利亚瑟拉特（Surat）盆地及加拿大艾伯塔（Alberta）等盆地煤层气开发的成功实践证明（秦勇等，2000），低煤阶煤层气以生物成因为主，具有煤层总厚度大、资源丰度高、无须进行压裂改造等优势，开发潜力巨大。我国低煤阶煤分布较广，蕴含的煤层气资源十分丰富，第四次油气资源评价显示，低煤阶煤层气约占全国煤层气总资源量的35%。在垂向上主要位于早中侏罗世、早白垩世和古近纪煤层中，其中主要含早—中侏罗世煤层的盆地有吐哈、三塘湖、准噶尔、鄂尔多斯、潮水等盆地，含早白垩世煤层的盆地有海拉尔、二连等盆地，含古近纪煤层的盆地有阜新盆地、滇东盆地群等。

一、低煤阶煤层气成因

据 Rightmire（1984）的研究，低煤阶煤（褐煤和长焰煤）在热演化过程中主要生成CO_2气体，而几乎不生成CH_4气体和N_2气体（表2.1）。国内外学者一般把低煤阶煤层气（主要指CH_4气体）的成因归结为以生物成因为主（Scott，1993，2002；赵群等，2007）。

笔者统计了国内外典型的低煤阶煤层气$\delta^{13}C_1$与煤岩镜质组反射率（R_o）数据，参考前人的研究（孙钦平等，2018；孙粉锦等，2018），以$\delta^{13}C_1$值-55‰作为划分生物成因气与热成因气的界限（$\delta^{13}C_1$<-55‰为生物气，$\delta^{13}C_1$>-55‰为热成因气），对国内外典型低煤阶地区的煤层气成因进行判别（表2.2）。从表2.2中可以看出，低煤阶煤层气气源类型主要是生物气，个别盆地（区块）有热成因气的补给。二连盆地吉尔嘎朗图凹陷与霍林河凹陷，煤层甲烷的 $\delta^{13}C_1$ 均小于-55‰，R_o 小于0.6%，埋深小于900m，且900m以深没有演化程度更高的煤岩，表现为以生物气为主的成因特征；吐哈盆地沙尔湖凹陷与之相似。三塘湖盆地 R_o 虽小于0.6%，但主要含气煤层的 $\delta^{13}C_1$ 为-53.05‰~-52.63‰，说明煤层中应有一定的热成因气的补给。澳大利亚的瑟拉特盆地也在 $\delta^{13}C_1$ 上表现出含有热成因补给的特征，前人研究表明，该盆地生物气占比为80%，其余来自热成因气（Tang *et al.*，2017）。

总的来看，低煤阶煤层气以生物气为主，一些盆地（如三塘湖盆地和瑟拉特盆地）含有一小部分热成因气，热成因气可能来自深部成熟度更高的煤岩，经历侧向运移后在低煤阶煤岩中被吸附保存下来。生物成因气分为原生生物气和次生生物气。原生生物气是在成煤早期阶段（泥炭化阶段，R_o<0.3%）生成的生物气；原生生物气形成时，因煤层埋藏浅，且煤层孔隙度高和含水量大，原生生物气难以在煤层中保存下来。因此，目前发现的低煤阶煤层气主要以次生生物气为主。如国外较为典型的低煤阶区块粉河盆地、艾伯塔盆地和悉尼盆地等，均由于后期生物气的大量补给（孙斌等，2018a），形成低煤阶煤层气富集区。经历一定地质历史时期的演化，低煤阶煤再次生气及成藏，需要有适宜甲烷菌生存活动的地质条件即矿化度、地温较低的水环境，以及良好的保存条件（孙斌等，2018a）。

甲烷菌生成甲烷主要有两种方式：

（1）CO_2 还原：$CO_2+8H^+ \rightarrow CH_4+2H_2O$；

（2）乙酸发酵：$CH_3COOH \rightarrow CH_4+CO_2$。

将已收集的数据（孙钦平等，2018；孙粉锦等，2018）投在 $\delta^{13}C_{CH_4}$-δD_{CH_4} 关系图和Kotarba模板中（Whiticar，1999；Kotarba，2001；图2.5）。分析可知，二连盆地吉尔嘎郎图凹陷与海拉尔盆地的生物气类型主要处于 CO_2 还原型和乙酸发酵型过渡带；吐哈盆地沙尔湖凹陷、准噶尔大井区块与鄂尔多斯盆地南部侏罗系浅部彬县低煤阶区的煤层气主要以 CO_2 还原型生物气为主；美国粉河盆地主要是乙酸发酵型生物气。另外，从气体成分来看，煤层中的气体除 CH_4 气体外，还含有 CO_2、N_2 和其他惰性气体，表2.3对比了国内部分低、中、高煤层气区块煤层产出气体的组分。尽管气体组分不能作为气体成因判别的依据，但中国低煤阶煤层气中含有较高的 N_2 是一个客观存在，与美国低煤阶煤层气的成分（Scott，1993）有所不同。

表2.1 不同煤阶热成因生气量数据表（据Rightmire，1984）

煤级	CH_4		CO_2		N_2		总含气量		累计气量	
	/(scf/t)	/(cm^3/g)	/(scf/t)	/(cm^3/g)	/(scf/t)	/(cm^3/g)	/(scf/t)	/(cm^3/g)	/(scf/t)	/(cm^3/g)
褐煤	0	0	120	4	0	0	120	4	120	4
长焰煤	0	0	200	6	0	0	200	6	320	10
气煤	640	20	1080	34	160	5	1880	59	2200	69
肥煤	2680	84	360	11	160	5	3200	100	5400	169
焦煤	2160	67	240	7	80	2	2480	77	7880	246

续表

煤级	CH_4		CO_2		N_2		总含气量		累计气量	
	/(scf/t)	/(cm^3/g)	/(scf/t)	/(cm^3/g)	/(scf/t)	/(cm^3/g)	/(scf/t)	/(cm^3/g)	/(scf/t)	/(cm^3/g)
贫煤	760	24	120	4	80	2	960	30	8840	276
无烟煤	880	27	216	7	320	10	1416	44	10256	320
累计	7120	222	2336	73	800	25	10256	320	/	/

注：scf. 标准立方英尺。

表 2.2　国内外典型低煤阶区块地质参数统计表（R_o、含气量和$\delta^{13}C_1$资料来源于 Shurr and Ridgley，2002；Tang *et al.*，2017；孙钦平等，2018；孙粉锦等，2018）

盆地、凹陷	时代	地层	埋深/m	R_o/%	含气量/(m^3/t)	$\delta^{13}C_1$	气源类型
吉尔嘎郎图凹陷	K_1	赛罕塔拉组	<900	0.32～0.47	1～4	-65.3‰～-59.6‰	生物气
霍林河凹陷	K_1	霍林河组	<900	0.3～0.54	2～6	-62‰	生物气
吐哈盆地沙尔湖凹陷	J	西山窑组	400～1050	0.31～0.45	0.5～2.2	-61‰～-58.4‰	生物气
三塘湖盆地	J	西山窑组	<1100	0.39～0.55	3～7	-53.05‰～-52.63‰	生物气 热成因气
潮水盆地	J	青土井组	560～1200	0.39～0.71	<0.4	-71.0‰～-43.0‰，大部分小于-55‰	生物气 热成因气
粉河盆地	E	尤宁堡组	90～457	0.31～0.49	0～2.5	-60.0‰～-56.7‰	生物气
瑟拉特盆地	J	Wallon 组	0～850，平均 281.06	0.4～0.6，多数地区小于 0.5	2～10	-64.1‰～-44.5‰	生物气 热成因气

表 2.3　中国典型煤层气区块气体组分对比表（寿阳区块与郑庄区块资料来源于孟召平等，2010）

盆地、凹陷	R_o/%	煤阶	气体成分/%		
			CH_4/(范围/平均值)	CO_2/(范围/平均值)	N_2/(范围/平均值)
吉尔嘎郎图凹陷	0.32～0.47	低煤阶	38～96/72	2～9/5	1～59/22
霍林河凹陷	0.3～0.54		35～99/72	0.15	1～65/20
沙尔湖凹陷	0.31～0.45		6～95/76	0.2～11/2	4～93/22
旧桥凹陷	0.32～0.49		50～65/57	5～17/8	28～43/35
白杨河地区	0.6～1.05	中煤阶	75～93/86	6～20/10	1～4
临兴地区	0.73～1.8		88～94/92	0.6～7/2	0.4～5/1.5
寿阳区块	2.37～3.57	高煤阶	80～99.6/95	0.1～5/1.4	0.06～18/3.6
郑庄区块	2.3～3.68		80～98/94	0.38～5/2	0.4～18/4

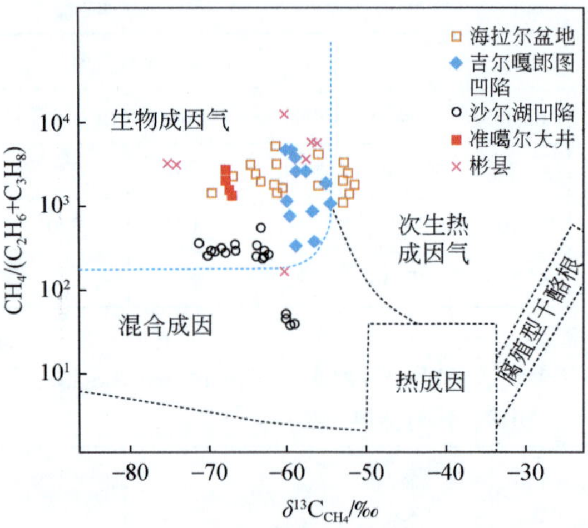

a. 基于$CH_4/(C_2H_6+C_3H_8)-\delta^{13}C_{CH_4}$低煤阶煤层气成因判识图
（模板来自Kotarba，2001）

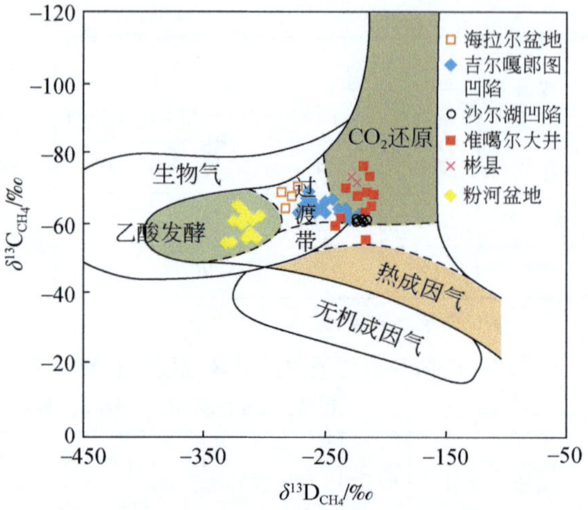

b. 基于$\delta^{13}C_{CH_4}-\delta D_{CH_4}$低煤阶煤层气成因判识图
（模板来自Whiticar，1999）

图 2.5　低煤阶煤层气成因判别图

二、低煤阶煤层气富集主控因素

1. 水文地质条件

1）现今、古水文地质条件的控制作用

低煤阶煤层中的煤层气以次生生物气为主，因此，淡水补给是低煤阶煤层气成藏的先决条件。北美地区在低煤阶煤层中、低成熟度页岩中和低渗透碎屑岩储层中，皆有广泛分布的生物气，生物气的生成与更新世覆盖在北美大陆的巨厚冰盖在最近 1 万～2 万年的融水入渗有关（Shurr and Ridgley，2002）。例如，美国粉河盆地煤层气开发的深度较浅，一般小于 300m，融化的冰川水提供了丰富的淡水补给来源，由于较低的地层水矿化度与地温，为生物气的不断生成提供了有利的条件（Shurr and Ridgley，2002；刘洪林等，2008）。粉河盆地成功区块主要分布在东部边缘露头的缓坡区，地层水矿化度低（小于 1000mg/L），埋深在 150 多米时就达到了相对较高的含气量（图 2.6a）。

在中国北部和西北大部分地区，第四纪以来气候总体上较为干旱，蒸发量远大于降水量，地表水补给不足，地下水矿化度较高，产气的甲烷菌无法大量生存，生物气生成量受到限制，煤层含气量极低。例如，吐哈盆地大南湖凹陷在 500m 以浅煤层中几乎不含气，甲烷含量几乎为 0（图 2.6h）；吐哈盆地艾丁湖凹陷在 1100m 以浅煤层中几乎不含气，甲烷含量几乎为 0（图 2.6h）；潮水盆地红沙岗地区在埋深达 900m 时含气量依然很低（小于 $0.5m^3/t$）（孙斌等，2010；杨敏芳等，2013；图 2.6i）。这些区块的普遍特点是煤层水矿化度高（表 2.4）。特别是 SO_4^{2-}浓度较高，当 SO_4^{2-}浓度达到 960mg/L 时便完全抑制厌氧细菌活动，总矿化度高于 10000mg/L 时甲烷菌将完全死亡。吐哈盆地大南湖凹陷煤层水矿化度高达 10000mg/L，SO_4^{2-}介于 1090～2310mg/L。潮水盆地红沙岗地区大部分煤层水水样的矿化度大于 10000mg/L，SO_4^{2-} 介于 359.3 ~ 826.2mg/L（孙斌等，2010；杨敏芳等，2013），表明这些地区在煤系地层沉积后，缺乏地表淡水补给生成生物气或缺乏生物气保存的条件。

在总体缺少地表水补给的条件下，局部地区由于特殊的现今水文地质条件，在地表淡水补给下具备生物气生成和富集的条件，如沿天山分布的吐哈盆地北缘、三塘湖盆地及准噶尔盆地南部，由于有天山雪水的补给，地层水得到一定的稀释，如吐哈盆地三堡凹陷地层水矿化度在 3000 ~ 7000mg/L（李赵阳等，2014），三塘湖的地层水矿化度介于 1160 ~ 5657mg/L（表 2.4），准噶尔盆地南部大部分地区的地层水矿化度介于 536 ~ 3398mg/L，远低于吐哈盆地南部地层水矿化度，有利于生物气的生成，形成吐哈盆地北部沿天山山脉分布的凹陷与三塘湖盆地有一定的含气量（图 2.6f）；海拉尔盆地霍林河凹陷靠近大兴安岭山麓，地表水补给相对充足，导致煤层水矿化度较低（150 ~ 640mg/L，表 2.4），基底含水层矿化度为 300mg/L，具备较好的生气条件，在埋深 300m 开始有较高的含气量（图 2.6g）。

特别需要讨论的是二连盆地吉尔嘎郎图凹陷和吐哈盆地沙尔湖凹陷，煤层被上覆地层覆盖，且现今地表淡水补给的条件较差（王一兵等，2004），煤层水的矿化度也比较高（表 2.4），从现今水文地质条件来看，不具备大量生物气生成的条件，但二者含气量皆比较高（图 2.6c、d），说明单纯用现今水文地质条件无法解释所有现象，古水文地质条件可能对这些地区生物气的生成起到了关键作用：二连盆地吉尔嘎郎图凹陷位于二连盆地中央古隆起带的南侧，分析认为，在地质历史时期，自中央隆起带向吉尔嘎郎图凹陷曾经发生过淡水入渗，形成了生物气，之后，上覆地层沉积，生物气得以保存，且随着地层水的不断浓缩，矿化度升高到现今的水平；吐哈盆地南缘的沙尔湖凹陷是位于沙尔湖隆起和觉罗塔格山之间的一个独立水文地质单元，具备觉罗塔格山古地表水渗入煤层和生成生物气的古水文地质条件。

表 2.4 国内外低煤阶典型区块煤层水水化学特征对比表（水型、SO_4^{2-} 和矿化度资料来源于孙斌等，2010；杨敏芳等，2013；田广文等，2015；Tang *et al.*，2017；陈浩等，2018）

盆地、凹陷	深度/m	层位	水化学类型	SO_4^{2-} 浓度/(mg/L)	总矿化度/(mg/L)
三塘湖盆地	490 ~ 1154	J_2x	$Na-HCO_3$	/	1160 ~ 5657，平均 3487
沙尔湖凹陷	475 ~ 685	J_{1-2}	Ca-Cl	/	12000 ~ 36000
吉尔嘎郎图凹陷	326 ~ 486	K_1	$Na-HCO_3$	1.41 ~ 50.32	3854 ~ 5496
霍林河凹陷	<900	K_1	$Na-HCO_3$	/	150 ~ 640，基底 300
鄂尔多斯盆地南部侏罗系煤层	浅部	J_1	$Na-HCO_3$	5.1 ~ 31	4390 ~ 13000
	深部	J_1	Ca-Cl	594 ~ 1336	38000 ~ 48000
美国粉河盆地	<300	E	/	/	<1000
澳大利亚瑟拉特盆地	0 ~ 850	J_2	$Na-Cl \cdot HCO_3$	0.1 ~ 4	792 ~ 10177，平均 4091
潮水盆地红沙岗地区	560 ~ 900	J_{1-2}	$Na-Cl \cdot SO_4$	359.3 ~ 826.2	大部分大于 10000
吐哈盆地大南湖凹陷	676 ~ 1094	J_{1-2}	$Na-CO_3$	1090 ~ 2310	约 10000

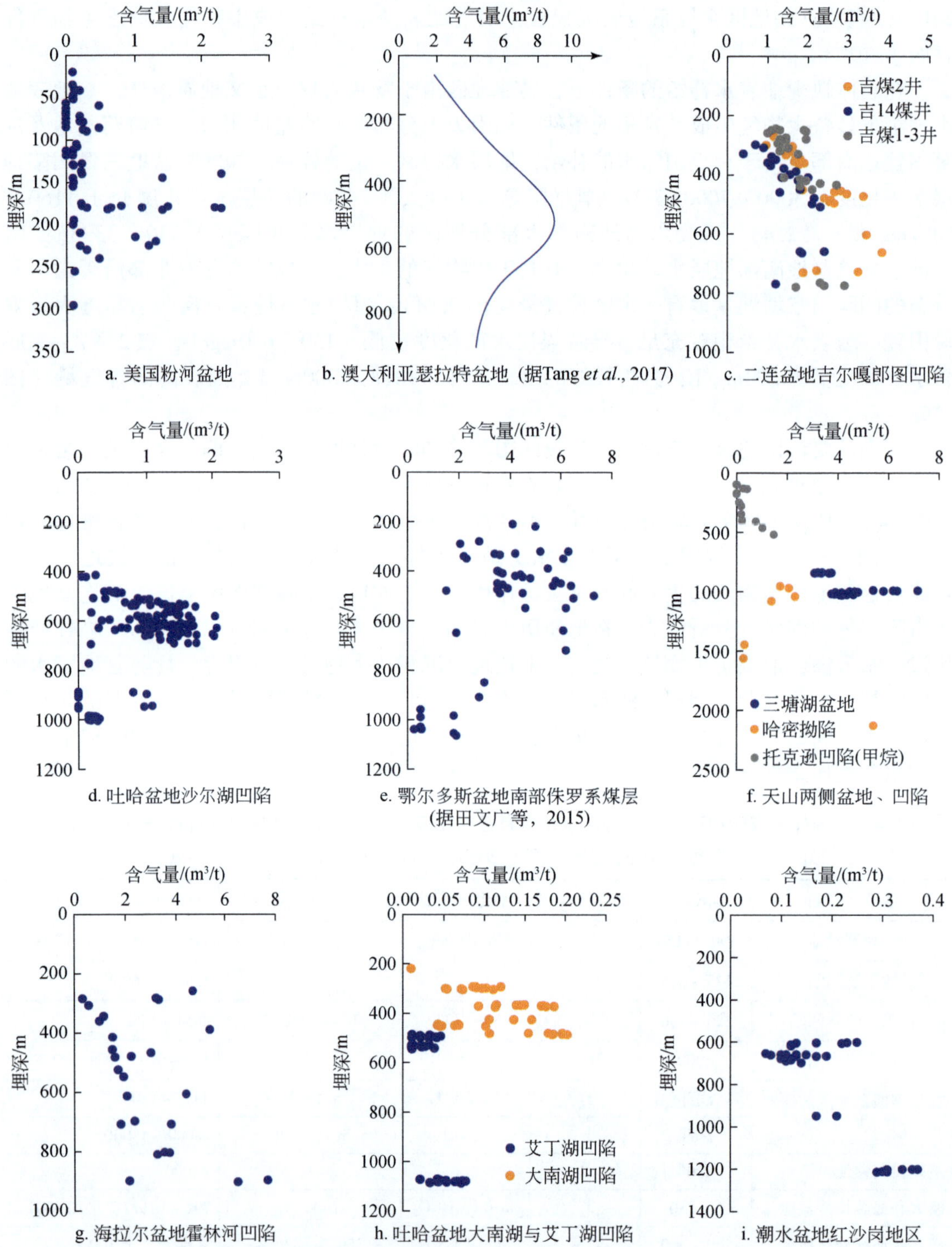

图 2.6　国内外典型煤层气区块含气量随埋深变化图

2）水文地质条件综合作用下的“最佳深度”

此外，在具备成藏条件的地区，低煤阶煤层气的含气量在垂向上的分布也有其独特性。二连盆地吉尔嘎郎图凹陷（图2.6c）和吐哈盆地沙尔湖凹陷（图2.6d）含气量随埋深呈先增加后降低的趋势，与鄂尔多斯盆地南部侏罗系煤层、美国粉河盆地（图2.6a）和澳大利亚瑟拉特盆地（图2.6b）具有类似的规律，对低煤阶煤层气而言，“最佳深度”的存在，从成藏机理上来看，是一个普遍的现象：低煤阶煤层气含气量既与生物气生成量有关，又与地层压力有关，由于在盆地或凹陷浅部位，温度影响可能居于次要地位，在垂向上，随埋深增加，地层压力增加，含气量增加，达到淡水入渗的最佳深度后，生物气生成量与压力的配置关系使含气量达到最高值。随埋深继续增加，生物气生成量减少，尽管压力增加，但含气量出现降低趋势，这一“最佳深度”是煤岩吸附能力、煤层压力及补给水可及性等综合作用下的表现（陈刚等，2015；王博洋等，2017）。“最佳深度”在不同地区，由于水文地质条件的不同而存在明显的差别，该深度的识别是低煤阶煤层气勘探的一个重要方面。另外，淡水补给时，交替的水动力环境影响了低煤阶煤层气藏的吸附气、溶解气与游离气之间的动态平衡：水动力太强，吸附气将会逐渐减少，影响低煤阶煤层气的保存；水动力太弱甚至无水动力，地下水滞留，矿化度升高，不利于甲烷菌的生存活动，影响生物气的生成（焦贵浩等，2005；王勃等，2007）；另一方面矿化度升高也会降低低煤阶煤层的吸附能力，吸附气发生解析与扩散，导致煤层气的含量降低（焦贵浩等，2005）。也就是说，较浅部低煤阶即使煤系地层水矿化度低，有非常适宜甲烷菌生存的地质条件，生气能力较强，但由于煤层气保存条件较差，含气性较差；较深部煤层保存条件较好，但由于煤系地层水矿化度较高，不利于生物气生成，含气性依然较差；在“最佳深度”附近，由于有较为适宜的水文地质条件和保存条件，可使煤层气得以很好的生成与保存。这也是太浅与太深埋深的低煤阶煤层含气量较低的原因。

天山两侧盆地、凹陷（图2.6f）含气量未显示出“最佳深度”，分析认为与测试数据的深度区间太局限有关。海拉尔盆地霍林河凹陷（图2.6g），从200m到约900m埋深范围内，含气量随埋深总体上呈升高趋势，没有显示出“最佳深度”，这应与霍林河凹陷地表水补给较为充足有关：霍林河凹陷临近大兴安岭山脉，且煤层出露，从山麓等补给的地表水，沿煤层上下孔渗性较好的地层能更好地向深部补给，致使较深部煤层也有较高的含气量（雷怀玉，2010；韩兵等，2012），也就是说，目前含气量测试深度尚无达到淡水入渗的最大深度。

2. 储层特征

在具备成藏条件的前提下，不同成藏地区的含气量存在差异，这些差异除受前述水文地质条件影响外，还受储层特征的影响。储层特征如煤岩组分、煤层厚度、煤岩顶底岩性及煤岩物性等，是控制煤层气成藏的重要条件（Saulsberry *et al.*，1996；侯海海等，2014）。

1）煤岩组分

显微煤组分含量是影响煤层含气量的一个重要因素。煤岩不同类型的显微组分生气潜力具有差异，前人研究表明，壳质组产气能力最强，镜质组产气能力次之，惰质组最差；在吸附能力上，不同显微组分之间也存在明显差异，镜质组吸附能力最强，惰质组次之，壳质组最低（侯海海等，2014；刘大锰等，2018）。由于壳质组生气能力最强，含有高量的壳质组在一定程度上对低煤阶煤层气的富集较为有利，如澳大利亚的瑟拉特盆地，壳质组含量在 18.78% ~38.48%，平均 26.99%（Tang *et al.*，2017），因此该盆地显示出更高的含气量特征。在低煤阶煤岩中，镜质组通常占绝大部分，因此镜质组含量的多少对煤层气的生成及富集具有重要作用。从图 2.7 可以看出，煤层含气量具有随镜质组含量增大而具有增大的趋势，因此，镜质组是低煤阶煤层气的生成与富集积极贡献因素。

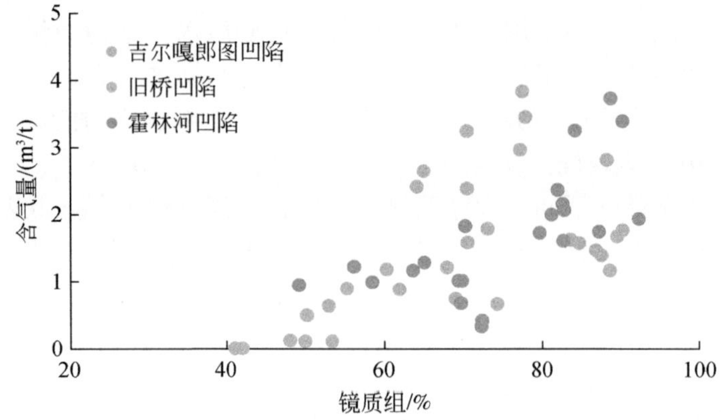

图 2.7　低煤阶煤层气含气量与镜质组含量关系图

2）煤层厚度与顶底板岩性

低煤阶煤层气含气量一般远低于中、高煤阶，因此较大累计厚度的煤层才能提供充足的气源。通过国内外典型区块的对比，在相似的地质条件下，国外区块煤岩的含气量要稍高于国内区块，其中重要的原因之一可能是：国外区块单煤层明显较薄，便于和补给水充分接触，有利于甲烷菌产生甲烷。相比之下，国内区块煤层厚度较大，不利于和补给水接触生成甲烷，含气量低，但因煤层总厚度较大，较低的含气量也可具有一定的资源丰度。煤层气的保存需要良好的封盖条件，煤岩顶底板的岩性及厚度会对煤层气的储存有较大的影响。以沙尔湖为例，主煤层顶底岩性主要为泥岩，最大厚度高达 300m，厚度大，孔渗性较差，有利于煤层气保存；沙尔湖凹陷现今虽处于干旱的吐哈盆地，缺乏地表水补给入渗条件，但地质历史时期生成的次生生物气得以保存，形成一定的含气量，这与较厚的泥岩形成有效的封堵有很大的关系（王一兵等，2004；李志军等，2013）。又如艾伯塔的 Horseshoe Canyon 组煤层，由于煤层顶底岩性为较厚的泥岩，封盖性好，使得 Horseshoe Canyon 组煤岩与其他地层沟通性较差，可动水含量低，地层产水较少，出现明显的“干煤”特点，含气量高，有利于开采（Allan，2004；Bastian *et al.*，2005）。

3）煤岩物性

储层的连通性一般用渗透率来表征，渗透率指孔隙-裂隙介质传导流体的能力，是煤层气开发的关键参数。通过与国外典型的区块对比可知，我国低煤阶煤储层的渗透率总体相对较低，要比国外低 1 ~2 个数量级。较高渗透率不仅有利于富集煤层气的产出，同时也影响着煤层气的生成，因为低煤阶煤层气的成藏主要影响因素在于其生成上，较大的渗透率有利于淡水的入渗补给，为产生次生生物气提供条件。如美国的粉河盆地，在150m时含气量就达到1～2m³/t，这与渗透率较大、淡水入渗补给条件好有很大的关系（表2.5）。

表2.5　国内外低煤阶典型区块煤岩特征对比表（据王一兵等，2004；Allan，2004；Bastian *et al.*，2005；杨敏芳等，2013；李志军等，2013；Tang *et al.*，2017）

盆地、区块	吉尔嘎郎图	霍林河	沙尔湖	瑟拉特	粉河	艾伯塔
深度/m	<900	<900	400～1050	0～850	90～457	200～700
R_o/%	0.32～0.47	0.3～0.5	0.31～0.45	0.3～0.6	0.3～0.4	0.39～0.56
煤层厚度/单层厚度/m	100～200/1.65～151	30～76	煤层巨厚/部分达217m	10～50/0.3m以内占82%	12.2～30/2～5（层多层薄）	30/8
含气量/（m³/t）	1～4	2～6	0.5～2.2	2～10	0～2.5	1～5
渗透率/mD	<1	0.9（900m）	7.5～181.9	10～300	10～1500	10～500

三、低煤阶煤层气成藏模式

1. 盆缘斜坡带新近成藏模式

在盆地最后一幕构造运动中，地层抬升，煤层出露地表或近地表，在现今有地表水补给的区域，地表水入渗并沿煤系地层向深部渗流，稀释煤层水矿化度，形成低盐度、低矿化度的地下水，为甲烷菌的生存及次生生物气的生成提供了有利条件。入渗水携带的甲烷菌将有机质转化为甲烷，且在现今水动力条件下（从边缘向盆地腹部水头逐渐降低、地层压力逐渐升高），形成水动力封闭煤层气藏，图2.8为盆缘斜坡带新近成藏模式示意图，这一模式也是前人普遍认识到的成藏模式。

该模式典型区块位于鄂尔多斯盆地南部的侏罗系煤层，由于东南浅部受大气降水的补给，浅部地层水矿化度低，硫酸根含量低于30mg/L，孔渗性条件较好（渗透率平均为6.98mD），水化学条件均适合产甲烷菌的大量繁殖，有利于生物气的生成。西北部远离露头区，缺乏地表补给水的渗入，处于滞留区，地层水矿化度较高，不利于甲烷菌的生存，缺乏大量次生生物气的补给，从而该区含气量显现出浅部煤层明显高于深部煤层的特征（田文广等，2015；孙粉锦等，2018）。澳大利亚的瑟拉特盆地也表现出相似的特征。瑟拉特盆地主要的低煤阶产气区位于盆地东北部，煤层埋藏东浅西深，低煤阶埋深范围为0～850m。瑟拉特盆地浅部矿化度较低（<1000mg/L），说明水补给充足，有利于生物气形成，深部地层矿化度较高（最高为10177mg/L），水体滞留，尽管有部分热成因气（20%）的补给，含气量依然比浅部稍低，含气量总体随埋深先增加，在约600m达到最高值，然后降低（Tang *et al.*，2017）。海拉尔盆地霍林河凹陷，含气量随埋深呈升高趋势，这与霍林河凹陷地表水补给较为充足有关，霍林河凹陷基底层系水矿化度为300mg/L，总体矿化度低，致使较深部煤层也有较高的含气量，含气量无明显浅高深低的特征。

另外，斜坡地层受到构造作用发生向斜与背斜等变化时，相比于平缓斜坡，更有利于低煤阶煤层气的富集，特别是形成背斜时，构成构造高点，生成的气体向此处运移，构成类似于常规油气背斜圈闭的高饱和度煤层气藏。这一特征在国内勘探开发中暂无提及，但美国粉河盆地已发现具有类似的低煤阶煤层气藏，构造高点区域的煤层气产量已超过其原地资源量的两倍，其主要原因就是较深部位气体的大量补给（孙平等，2009）。在澳大利亚的瑟拉特盆地也发现相似的特征，瑟拉特盆地 3 个不同的区块特征为发育有向斜斜坡（NDA 区块）、发育有背斜的斜坡（CDA 区块）及直斜坡（SDA 区块），它们的含气量表明，含有背斜的斜坡模式具有更高的气体富集水平（Tang *et al.*，2017）。

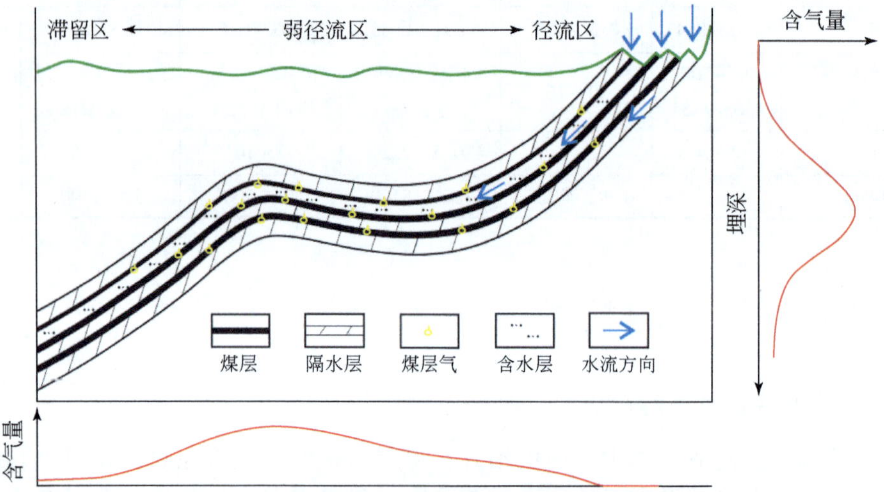

图 2.8 盆缘斜坡带新近成藏模式示意图

2. 小型断陷古成藏模式

在煤层沉积后的某个时期，由于构造运动，盆地边缘抬升，具备合适的古水文地质条件，古淡水入渗进入煤层，若煤层之上存在有效的封盖层，生物气可保存下来，之后，上覆地层沉积，煤系地层与地表水隔绝，生物气生成条件中断但已生成的生物气得以在煤层中保存下来，煤层水由于浓缩作用，矿化度升高到现今的水平，不再适宜生物气生成，如吐哈盆地沙尔湖凹陷，现今地表干旱，不具备淡水入渗条件，且煤层水矿化度在 12000 ~ 36000mg/L，现今水文地质条件下不具备生物气生成的条件，煤层气应属古淡水入渗条件下形成的次生生物气。

图 2.9 为小型断陷古成藏模式示意图。该模式是本书认识到的一种新型的、隐蔽型的成藏模式，在该模式中，煤层气成藏具有适宜的古水文地质条件（图 2.9a），但在由最后一幕构造运动决定的现今水文地质条件形成前，次生生物气的生成作用已经停止，现今水文地质条件（图 2.9b）对成藏不再起作用，次生生物气是地质历史时期生成并被保存下来的。在地质历史时期，古隆起雨雪水可向凹陷中部汇聚，在盆地中央区域形成良好的承压水环境，所带来的甲烷菌形成生物气。断陷盆地陡坡易沉积洪积相与扇三角洲相，孔渗性相对较好，缓坡易沉积三角洲相，也易于地层水的下渗，以此形成双侧的水力封堵；中心地带易沉积湖泊相与沼泽相，富集煤岩及顶底板泥岩，封盖性较好。这种模式含气量一般在垂向上随深度先增大后降低，在平面中央部位含气量最高，向两侧逐渐降低。

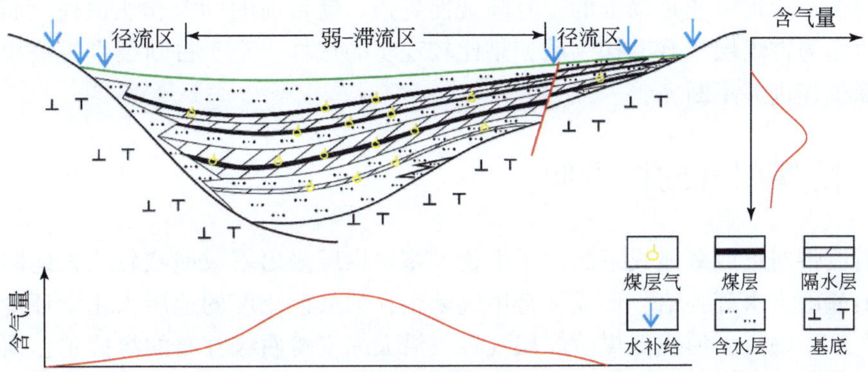

a. 古水文地质条件

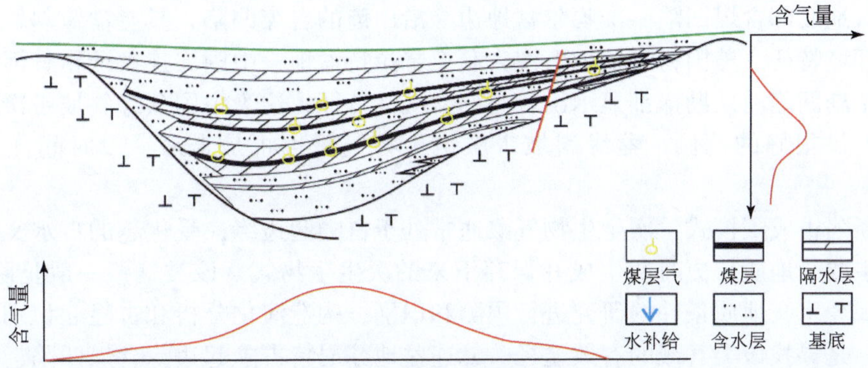

b. 现今水文地质条件

图 2.9　小型断陷古成藏模式示意图

该模式典型区块位于二连盆地的吉尔嘎郎图凹陷，富煤区位于盆地的中央，煤层较厚，顶底板泥岩发育，封盖性较好。现今吉尔嘎郎图处于地形相对平缓、气候干旱的二连盆地，地表淡水补给较少，吉煤 4 井组产出水矿化度介于 5000 ~ 6500mg/L（埋深约 400m），浅层水矿化度为 3301mg/L（叶建平等，1998），地层水矿化度相对偏高，甲烷菌的活性低，目前可能有次生生物气的生成，但产气效率低，即现今地质环境对生物气的形成不利。吉尔嘎郎图凹陷地处古苏尼特隆起边缘，古水文地质条件优越，有利于生物气的形成，之后在弱径流-滞留的环境使生物气保存下来。吉尔嘎郎图总体含气量为 1 ~ $3m^3/t$，含气量相对不高，但煤岩总厚度较大，弥补含气量低的不足。此外，吐哈盆地的沙尔湖凹陷也具有断陷盆地早生生物气特征。沙尔湖凹陷地处吐哈盆地南部戈壁荒漠，水文地质条件为独立的、封闭的水文地质体，矿化度较高（远大于 10000mg/L），明显处于滞留水环境。但沙尔湖凹陷位于沙尔湖古隆起与觉罗塔格山之间，古地质条件有利于生物气的形成。目前，沙尔湖多口井排采日产水量较大（李志军等，2013），这与该凹陷煤层巨厚（部分区域达 200m）及上覆泥岩较为发育有关，致密的上覆泥岩及巨厚煤岩本身阻碍了地层水的流失，形成了稳定的封闭环境，有利于地质历史时期形成的生物气保存，形成古煤层气藏。

从古淡水补给入渗条件来看，古成藏模式可能有不同的表现形式，除古隆起边缘古淡水补给的有利条件外，古断裂带也可能形成地表淡水与煤层的连通通道，从而形成生物气，但断裂带控藏很可能是局部的，其隐蔽性更强。就目前的勘探和认识程度而言，以古隆起带周边作为古煤层气藏勘探领域，是比较现实的选择，至于古断裂带控藏模式，还有待于随勘探工作进展不断完善。

四、低煤阶煤层气勘探方向

盆缘斜坡带新近成藏模式下的次生生物气藏：煤层多出露或埋藏较浅，地层易受到大气降水、山麓雨雪水等补给，形成适合甲烷菌生存的低矿化度的地层水化学环境，易于产生大量的次生生物气，形成低煤阶煤层气藏。沿大兴安岭西缘分布的海拉尔盆地东部含煤凹陷（伊敏凹陷等）、二连盆地东部含煤凹陷（白音华凹陷等）等，天山两侧的三塘湖盆地与吐哈盆地北部含煤凹陷，准噶尔盆地边缘沿山麓的含煤凹陷，具有盆缘斜坡山麓水补给的地质环境特征。美国粉河盆地、澳大利亚瑟拉特盆地、中国二连盆地霍林河凹陷与三塘湖盆地条湖凹陷前期勘探都显示出较高的含气性特征，这为中国盆缘斜坡带次生生物气资源勘探提供很好的范例，盆缘斜坡带次生生物气藏也将是未来一段时间优先勘探的方向。

小型断陷古成藏模式：次生生物气藏通常处于古隆起边缘，受优越的古水文地质条件的影响，主要是地质历史时期生成并保存下来的次生生物气。该类气藏一般呈隐蔽状态，无法通过现今水文地质条件的研究进行预测和识别，构造演化分析和古隆起识别及古气候条件分析，是寻找该类气藏的有效途径。二连盆地苏尼特古隆起边缘含煤凹陷、海拉尔盆地内古隆起边缘含煤凹陷，吐哈盆地内部古隆起边缘含煤凹陷等，具备小型断陷古成藏模式形成的条件，是较为有价值的勘探方向。随着二连盆地吉尔嘎郎图凹陷勘探的突破，这些古隆起边缘含煤凹陷将是未来低煤阶煤层气勘探的重要方向。

第三节　深部“超饱和”煤层气形成条件

目前，国内外投入开发的煤层气区块煤层埋藏主要位于1300m以浅，排水—降压—解吸—产出是最常见的煤层气开发模式，表明大部分煤层气藏是吸附欠饱和的，即实测含气量低于按等温吸附曲线估算的地层温压条件下的理论吸附量，产气前需经历一定时间的排水降压至临界解吸压力后，解吸气产出的同时伴随一定的产水量。煤层一般含水弱，在无外源水供给条件下，初始产水量多在10m^3/d以下，若有外源水补给，则初始产水量最高可达几十至上百m^3/d（康永尚等，2019）。然而，在国外煤层气开发时，也发现了无须排水降压而直接产气的情况：①加拿大艾伯塔盆地上白垩统Horseshoe Canyon组煤储层埋深在约300～900m，通过氮气压裂后，直接产出煤层气（不产水或伴随煤层气产出有少量淡水产出）（Bastian *et al.*，2005；Waffle *et al.*，2009）；②美国圣胡安盆地北部超压区的南缘，上白垩统Fruitland组煤层埋深在1000m左右（Johnson and Flores，1998），在一个小型背斜轴部（32-7单元，6-17区）的煤层气井自1953年以来产气不产水（Scott，2002）。③在美国皮申斯盆地针对上白垩统煤层的一些深部钻井，显示“超饱和”煤层气特点（Kuuskraa and Wyman，1993；Society of Petroleum Evaluation Engineers and Canadian Institute of Mining, Metallurgy & Petroleum, 2007): Buzzard Creek 4-15 井在 2226～2318m 井段，获得测试日产气量 4134～4757m^3/d，无产水报道；Vega No. 2 井在 2377～2438m 井段，获得初始测试日产气量 11326～14158m^3/d，日产水量很低（约 3m^3/d）。

我国准噶尔盆地白家海凸起在 2500m 以深和鄂尔多斯盆地临兴区块在 2000m 以深，发现了试气-生产过程中不明显依赖于排水降压而产气的煤层气井，这些井通过常规试气方法可获得气流，或在排采之初即有煤层气产出，或在几天之内累计排出少量液体后即有煤层气产出。依据这些特点，把这些井称为“超饱和”煤层气井，以区别于常见的明显依赖于排水降压解吸和长时间（数月到一年）排水后才能见气的煤层气井。

一、我国深部“超饱和”煤层气井实例分析

“超饱和”煤层气井，这类井试气-生产的共同特点是，煤层气产出不明显依赖于排水降压，更接近于常规气井。退液过程中或投产后很快就有煤层气产出，煤层气产出前的累计产液量很小，伴随产气过程的产水量很低甚至不产水，与欠饱和煤层气井在产气前需要经过较长时间和较大的累计排液量存在明显不同。

1. 准噶尔盆地白家海凸起

白家海凸起位于准噶尔盆地中央凹陷东南部（陈刚等，2016；孙斌等，2017），走向 NE-SW，常规油气勘探程度高，有常规井针对侏罗系煤层开展过压裂改造后试气，并获得高产煤层气流。区内侏罗系自下而上依次发育八道湾组、三工河组、西山窑组、头屯河组和喀拉扎组，主要含煤地层为下侏罗统八道湾组和中侏罗统西山窑组，全区稳定发育（支东明和薛洌，2013；陈刚等，2016；孙斌等，2017，2018b；钱宇等，2017）。白家海凸起煤层埋藏埋深从东部 1000m 至西部 5500m 左右，东北部浅，西南部深（孙斌等，2018b）。西山窑组含煤 2～5 层，单层厚度变化大，煤层总厚度一般大于 8m；八道湾组含煤 1～2 层，煤层厚度一般大于 8m，平均厚度约 10m（陈刚等，2016）。该区两组煤层最大累计厚度达 37m。该区西山窑组煤层顶底板主要是泥岩、砂质泥岩，泥岩厚度介于 2～20m，封盖性较好；八道湾组顶板虽有煤系砂岩，然而在西山窑组顶部和八道湾组底部发育全区稳定分布的湖湘泥岩，把侏罗系煤层气有效地封闭起来，煤层气保存条件良好。

区内 10 余口常规油气井测温数据显示，侏罗系八道湾组和西山窑组煤层地温自东向西随埋深增加而逐渐升高，其中八道湾组现今地温介于 25～85℃，西山窑组现今地温介于 10～80℃，白家 8 井的邻井在相应层段的井温测井数据是 80℃（陈刚等，2016），白家海凸起地层压力梯度约为 0.95MPa/100m（孙斌等，2017，2018b）。图 2.10 为白家海凸起 3 口“超饱和”煤层气井的试气-生产动态曲线，具体分析如下：

彩 504 井在 2005～2007 年期间测试和排采 2567～2583m 井段西山窑组煤层，2005 年 10 月注入 171m^3 胍胶和加砂 14m^3 压裂，压裂后退液（退液的目的是营造井筒-地层压差使地层中的流体可进入井筒，常规油气井亦如此），日退液量<0.6m^3，4d 后即产气，累计退液量不超过约 1.5m^3，测试日产气量 7300m^3/d。关井近两年后开井，连续生产 3 个月，套压稳定，稳定日产气 2300m^3，不产水（仅开井初期有累计不超过 1m^3 的微量水产出），该井在 3 个月连续生产期间的动态与常规气井非常相似（图 2.10a），产出气中甲烷占

91.94%，产气不依赖于排水降压，为“超饱和”煤层气井。

彩512井2013年5～6月测试2614～2619m井段西山窑组，注入压裂液551m³（活性水300m³，清洁液251m³）和加砂35m³压裂，压裂后退液7d（自2013年5月20号至2013年6月1号间歇退液），累计退液量不超过45m³，大致与井筒积液量相当（根据套管内径和井筒深度，估计在50m³左右），且退液之初即有气体产出（1200m³/d以上），退液期间间歇产气，13d内日气产量986～4420m³，表明煤层气产出不依赖于排水降压。2013年6月1号后停止退液，日产气量维持在1000m³/d左右且不产水，至2013年6月5号关井（图2.10b），气体产出不依赖于排水降压，属“超饱和”煤层气井，产出气体中甲烷浓度81.03%。与滇东老厂–雨汪区块煤层气井做个简单对比，可更清晰地识别彩512井煤层气的“超饱和”特征。滇东老厂–雨汪区块为弱含水区，该区块5口井（确认无外源水影响的井）排采资料统计分析表明，在产气前累计排出水量为192～312m³，远高于彩512井的累计退液量，初始见气时间123～139d，与彩512井退液之初即见气也有显著不同。

彩17井1992年7月测试2811～2828.8m井段八道湾组煤层，注入原油126.8m³和加砂10m³压裂，经大约1d退液后（退液量不详）求产，注入的原油压裂液逐渐返排，经大约仅6d累计不超过30m³的排水后，即开始无水产气，日产气8870m³，且套压一直稳定（图2.10c），产出气体中甲烷浓度96.79%。依此动态来看，此井严格意义上应归为欠饱和煤层气井，但由于在极短时间（6d）内、在排出少量煤层水（累计不超过30m³，尚且不能确定是否全为煤层产出水，或有部分为井筒积液）后即产气，与中浅层常见的欠饱和煤层气井在排采动态上有显著差异，将其归为“超饱和”煤层气井，更有实际意义。

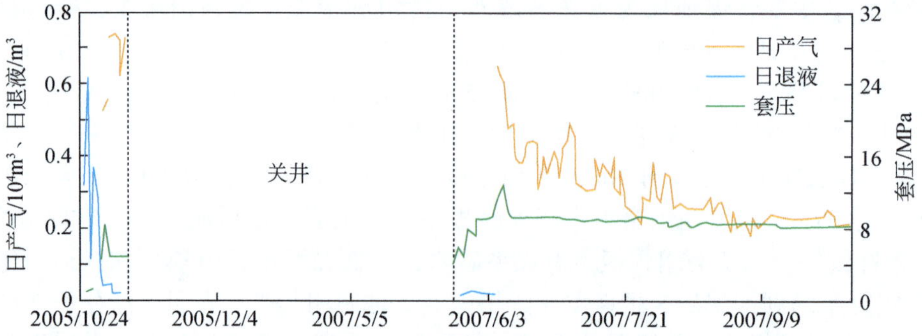

a

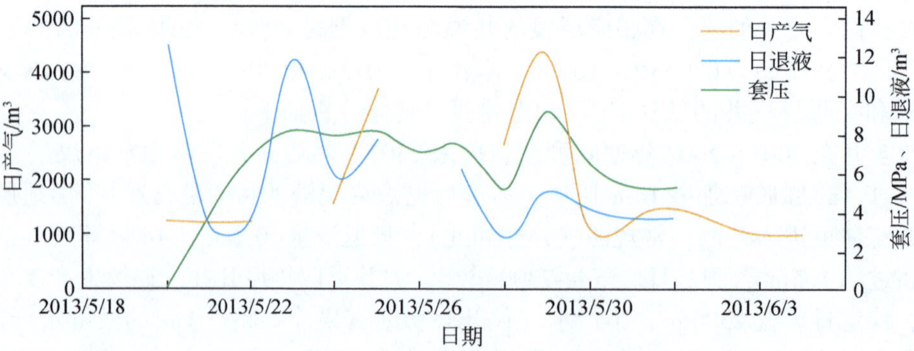

b

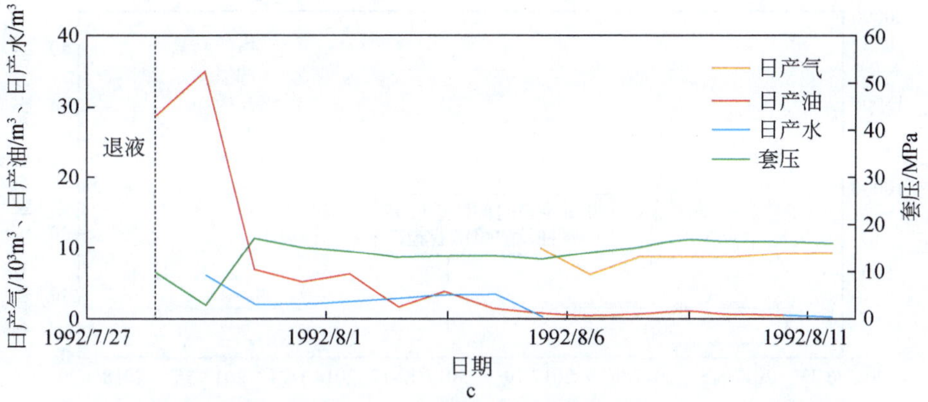

图 2.10 准噶尔盆地白家海凸起“超饱和”煤层气井试气–生产动态曲线

a. 彩 504 井；b. 彩 512 井；c. 彩 17 井

2. 鄂尔多斯盆地临兴区块

临兴区块位于鄂尔多斯盆地东缘，整体为西南低、东北高的单斜构造，在此背景上发育多排小幅度鼻状隆起；东侧中部受紫金山构造岩浆作用的影响，断裂发育（顾娇杨等，2016；曹代勇等，2018）。上古生界自下而上依次为上石炭统本溪组、下二叠统太原组和中二叠统山西组和下石盒子组等，主要含煤地层为本溪组、太原组和山西组，煤层气开发目标层位是山西组 4#+5#和太原组 8#+9#煤层（赵欣等，2017；李勇等，2017）。

临兴区块 LXX-24 和 LXX-23-2 两口井生产 8#+9#煤层的煤层气，在试气退液后即获得较高的产气量。LXX-24 井 8#+9#煤层埋深 2013.4～2019.5m，2017 年 11 月采用滑溜水压裂，自喷排液 2d 后开始产气，至 2018 年 9 月日产气量稳定在 3000～3100m^3（图 2.11a），日产液小于 1m^3。LXX-23-2 井 8#+9#煤层埋深 2059.5～2069m，2017 年 4 月采用滑溜水压裂，自喷排液 3d 后开始产气，2017 年 7 月至 2018 年 3 月日产气量稳定在 3100～3400m^3（图 2.11b），2017 年 7～8 月经过几次气举排液后日产水一直小于 0.5m^3。

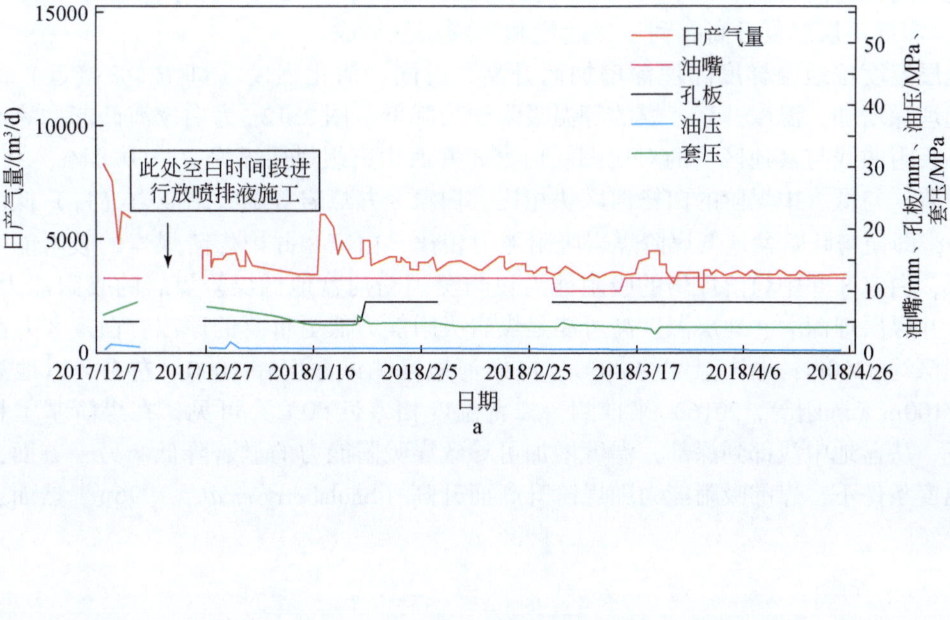

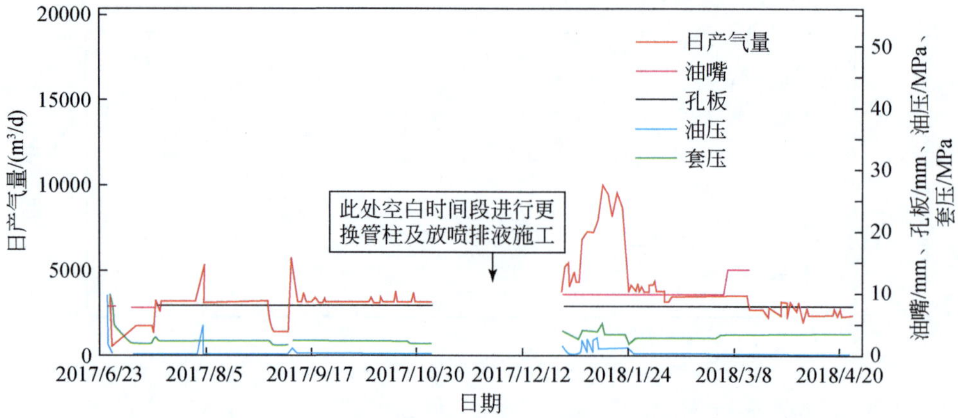

b

图 2.11　鄂尔多斯盆地临兴区块典型"超饱和"煤层气井生产动态曲线

a. LXX-24 井；b. LXX-23-2 井

LXX-24 和 LXX-23-2 两口井均为压后自喷，排液方式为抽汲和气举，未下排水泵，表明在井筒经过退液营造出井筒-地层压差后，煤层气可直接产出（如同常规气井），日产气量稳定且高于 2900m³/d 且套压稳定，为"超饱和"煤层气井。

二、深部"超饱和"煤层气形成条件分析

1. 深部"超饱和"煤层气形成的有利条件

深部"超饱和"煤层气形成条件与中浅部煤层气富集条件有所不同，主要表现在两个方面：①深部煤层远离盆地边缘煤层露头区，在中浅部对煤层气富集有重要影响的水动力条件如淡水入渗、径流和滞流带等，对深部煤层气富集的影响作用减弱，深部煤层处于滞流环境中，温压条件是煤层气赋存状态的主要决定因素；②深部煤层与盆地边浅部煤层相比，受后期构造活动影响较小（大型断裂带附近除外），煤层气保存条件相对优越。

1）深部地层温度升高有利于"超饱和"煤层气形成

地层温度按地温梯度随埋深增加而升高，对同一演化程度（即 R_o,% 接近）的煤而言，随埋深增加，温度升高，煤的等温吸附能力降低。图 2. 12a 为白家海凸起白家 8 井煤岩等温吸附曲线与其他区块的对比图。白家 8 井西山窑组煤层煤岩 R_o为 0. 84% ~0. 85%，属中煤阶，与低、中煤阶的白杨河区块相比，白家 8 井煤岩等温吸附能力（V_L）低出将近 20m³/t，即便与吐哈盆地低煤阶煤岩吸附能力相比，白家 8 井中煤阶煤岩的吸附能力也明显偏低，白家 8 井中煤阶煤岩的吸附能力仅与美国粉河盆地低煤阶煤岩的吸附能力相当。白家 8 井煤层埋深大、地层温度高可能是煤岩吸附能力低更重要的原因：白家 8 井测试的煤岩埋深约 3360m，地层温度约 80℃，白杨河地区测试深度在 1000m 左右，以地温梯度 2. 5℃/100m（陈刚等，2016）来推测，二者温度相差近 60℃，可见，在煤阶基本相同的条件下，从盆地中浅部到深部，温度增加可导致煤吸附能力的显著降低。另一方面，在同样的温度条件下，煤的吸附能力随煤阶升高而升高（Saulsberry *et al.*，1996）。然而，温度

的差异可以改变这一规律。临兴区块深部煤岩属中高煤阶，但其吸附能力仅与低煤阶的吐哈盆地相当，也明显低于低、中煤阶的白杨河区块（图 2.12b 与图 2.12a 对比），究其原因，也是因为临兴区块中深部煤层埋深大，临兴区块中深部煤层地温在 50℃左右，较高的温度降低了该区块中、高煤阶煤的吸附能力（V_L）。据笔者统计，一般同一井点不同煤层的热演化程度随埋深增加而提高的趋势比较明显，而在同一个盆地或区块范围内对不同井点的同一煤层，煤演化程度（R_o,%）随埋深增加而提高的趋势并不明显，煤阶主要取决于不同井点处煤层的埋藏和热演化历史，与现今埋深之间的正相关关系存在一定程度的弱化。

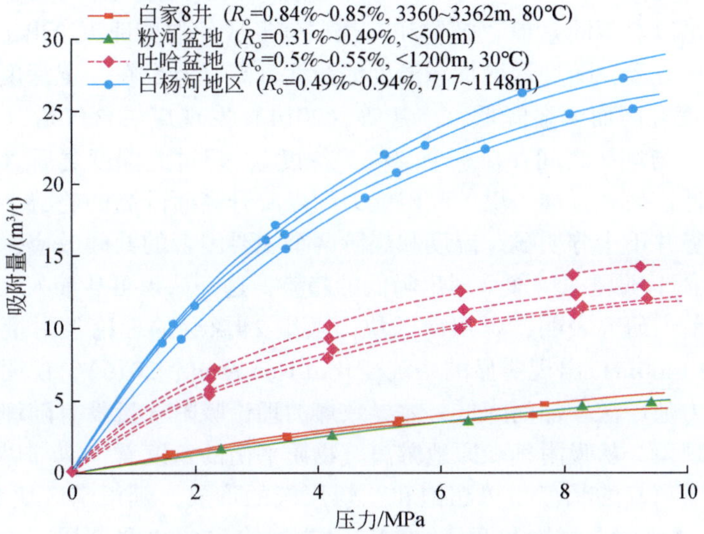

a. 白家8井等温吸附曲线与其他区块对比图

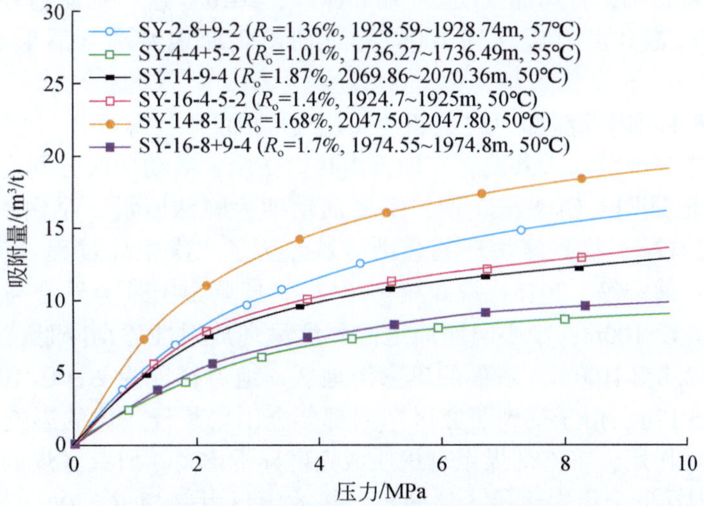

b. 鄂尔多斯盆地临兴区块煤岩等温吸曲线图

图 2.12　白家 8 井和其他区块及鄂尔多斯盆地煤岩等温吸附曲线

2）深部地层压力增大有利于“超饱和”煤层气形成

以准噶尔盆地白家海凸起为例，若以压力梯度0.95MPa/100m估计，从2000m埋深到3000m埋深，压力从19MPa变为28.5MPa，1/3的压力增量引起的原地游离气增量（该增量实际上要小于1/3，因为有其他因素影响）要远高于吸附气增量，因为，在较高的压力条件下，等温吸附曲线已变得非常平缓，压力增量引起的吸附增量非常微小。从压力随埋深增加的基本规律来看，往深部压力升高，为原地游离气的赋存和“超饱和”煤层气的形成提供了有利条件。在正常压力或低压地区，只要有足够的深度（对应足够大的地层压力），则也有望形成“超饱和”煤层气。异常高压（异常高压力系数或压力梯度）使地层压力随埋深增加速度更快，其结果是降低深部“超饱和”煤层气临界埋深。以目前的勘探认识程度，还不足以对不同盆地“超饱和”煤层气形成的临界埋深给出定量的概念。

综合来看，一方面，随埋深增加和温度的线性升高，至少在一定深度以下，煤的吸附能力（V_L）因温度升高而明显降低，申建等（2014）发现煤层含气量（本书作者注：主要指吸附含气量）与埋深之间存在一个“临界深度”，超过此深度之后含气量随埋深进一步增加而趋于降低；另一方面，煤的吸附能力随煤阶升高而升高的趋势，体现到随埋深增加而升高上的趋势并不十分明显。温度和煤阶两个主要因素的共同效应，使得深部煤的吸附能力（V_L）总体上随埋深增加呈现出降低的趋势，这一认识可从前人在延川南的研究成果中得到支持。前人研究表明，延川南区块山西组2#煤层的理论吸附量并未随埋深增加（从约700m到约1400m）出现明显的系统变化（Hou *et al.*，2016），说明由煤阶和温度决定的煤的吸附能力随埋深增加而降低，才导致煤的理论吸附气量没有随埋深和地层压力增加而出现增加的现象。从吸附气和原地游离气物质平衡的角度看，深部煤层煤吸附能力降低，有利于原地游离气的赋存和“超饱和”煤层气的形成。延川南区块2#煤层自埋深约700m到约1400m，吸附含气饱和度从约30%升高到约85%（受断层、盖层、煤岩性质和浅层生物气等因素影响，有局部波动）（Hou *et al.*，2016）这一总体趋势本身，预示着再往深部，吸附含气饱和度有望达到100%并继而出现原地游离气后形成“超饱和”煤层气。

3）异常高热流可降低深部“超饱和”煤层气形成的临界深度

临兴地区自中三叠世以来共发育三期火山热力作用，活动期次分别为三叠纪中期、侏罗纪晚期至白垩纪早期及白垩纪晚期，主要活动期为晚侏罗世—早白垩世（汤达祯等，2000；祝武权，2017），临兴区块环紫金山区域经历了二次生烃过程（汤达祯等，2000；顾娇杨等，2016；傅宁等，2016；祝武权，2017）。环紫金山带为异常高地温梯度区，最高地温梯度达5.8℃/100m，中心向四周地温梯度呈现放射性逐渐降低，北部的瓦塘地区地温梯度大约为2.8℃/100m，东部的奥家湾地区，地温梯度为2.9℃/100m（汤达祯等，2000；祝武权，2017）。由于受到研究区东南部紫金山岩浆侵入体的影响，煤系烃源岩遭受区域岩浆热变质作用，东南部煤系有机质成熟度异常增高。研究区煤的镜质组反射率大多小于1.5%，但在紫金山岩浆侵入体附近，镜质组反射率超过2.0%，进入了典型的过成熟阶段（顾娇杨等，2016）。临兴区块北部的LX-6井，约1850m深度的烃源岩实测R_o值出现了异常跳跃，其数值达到4.0%以上（傅宁等，2016），正是由于热异常和二次生烃作用，使得临兴区块“超饱和”煤层气出现的临界深度变浅，相对于白家海凸起在

2567m 以深（基于目前资料给定的深度）出现干煤“煤层气”，临兴区块在 2000～2070m（LXX-24 和 LXX-23-2 两口井产气煤层埋深）就有“超饱和”煤层气形成。

2. 关于深部生气潜力和游离气储集空间的讨论

我国低煤阶煤层仅赋存于 1200m 以浅（皇甫玉慧等，2019），在 1200m 以深，无论哪个地质时代形成的煤层，均进入中煤阶和高煤阶演化阶段。进入中煤阶（大致对应 R_o 从 0.65% 到 1.90%）演化阶段后，煤开始大量生产甲烷气体，在气煤阶段，甲烷生成量为 $20m^3/t$，到肥煤阶段，累计生成甲烷量达 $104m^3/t$（Rightmire，1984），且随煤演化程度升高，在进入碳化阶段之前，不断有气体生成，而煤的最大吸附能力（V_L，m^3/t）只有其生气能力的约 1/10～1/5，大量未被吸附的生成气或以游离态赋存于煤层中，或以扩散、渗流等方式进入临近砂岩或通过断裂和构造裂缝逸散破坏，总的来说，深部煤层气气源量不会成为深部原地游离气形成的限制因素，热流异常引起的二次生烃，可使“超饱和”煤层气出现的临界深度变浅（对比白家海凸起和临兴区块“超饱和”煤层气出现的深度）。

另一方面，原地游离气和自由水赋存于深部煤储层渗流-自由空间（割理和中-大孔隙）。笔者统计过国内 6 个不同煤阶区块煤岩孔隙度随埋深变化规律，发现中浅部煤岩孔隙度随埋深并没有明显的降低趋势，煤岩孔隙度主要与煤阶有关，煤岩孔隙度从低煤阶的 10% 以上急剧降低到中煤阶的 5% 左右，高煤阶煤岩孔隙度与中煤阶孔隙度没有太大变化（刘娜等，2018）。与盆地边缘受构造活动影响大的中浅部相比，深部煤层受构造活动影响程度弱，煤岩原生割理保存条件相对较好，为游离气提供了一定的储集空间，如临兴区块最近钻探的 LXX-35 井（煤层埋深超过 2000m）煤心中观察到割理保存状态好，煤心取到地面后，可观察到气体沿保存状态完好的割理中涌出的明显现象。另外，中煤阶煤岩相对于高煤阶煤岩，中-大孔孔隙比例相对更高，对深部原地游离气赋存更有利，这可能是目前在中国发现的两处深部“超饱和”煤层气主要在中煤阶中的原因，但考虑到深部割理系统提供的自由空间，不排除深部高煤阶煤层中也具备原地游离气储存空间和“超饱和”煤层气形成的可能。

从“超饱和”煤层气形成的有利条件分析来看，受温度和压力随埋深增加而增加的这一普遍规律的支配，在盆地深部具备形成连续型“超饱和”煤层气的优势条件。由于不同盆地地温梯度和地层压力梯度不同，“超饱和”煤层气在不同盆地中出现的深度不同，异常高热流可降低“超饱和”煤层气出现的临界深度。

三、深部“超饱和”煤层气开发优势和勘探方向

1. 深部“超饱和”煤层气开发优势

美国和澳大利亚在“欠饱和”煤层气开发中取得了巨大成功（孙粉锦等，2017；孙斌等，2018），相对而言，中国在“欠饱和”煤层气开发中遇到了的最大挑战在于较低的渗透率。低渗和低饱和度在中浅层煤层气开发中引起一个困局：一方面，低饱和度需要在较大的降压幅度后才能产气；另一方面，在较大降压幅度后，本来渗透率低的煤储层由于应力敏感性，渗透率进一步降低，降压漏斗难以扩展出去，虽然合理（缓慢）的排采制度

能够在一定程度上解决渗透率降低速度问题，但无法解决自原始储层压力降到临界解吸压力阶段渗透率的降低问题。除少数区块煤储层渗透率较高、煤层气开发效果较好外，中国大部分欠饱和煤层气区块的开发效果不理想。排水降压的目的是诱发吸附气解吸产出，但排水降压对煤储层产生两个方面的伤害：一是在初始排水阶段消耗了储层能量（压力），做了大量无用功，留给吸附气解吸产出的压降空间受到压缩；二是对低渗透煤储层，初始排水使渗透率进一步降低，限制了压降漏斗扩展和单井波及范围，使单井产量和最终累计产量不高，制约了煤层气开发经济效益。另外，排出水的水处理增加投资费用，也是中国煤层气开发经济效益的一个重要制约因素。

寻找深部“超饱和”煤层气很可能是中国煤层气勘探开发未来突破的重要方向，“超饱和”煤层气开发优势明显：一是煤层气产出不明显依赖于排水降压，且在试气-退液阶段或在短时间内可见气，避免了欠饱和煤层气开发在初始排水降压阶段的无用功；二是充分利用储层能量，在废弃压力之前，几乎所有的原始储层压力皆可用于煤层气生产；三是产气前累计产液量低，大大降低煤层气开发的排水和环保成本。

2. 深部“超饱和”煤层气勘探方向

盆地中浅部以欠饱和煤层气为主，只有在特殊的岩性组合或构造圈闭条件下，可形成“超饱和”煤层气，如艾伯塔白垩系 Horseshoe Canyon “超饱和”（Bastian *et al.*，2005；Waffle *et al.*，2009）煤层气藏是由于煤层被泥岩包围，煤层气保存条件优越，原地游离气得以保存下来；美国圣胡安盆地北部超压区南缘小型背斜轴部（32-7 单元，6-17 区）上白垩统 Fruitland 组的煤层气井不产水，背斜轴部原地游离气存在的主要原因是存在构造圈闭，但该背斜翼部的煤层气井在产气前需要排水降压（Scott，2002），可见，尽管处于超压区的同一背斜圈闭中，背斜翼部和轴部煤层气的类型（欠饱和和“超饱和”）和井的排采动态有很大差异，也可见在中浅层，超压并不是“超饱和”形成的必要和充分条件。从目前笔者掌握的资料情况来看，中国目前尚未发现中浅部“超饱和”煤层气，且今后发现中浅部“超饱和”煤层气藏的机会不多，只有在鄂尔多斯盆地临兴区块中浅部，因紫金山火山岩体诱发的二次生烃作用条件下，不排除在中浅部发现局部“超饱和”煤层气的可能性。

由于地层温度和压力随埋深增加而增加，至少在一定的埋深以下，在煤阶和温度两个主要因素的综合作用下，煤的吸附能力（V_L）随埋深继续增加而降低，吸附气饱和度有增加的趋势，在达到吸附饱和后，出现原地游离气和形成“超饱和”煤层气，盆地深部具有形成“超饱和”煤层气的优势条件，因此，寻找深部“超饱和”煤层气“甜点区”，将可能成为煤层气勘探开发未来进军的重要领域。鄂尔多斯盆地煤层从东部露头迅速下降，到盆地中心埋深超过 3000m，拥有丰富的深部煤层气资源（李辛子等，2016）；塔里木盆地石炭系和二叠系含煤地层厚 1500m，埋藏在 1500 ~ 9000m，深部煤层气资源潜力巨大（李恒等，2019）；准噶尔盆地侏罗系在全区分布，其中八道湾组和西山窑组等有厚度较大、埋藏较深的深层煤层，80% 以上的煤层埋深大于 2000m（陈刚等，2016；孙斌等，2017，2018b）。我国东部和西南地区的其他盆地，也有深煤层广泛分布，因此，探索深部“超饱和”煤层气必将成为未来煤层气勘探开发的一个重要新领域。

参考文献

曹代勇,聂敬,王安民等.2018.鄂尔多斯盆地东缘临兴地区煤系气富集的构造-热作用控制.煤炭学报,43(6):1526~1532.

陈刚,秦勇,胡宗全等.2015.不同煤阶深煤层含气量差异及其变化规律.高校地质学报,21(2):274~279.

陈刚,秦勇,胡宗全等.2016.准噶尔盆地白家海凸起深部含煤层气系统储层组合特征.煤炭学报,41(1):80~86.

陈浩,秦勇,邓泽等.2018.二连盆地吉尔嘎郎图凹陷低煤阶煤层生物产气影响因素.天然气工业,38(6):27~32.

傅宁,杨树春,贺清等.2016.鄂尔多斯盆地东缘临兴-神府区块致密砂岩气高效成藏条件.石油学报,37(S1):111~120.

傅雪海,秦勇,范炳恒,张万红,周荣福.2004.铁法TD3井与沁南TL007井煤层气产能对比研究.煤炭学报,29(6):712~716.

高洪烈.1988.论煤层气与地下水.中国煤田地质,10(4):46~48.

顾娇杨,张兵,郭明强.2016.临兴区块深部煤层气富集规律与勘探开发前景.煤炭学报,41(1):72~79.

韩兵,张明,刘旺博.2012.二连盆地群低煤阶煤层气成藏模式——以霍林河盆地为例.煤田地质与勘探,40(1):24~28.

侯海海,邵龙义,唐跃等.2014.我国低煤阶煤层气成因类型及成藏模式研究.中国矿业,23(7):66~69+95.

皇甫玉慧,康永尚,邓泽等.2019.低煤阶煤层气成藏模式和勘探方向.石油学报,40(7):786~797.

焦贵浩,王红岩,刘洪林等.2005.物理模拟技术在煤层气成藏研究中的应用.天然气工业,25(1):47~50.

姜杉钰,康永尚,杨通保,王金,张兵,顾娇杨,孙晗森.2018.云南恩洪煤层气区块单井多煤层合采方式探讨.煤田地质与勘探,46(2):80~89.

康永尚,张一伟.1998.油气成藏流体动力学.北京:地质出版社.

康永尚等.2013.国内外煤层气资源/储量评价对比研究.见:中国地质学会.中国地质学会2013年学术年会论文摘要汇编.昆明:中国地质学会2013年学术年会,216~217.

康永尚,皇甫玉慧,张兵等.2019.含煤盆地深层“超饱和”煤层气形成条件.石油学报,40(12):1426~1438.

康永尚,姜杉钰,王金,张兵,郭明强.2018.沁水盆地原始水动力场类型及其对煤层气排采的影响.地质论评,64(4):927~936.

康永尚,王金,姜杉钰,张兵,毛得雷,顾娇杨.2017.量化指标在煤层气开发潜力定量评价中的应用.石油学报,38(6):677~686.

雷怀玉,孙钦平,孙斌等.2010.二连盆地霍林河地区低煤阶煤层气成藏条件及主控因素.天然气工业,30(6):26~30.

李贵中,王红岩,吴立新,刘洪林.2005.煤层气向斜控气论.天然气工业,25(1):26~28.

李恒,何世明,汤明,李宁,杨沛,张震.2019.塔里木盆地深部煤层失稳机理及防塌钻井液技术.煤田地质与勘探,47(4):212~218.

李五忠,田文广,陈刚,孙钦平.2010.不同煤阶煤层气选区评价参数的研究与应用.天然气工业,30(6):45~47.

李辛子,王运海,姜昭琛等.2016.深部煤层气勘探开发进展与研究.煤炭学报,41(1):24~31.

李勇,汤达祯,牛鑫磊.2017.鄂尔多斯盆地东缘可容纳空间变化控制的C-P煤系沉积特征.煤炭学报,42(7):1828~1838.

李增学,魏久传,刘莹.2005.煤地质学.北京:地质出版社:197~200.

李赵阳,王延斌,许慧杰等.2014.三堡凹陷侏罗系煤层气成藏特征研究.西部探矿工程,26(3):155~158.

李志军，李新宁，梁辉等. 2013. 吐哈和三塘湖盆地水文地质条件对低煤阶煤层气的影响. 新疆石油地质，34(2)：158～161.

刘成林，汪泽成，冉启贵等. 1998. 煤层气藏保存条件评价. 天然气勘探与开发，21(1)：1～5.

刘大锰，王颖晋，蔡益栋. 2018. 低阶煤层气富集主控地质因素与成藏模式分析. 煤炭科学技术，46(6)：1～8.

刘洪林，李景明，王红岩等. 2008. 水文地质条件对低煤阶煤层气成藏的控制作用. 天然气工业，28(7)：20～22+131～132.

刘娜，康永尚，李喆等. 2018. 煤岩孔隙度主控地质因素及其对煤层气开发的影响. 现代地质，32(5)：963～974.

毛得雷，康永尚，韩军，秦绍锋，王会娟. 2012. 韩城煤层气田水文地质旋回对煤层气的影响作用研究. 煤炭学报，37(A02)：390～394.

孟召平，田永东，李国富. 2010. 煤层气开发地质学理论与方法. 北京：科学出版社.

钱宇，王作栋，张婷，妥进才，王晓锋，王志勇，徐永昌. 2017. 准噶尔盆地东部侏罗系烃源岩和天然气地球化学特征及低熟气勘探前景. 石油学报，38(1)：44～54.

秦勇，傅雪海，岳巍，林大扬，叶建平，焦思红. 2000. 沉积体系与煤层气储盖组合特征之关系探讨. 古地理学报，2(1)：77～84.

申建，秦勇，傅雪海等. 2014. 深部煤层气成藏条件特殊性及其临界深度探讨. 天然气地球科学，25(9)：1470～1476.

宋岩，秦胜飞，赵孟军. 2007. 中国煤层气成藏的两大关键地质因素. 天然气地球科学，18(4)：545～553.

宋岩，赵孟军，柳少波，王红岩. 2005. 构造演化对煤层气富集程度的影响. 科学通报，50(增刊Ⅰ)：1～5.

孙斌，李金珊，承磊，杨青，田文广，黎霞，陈浩，祁灵. 2018a. 低阶煤生物采气可行性——以二连盆地吉尔嘎郎图凹陷为例. 石油学报，39(11)：1272～1278+1291.

孙斌，孙粉锦，陈刚等. 2010. 潮水盆地红沙岗地区低煤阶煤层气勘探前景. 天然气工业，30(11)：17～21+115.

孙斌，杨敏芳，田文广等. 2018b. 准噶尔盆地深部煤层气开发潜力分析//2018年全国煤层气学术研讨会论文集. 北京：石油出版社：154～165.

孙斌，杨敏芳，杨青等. 2017. 准噶尔盆地深部煤层气赋存状态分析. 煤炭学报，42(S1)：195～202.

孙粉锦，李五忠，孙钦平，孙斌，田文广，陈彦君，陈振宏. 2017. 二连盆地吉尔嘎郎图凹陷低煤阶煤层气勘探. 石油学报，38(5)：485～492.

孙粉锦，田文广，陈振宏等. 2018. 中国低煤阶煤层气多元成藏特征及勘探方向. 天然气工业，38(6)：10～18.

孙平，王勃，孙粉锦等. 2009. 中国低煤阶煤层气成藏模式研究. 石油学报，30(5)：648～653.

孙钦平，王生维，田文广等. 2018. 二连盆地吉尔嘎郎图凹陷低煤阶煤层气富集模式. 天然气工业，38(4)：59～66.

汤达祯，王激流，张君峰等. 2000. 鄂尔多斯盆地东缘煤的二次生烃作用与煤层气的富集. 石油实验地质，22(2)：140～145.

田文广，邵龙义，张继东等. 2015. 鄂尔多斯盆地南部侏罗系煤层气成因探究. 中国矿业，(5)：84～88.

王勃，李谨，张敏. 2007. 煤层气成藏地层水化学特征研究. 石油天然气学报，29(5)：66～68.

王博洋，秦勇，申建等. 2017. 我国低煤阶煤煤层气地质研究综述. 煤炭科学技术，45(1)：170～179.

王亮，程龙彪，蔡春城，徐超，王伟. 2014. 岩浆热事件对煤层变质程度和吸附-解吸特性的影响. 煤炭学报，39(7)：1275～1282.

王一兵，赵双友，刘红兵等. 2004. 中国低煤阶煤层气勘探探索——以沙尔湖凹陷为例. 天然气工业，24(5)：21～23+29.

杨敏芳，孙斌，孙粉锦等. 2013. 潮水盆地煤层气储层特征及勘探潜力. 天然气工业，33(2)：12～16.

叶建平,秦勇,林大扬.1998.中国煤层气资源.徐州:中国矿业大学出版社.
叶建平,武强,王子和.2001.水文地质条件对煤层气赋存的控制作用.煤炭学报,26(5):459~462.
赵庆波,张公明.1999.煤层气评价重要参数及选区原则.石油勘探与开发,26(2):23~26.
赵庆波,孙粉锦,李五忠.2011.煤层气勘探开发地质理论与实践.北京:石油工业出版社:42~43.
赵群,王红岩,李景明,宋岩,刘洪林,李规中,王勃.2007.我国高低煤阶煤层气成藏的差异性.天然气地球科学,18(1):129~133.
赵德政.1987.论含煤-气建设.西安矿业学院学报,(3):1~10.
赵欣,姜波,张尚锟,刘杰刚,段飘飘,徐强.2017.鄂尔多斯盆地东缘三区块煤层气井产能主控因素及开发策略.石油学报,38(11):1310~1319.
郑德文.2007.煤层气资源储量评估方法与理论研究.杭州:浙江大学博士研究生学位论文.
支东明,薛冽.2013.准噶尔盆地煤层气资源及勘探潜力.北京:石油工业出版社.
祝武权.2017.临兴区块岩浆侵入背景下的煤层气聚集成藏作用研究.北京:中国地质大学(北京).
Allan D K. 2004. Coalbed methane development in the Western Canadian Sedimentary Basin: a significant emerging resource for north America. Rocky Mountain Section AAPG Meeting, August 9–11, Denver, Colorado: Search & Discovery.
Bastian P A, Wirth O F R, Wang L, Voneiff G W. 2005. Assessment and development of dry Horseshoe Canyon CBM play in Canada. The 2005 Annual Technical Conference and Exhibition Held in Dallas, Texas, USA.
Bustin R M, Clarkson C R. 1998. Geological controls on coalbed methane reservoir capacity and gas content. International Journal of Coal Geology, 38: 3~26.
Clayton J L. 1998. Geochemistry of coalbed gas: a review. Internarional Journal of Coal Geology, 35: 159~173.
Hou S H, Wang X M, Wang X J, *et al*. 2016. Geological controls on gas saturation in the Yanchuannan coalbed methane field, Southeastern Ordos Basin, China. Marine and Petroleum Geology, 78: 254~270.
Johnson R C, Flores R M. 1998. Developmental geology of coalbed methane from shallow to deep in Rocky Mountain basins and in Cook Inlet-Matanuska Basin, Alaska, U. S. A. and Canada. International Journal of Coal Geology, 35: 241~282.
Kotarba M J. 2001. Composition and origin of coalbed gases in the Upper Silesian and Lubin Basins, Poland. Organic Geochemistry, 32(1): 163~180.
Kuuskraa V A, Wyman R E. 1993. Deep Coal Seams: an overlooked source for long-term natural gas supplies. The SPE Gas Technology Symposium held in Calgary, Alberta, Canada, 26–30 June.
Rightmire C T. 1984. Coal beds: source rock and reservoir. Am Assoc Pet Geol Bull, 68: 4(4): 521~521.
Saulsberry J L, Schafer P S, Schraufnagel R A. 1996. A Guide to Coalbed Methane Reservoir Engineering. Chicago: Gas Research Institute.
Scott A R. 1993. Composition and origin of coalbed gases from selected basin in the United States. Proceeding of the 1993 International Coalbed Methane Symposium, 209~222.
Scott A R. 2002. Hydrogeologic factors affecting gas content distribution in coal beds. International Journal of Coal Geology, 50(1–4): 363~387.
Shurr G W, Ridgley J L. 2002. Unconventional shallow biogenic gas systems. AAPG Bulletin, 86(11): 1939~1969.
Society of Petroleum Evaluation Engineers (Calgary Chapter), Canadian Institute of Mining, Metallurgy & Petroleum (Petroleum Society). 2007. Canadian Oil and Gas Evaluation Handbook (Detailed Guidelines for Estimation and Classification of Coal Bed Methane Resources and Reserves) (Volume 3), 1st ed. Washington, DC: Calgary SPEE.

Tang Y, Gu F, Wu X D, *et al*. 2017. Coalbed methane accumulation conditions and enrichment models of Walloon coal measure in the Surat Basin, Australia. Natural Gas Industry, 37(11).

Waffle C R, Tisdale D L, MacNeill C A. 2009. The Horseshoe Canyon coals of Central Alberta—a dry CBM play. Adapted from Oral Presentation at Eastern Section AAPG Annual Meeting, Evansville, Indiana, September 20 ~ 22.

Whiticar M J. 1999. Carbon and hydrogen isotope systematics of bacterial formation and oxidation of methane. Chemical Geology, 161(1–3): 291 ~ 314.

第三章　中国煤层气储层关键参数分布规律及主控因素

第一节　中国煤储层含气性分布规律及主控因素

一、煤储层含气性参数指标体系

1. 含气量是含气性的直观体现

实测含气量是通过密闭取心或非密闭取心，将煤心从井筒提出地面后，通过解吸罐解吸测试获得的。密闭取心费用高，故多数实测含气量是通过非密闭取心测试获得的。在非密闭取心测试条件下，若煤层中只有吸附气（或游离气少到可以忽略），用自然解吸法获得的实测含气量能比较可靠地反映地层条件下的实际含气量（McLennan *et al.*，1995），自然解吸法也是目前所有解吸方法中准确度最好的（庞湘伟等，2010）。

实测含气量包括解吸气量、残余气量和损失气量 3 个部分，将煤样粉碎后加常压在储层温度下解吸，当连续 7d 平均每天解吸气量不大于 10mL 时结束解吸，所得的总气体量即为解吸气量；选取粒径为 2～3cm 的解吸后煤样破碎 2～4h，恢复储层温度后接着解吸，至连续 7d 平均每天解吸气量不大于 10mL 时结束（丁安徐等，2013），所得的气体量即为残余气量。损失气量并非直接测出的，是根据解吸罐中解吸段的曲线形态并考虑从井下取心到装罐之间历经的时间外推估算的，从理论上来看，依此外推估算的损失量是在散失时间段内散失的吸附气量。

2. 含气饱和度和临储比是含气性的相对反映

1）含气饱和度

实测含气量与理论吸附量的比值为含气饱和度：

$$S = 100\% * V_{实} / V_{理} \tag{3.1}$$

式中，S 为含气饱和度；$V_{实}$ 为实测含气量，m^3/t；$V_{理}$ 为理论吸附量，m^3/t，代表实际地层温压条件下煤的吸附能力。

含气饱和度代表了煤层在特定储层压力及温度条件下的相对含气性。目前采用的含气量测试和等温吸附测试方法技术是针对吸附气而言的，理论上特指吸附饱和度，吸附饱和度的上限为 100%，但在煤储层中含有游离气的情况下，实测含气量中可能包含了一部分游离气含气量，因此，实际储层中含气饱和度可能大于 100%。

2）临储比

临储比是临界解吸压力与储层压力的比值，是反映储层能量的相对大小的参数。临储比越接近于1，越利于煤层气产出。

$$K = P_{cd}/P \tag{3.2}$$

式中，K为临储比，无量纲；P_{cd}为临界解吸压力，MPa；P为地层压力，MPa。

由等温吸附曲线和Langmuir方程可知：

实测含气量$V_{实}$与其对应临界解吸压力P_{cd}的计算公式为

$$V_{实} = \frac{V_L \times P_{cd}}{P_L + P_{cd}} \tag{3.3}$$

理论含气量$V_{理}$与其对应地层压力P_r的计算公式为

$$V_{理} = \frac{V_L \times P_r}{P_L + P_r} \tag{3.4}$$

结合含气饱和度的计算式（3.1）及临储比的计算式（3.2）可得

$$S = \frac{V_{实}}{V_{理}} = \frac{V_L \times P_{cd}}{P_L + P_{cd}} \times \frac{P_L + P_r}{V_L \times P_r} = \frac{P_{cd}(P_L + P_r)}{P_r(P_L + P_{cd})} = K\frac{P_L + P_r}{P_L + KP_r} \tag{3.5}$$

式（3.5）经转化后，得到临储比与含气饱和度关系为

$$K = \frac{P_L}{P_L + P_r - S \times P_r} \times S \tag{3.6}$$

由式（3.6）可见，含气饱和度越大，临储比越大，但二者并非线性关系。

二、煤阶对含气性的影响

1. V_L与煤阶的关系

煤层气的生气量远大于其吸附量，且主要以吸附态赋存，因此煤岩的吸附能力在某种程度上能表征煤层的含气性。煤岩吸附能力通常用Langmuir体积，即V_L（cm^3/g）来表征，V_L代表压力趋近于无穷大时煤的吸附能力，煤阶是影响V_L的主要因素。目前国内外对干燥煤与煤阶的关系开展过大量室内测试研究工作，认为V_L随煤阶升高呈现出“U”形变化规律（Moffat and Weale，1955；Levy *et al.*，1997；Bustin and Clarkson，1998；Laxminarayana and Crosdale，1999；Gurdal and Yalcin，2001；Dutta *et al.*，2011），主要是煤阶升高，孔隙变小、煤的比表面积增大和吸附能力增加所致。“U”形底部对应中煤阶阶段，与该阶段煤中生成并持有液态烃，从而压缩了对气的吸附空间有关。煤层气的吸附量与微孔孔容和表面积高度相关（Levy *et al.*，1997；Bustin and Clarkson，1998；Laxminarayana and Crosdale，1999），干煤（不含水分的煤）的微孔孔容和比表面积随煤阶升高呈“U”形变化（在$R_{o,max}$介于1.2%～1.9%最小）（Levine，1991；Yee *et al.*，1993；Beamish and Crosdale，1995；Rogers，2007），因此在干煤中Langmuir体积随煤阶的变化也为“U”形（Levine，1991）。

在实际储层中，几乎所有煤岩都处于水分平衡状态，从我国41个煤层气区块在空气干燥基（近似地可视为对应煤在地下的含水状态）条件下测得的V_L和$R_{o,max}$关系来看（图3.1），整体上V_L随$R_{o,max}$增加呈显著上升趋势。低煤阶区块V_L普遍较低，最低小于$10cm^3/t$，而高煤阶区块V_L普遍较高，最高可达$50cm^3/t$，大部分介于$30～45cm^3/t$，但在中煤阶区V_L随$R_{o,max}$增加出现了波动，有先降低后升高的趋势。

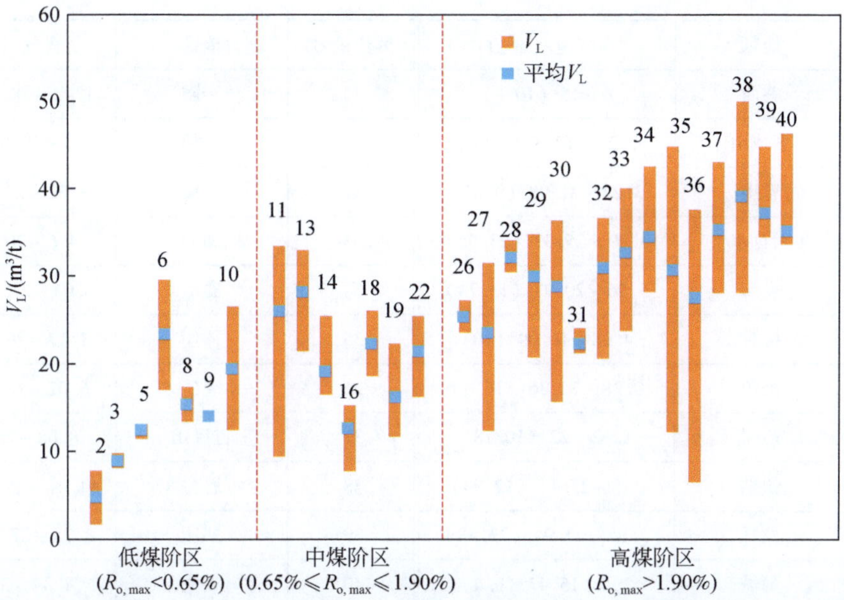

图 3.1　不同煤阶 V_L 与 $R_{o,max}$ 关系（柱子按 $R_{o,max}$ 升序顺次排列）

图中数字为区块编号，见表 3.1

2. 含气量与煤阶的关系

上述我国 41 个煤层气产区的含气量数据如表 3.1 所示，各项数据区间范围均为根据不同相关文献中各项数据的分布范围按同一区块同一煤层取并集得到（有适当取舍），平均值数据均为根据不同相关文献中各项数据的平均值按同一区块同一煤层再平均得到。综合对比分析可见（图 3.2），含气量随煤阶的升高呈明显的规律性升高趋势，我低煤阶储层平均含气量普遍低于 10m³/t，高煤阶平均含气量约为 15m³/t，最高可达 45m³/t，含气量的大小明显受煤岩的演化程度控制。

表 3.1　中国煤储层含气量统计表（括号内为平均值）

区块编号	地区	含气量/(m³/t)	区块编号	地区	含气量/(m³/t)
1	吉尔嘎郎图	1.36～3.82（2.42）	9	铁法	2.29～26.67（8.14）
2	霍林河	0.41～3.82（1.7）	10	准噶尔盆地南部	2～15（2.87）
3	吐哈	1～3（2）	11	白杨河	5.48～19.96（14.96）
4	阜康	6～16（11）	12	保德	4～12（7）
5	准噶尔盆地东部	8～10（9）	13	鹤岗兴安	3～5（4）
6	依兰	4～12（8）	14	淮南	0.49～10.79（5.36）
7	阜新	2.3～16.23（10.37）	15	三交	3.48～12.42（7.74）
8	彬长	0.12～6.34（4）	16	临兴	12～22.36（14.79）

续表

区块编号	地区	含气量/(m³/t)	区块编号	地区	含气量/(m³/t)
17	鸡西	6～15（10.5）	30	寿阳	1.42～18.28（13.16）
18	平顶山	2.21～12.3（8.96）	31	安鹤	10～29.07（14.55）
19	恩洪	3.27～21.98（9.05）	32	古城	3.52～24.31（12.6）
20	六盘水	3.09～25.33（23.55）	33	和顺	4.6～20.5（12.7）
21	乡宁	5.96～20.97（13.74）	34	襄垣	6.04～23.24（14.64）
22	柳林	4.28～16.09（10）	35	柿庄	1.17～26.5（12.84）
23	沁源	0.38～22.36（16.3）	36	老厂	6.02～18.95（9.02）
24	大宁-吉县	1.12～22（10.78）	37	古汉山	8.08～26（17.15）
25	织纳	3.3～27.14（12.94）	38	恩村	14.04～45.75（31.45）
26	发耳	3.94～35.94（23.58）	39	郑庄	8.78～27.88（19.66）
27	韩城	2.5～15.47（9.4）	40	潘庄	4.34～38.7（17）
28	延川南	5.54～19.56（11.28）	41	荥巩	4.52～43.25（16.45）
29	长治	3.28～24.63（15.32）			

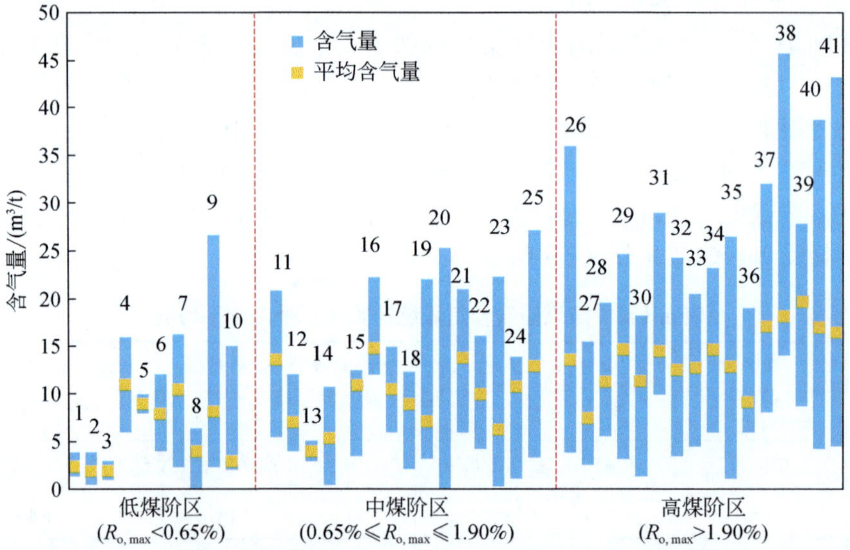

图 3.2　中国煤储层含气量与煤阶关系图（柱子按 $R_{o,max}$ 升序顺次排列）

图中数字为区块编号，见表 3.1

从霍林河、吉尔嘎郎图、白杨河 3 个区块的 $R_{o,max}$ 和含气量纵向分布图（图 3.3），同样可以看出随着埋藏深度的增加，煤岩演化程度呈现出增大的趋势，含气量同样随着埋深的增加而增大，对不同深度下 $R_{o,max}$ 和含气量大小的对比可见，演化程度高的煤岩往往有着更高的含气量。

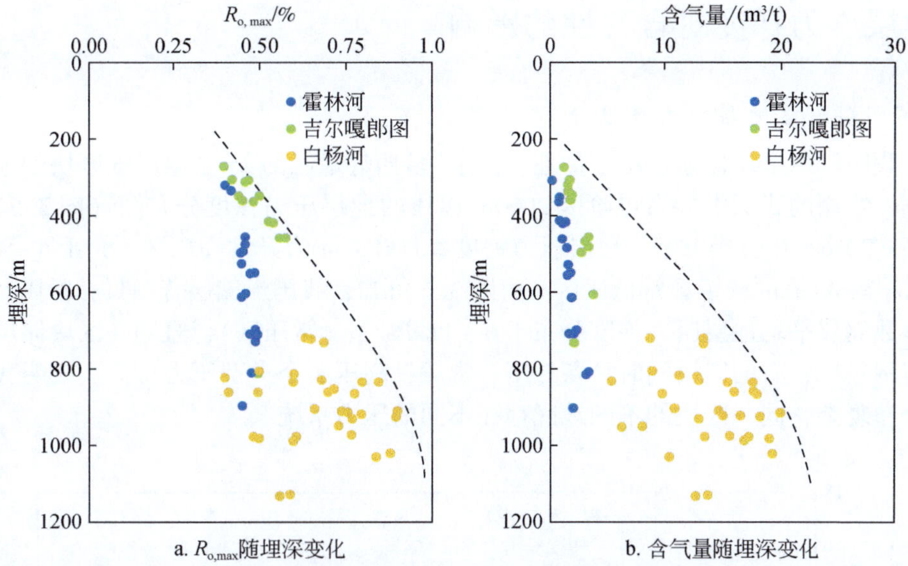

图 3.3　典型区块 $R_{o,max}$ 和含气量随埋深变化图

3. 含气饱和度与煤阶的关系

一般情况下，演化程度越高的煤岩其吸附能力越强，含气量越高，表明煤岩自身吸附性的差异是导致最终含气量差异的重要原因。但是含气量高的储层不代表其保存效果也好，从图 3.4 为含气饱和程度随 $R_{o,max}$ 变化关系图可见，含气饱和程度和 $R_{o,max}$ 并无明显的相关性，也就是说煤阶越高煤层气的绝对赋存量越高，但煤阶与煤层气相对充满程度或保存效果关系不大，影响煤层气保存条件的另有其他因素。

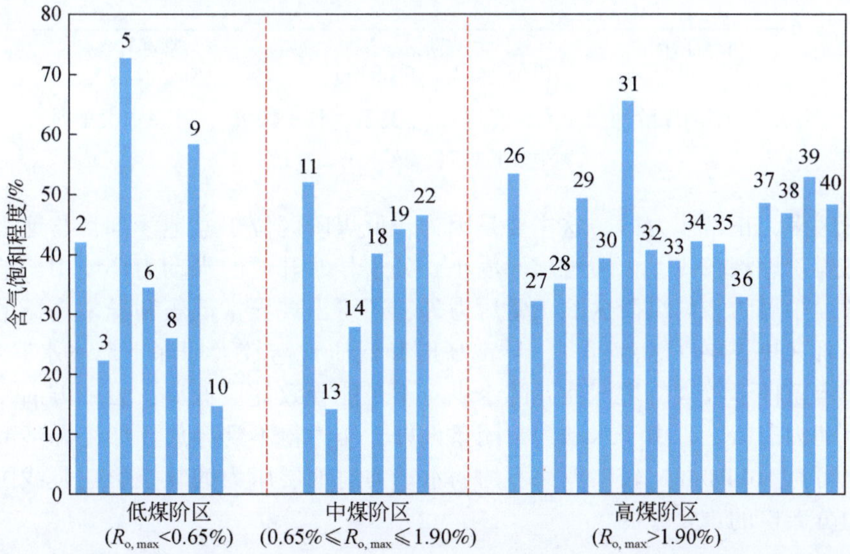

图 3.4　含气饱和程度与 $R_{o,max}$ 关系图（柱子按 $R_{o,max}$ 升序顺次排列）

图中数字为区块编号，见表 3.1

三、地层压力梯度对含气性的影响

1. 不同煤阶区地层压力梯度分布

基于我国鄂尔多斯盆地、沁水盆地、滇东–黔西等地区的25个煤层气区块的地层压力梯度数据，绘制的我国中、高煤阶区2000m以浅的地层压力梯度分布图（图3.5）。根据曹运兴等（2016）的分类方案，地层压力梯度≥11kPa/m为异常高压区，介于6~11kPa/m为常压区，≤6kPa/m属于异常低压区。由图3.6可知，我国煤储层普遍具有常压、低压特征，大多数储层平均地层压力梯度分布于6~11kPa/m（常压区），且同一区块储层压力梯度分布范围较广，有的区块同时具备低压、常压、高压3个类型压力特征。表明我国煤储层压力分布复杂，同一区块的不同地区存在不同的压力系统。

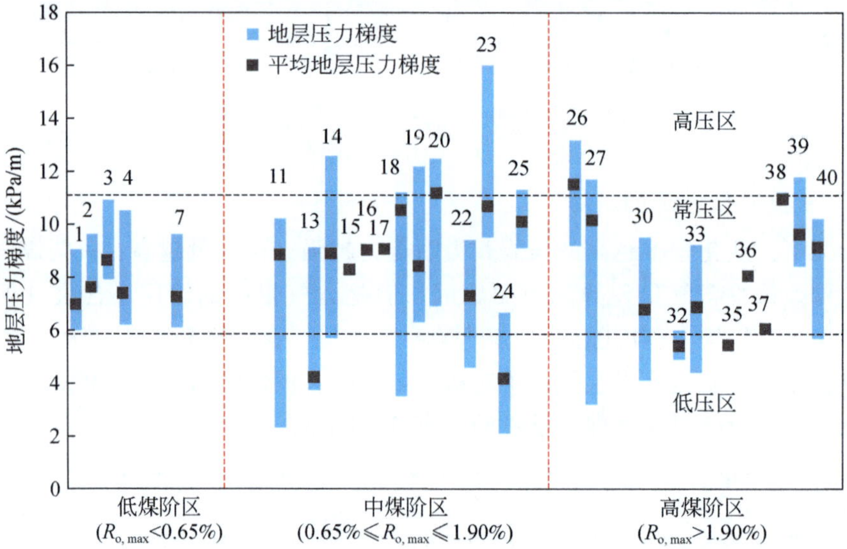

图3.5 不同煤阶地层压力梯度与$R_{o,max}$关系（柱子按$R_{o,max}$升序顺次排列）

图中数字为区块编号，见表3.1

低煤阶区多为正常压力区，这主要是因为，低煤阶区位于盆地浅部，与地表水有一定的联系，低煤阶埋深较浅，上覆地层厚度小，处于相对开放的水动力环境中，地层压力梯度相对正常。中煤阶和高煤阶区除正常压力外，还可出现异常低压和异常高压的情况，中煤阶和高煤阶区块煤层埋深范围广，异常高压和低压常与较大埋深下地表水联系弱相关。一方面，一定条件下较大的埋深使孔隙水供应不足能导致储层低压；另一方面，在部分埋深较大、水动力滞留区，由于水动力封闭条件好，压力得不到释放，如沁源某部的地层压力梯度更是可达16kPa/m。较大埋深下的弱水动力对地层压力的复杂影响是我国中、高煤阶储层压力分布广的重要原因。

2. 地层压力梯度与含气性关系

由煤层气的等温吸附曲线可知，煤层的气体吸附量与相应状态下的地层压力及温度相关，一定温度下吸附量随压力的增加而增加，极限压力下的吸附量即为煤层的最大吸附量（V_L）。基于等温吸附原理，前人研究大多认为地层压力的增加利于煤岩对气体的吸附，含气量随之增加（王琳琳等，2013；陈红东等，2014）。

从不同压力梯度下含气量的分布图（图 3.6）中能初步看出地层压力对含气量的正向作用关系，高压区含气量普遍较高，如六盘水（20）、发耳（26）、恩村（38），低压区含气量普遍不高，如大宁-吉县（24）、古城（32）等，正常压力区含气量处于中间水平。但图 3.6 中煤阶对含气量影响作用明显，需剔除煤岩自身吸附性差异（煤阶）的干扰。

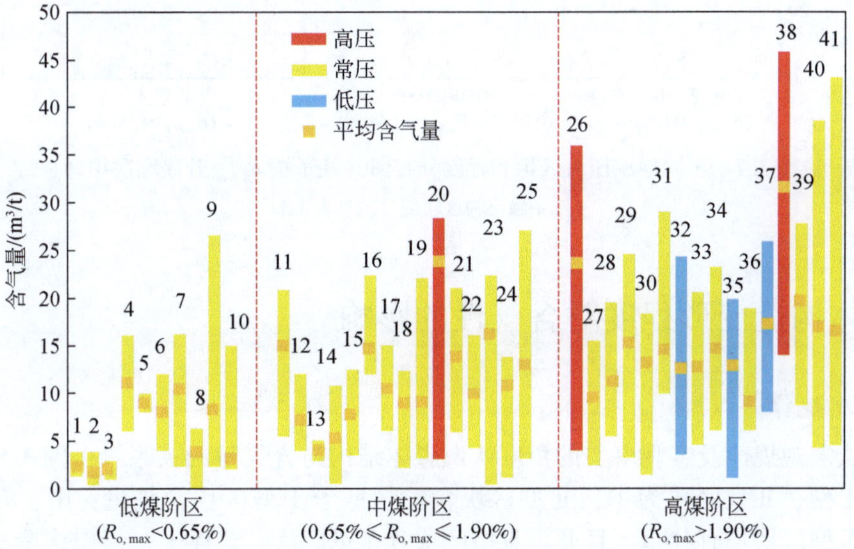

图 3.6　不同地层压力区含气量分布图（柱子按 $R_{o,max}$ 升序顺次排列）

图中数字为区块编号，见表 3.1

因煤阶与含气饱和度没有明显关系，因此含气饱和程度与地层压力关系图可很好的剔除煤阶的干扰，突出地层压力梯度与含气性的关系，50% 的含气饱和程度可以作为衡量该压力梯度是否利于煤层气保存的指标。从图 3.7 可看出，剔除煤阶干扰后，煤岩含气性指标不再呈现出如图 3.6 中所示的规律性上升趋势，异常高压区饱和程度较高（70% ~ 90%），说明异常高压对含气量有正向贡献；异常低压区饱和程度相对较低（40% 左右），说明异常低压的存在不利于气体的保存；正常压力区饱和程度高低不一。地层压力梯度升高利于煤层气的保存，含气性变好。另外，异常高压区和异常低压区的含气饱和程度表现出明显的高、低特征，说明异常高压和异常低压的存在能使煤层的含气性特征更明显地呈现出来，即异常压力梯度能对含气性起主导作用。

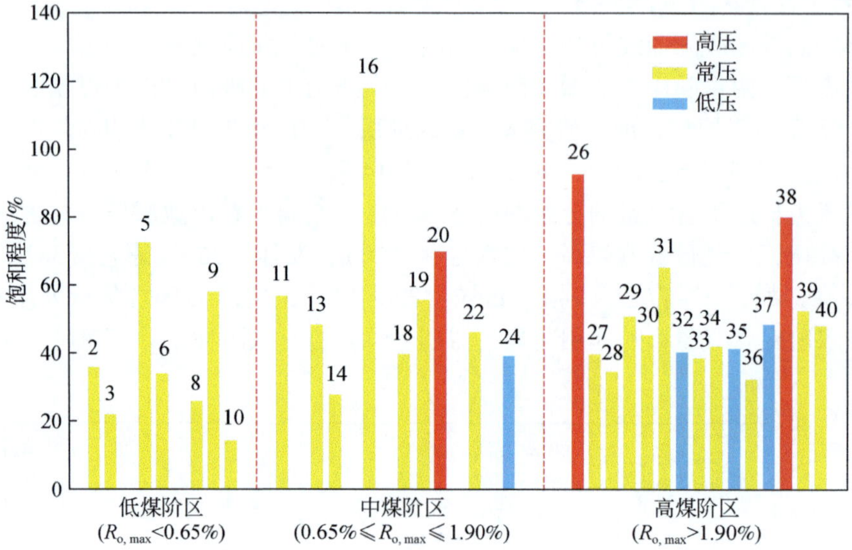

图 3.7 不同地层压力区饱和程度分布图（柱子按 $R_{o,max}$ 升序顺次排列）

图中数字为区块编号，见表 3.1

四、煤体构造变形程度对含气性的影响

1. 宏观规律

首先从宏观规律及客观事实的角度认识煤体结构与含气量的关系：由图 3.8 可见，低煤阶区以Ⅰ型、Ⅱ型区块为主，Ⅱ型区块含气量低于Ⅰ型区块含气量；中、高煤阶区内Ⅰ、Ⅱ、Ⅲ型区块均有分布，且Ⅱ、Ⅲ型区块分布更广泛。整体上，煤层构造变形程度最复杂的Ⅲ型区块含气量最高，煤层适度变形的Ⅱ型区块含气量相对最低，基本无构造变形的Ⅰ型区块含气量处于中间水平。

由于煤阶对含气量有重要影响，因此在分析煤体结构对含气量影响时同样剔除煤阶的干扰，图 3.9 与含气饱和程度和煤体结构关系图（图 3.9）的结合能更有力的说明煤体结构对含气性的作用关系。由图 3.9 可知，剔除煤阶干扰后，各区块含气性指标（含气饱和程度）随煤阶升高不再呈现出明显升高趋势［对比图 3.8，含气性指标（含气量）随煤阶升高规律性升高］，再次验证了煤阶对煤层含气性的重要作用。同时，煤层构造变形程度最复杂的Ⅲ型区块含气饱和程度最高（基本大于 70%），煤层适度变形的Ⅱ型区块含气饱和程度相对最低（大多小于 40%），基本无构造变形的Ⅰ型区块含气饱和程度处于中间水平，此结果与不剔除煤阶干扰时对煤体结构与含气性关系的分析（图 3.8）一致。

2. 影响机理

1）保存条件对含气性的控制

发生强烈构造变形的煤岩，其围岩并未被强烈破坏，煤层变形与围岩变形具有不协调

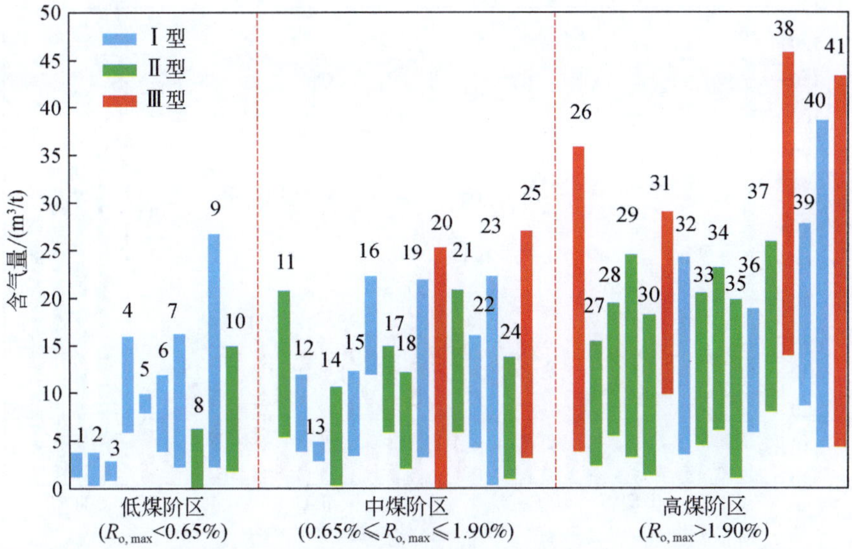

图 3.8　不同煤阶含气量与煤体结构关系（柱子按 $R_{o,max}$ 升序顺次排列）

图中数字为区块编号，见表 3.1

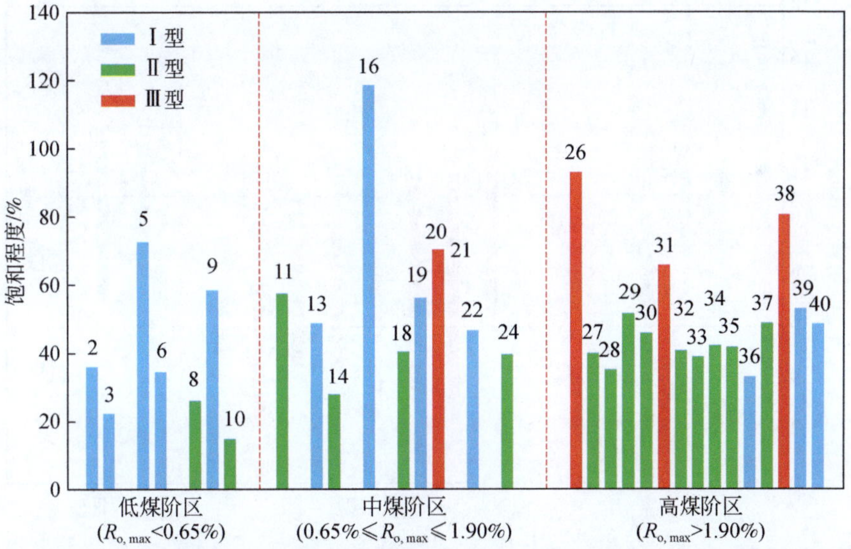

图 3.9　不同煤阶含气饱和程度与煤体结构关系（柱子按 $R_{o,max}$ 升序顺次排列）

图中数字为区块编号，见表 3.1

性。图 3.10 和图 3.11 为我国不同煤层构造变形程度区块内煤层气饱和程度及地层压力梯度分布图，对比可见Ⅲ型区块煤层气饱和程度高，相应地层压力梯度也高，显示出良好的气体保存能力。如分布于我国黔西应力集中区的发耳煤矿、六盘水煤田，高应力使煤层被强烈破坏，主要发育Ⅲ类煤，但其平均地层压力梯度均在 11kPa/m 以上。也就是说，构造变形复杂的煤层，其顶底板围岩地层也相对完整，煤层气保存条件好。

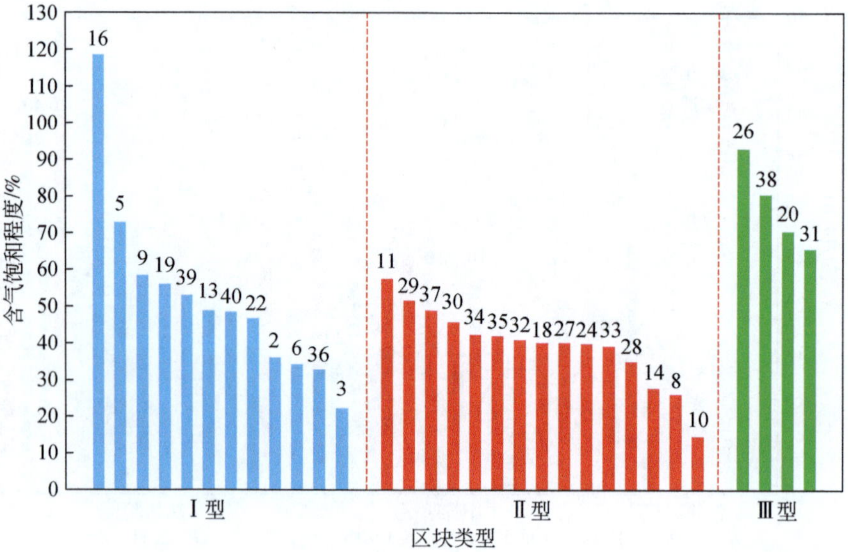

图 3.10　不同煤体结构区含气饱和程度分布（柱子在各类型中按 $R_{o,max}$ 升序顺次排列）

图中数字为区块编号，见表 3.1

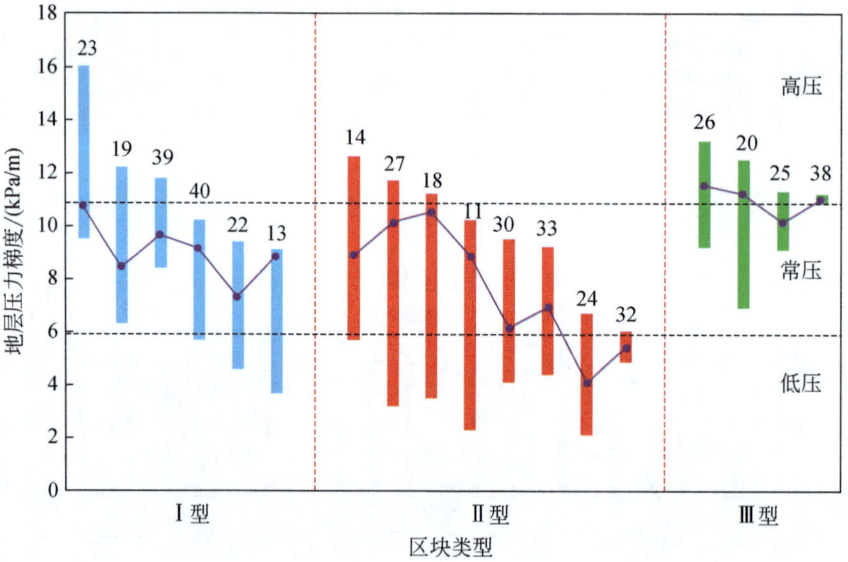

图 3.11　不同煤体结构区地层压力梯度分布（柱子在各类型中按 $R_{o,max}$ 升序顺次排列）

图中数字为区块编号，见表 3.1

2）微观运移对含气性的控制

由于煤层气在煤体中处于动态平衡状态，微观的运移过程对含气量的大小至关重要。

煤层构造变形使煤的吸附性明显增强已基本成为共识，Ⅲ类煤的吸附性最强，Ⅰ类煤的吸附性最差，微观孔隙的变化是形成吸附性差异的根本原因。从构造变形对孔隙结构的影响上看，随着破坏程度的增加，构造应力作用下发生的动力变质作用使分子结构发生变化，不同孔径段的孔隙数量均有增加（张小东等，2016），且累计孔容增大，尤其是糜棱煤，其次为碎粒煤、碎裂煤和原生结构煤；从构造变形对孔隙度的影响上看，与共生的原生结构煤相比，构造煤的孔隙度高出3~8倍，孔比表面积要高出2~10倍，构造煤的表面能更高于与其共生的原生结构煤，具有更强的吸附能力（Li and Ogawa，2001）。

煤层气的吸附-解吸是一个动态平衡过程，遵循等温吸附原理。当处于饱和状态的煤岩压力进一步降低（即压力小于临界解吸压力）时，煤层气就会解吸出来。研究表明（张小东等，2016），相同含气量的Ⅰ类、Ⅱ类和Ⅲ类煤在实验室中降压解吸时，得到总解吸时间关系为：Ⅰ类煤>Ⅱ类煤>Ⅲ类煤，解吸量关系为：Ⅱ类煤>Ⅰ类煤>Ⅲ类煤。可见对煤岩解吸能力而言，Ⅱ类煤具有最强的解吸能力，而Ⅲ类煤中的气体最不易解吸，煤层气解吸能力：Ⅱ类煤>Ⅰ类煤>Ⅲ类煤。Ⅲ类煤的解吸能力最弱与两方面因素相关：①Ⅲ类煤孔隙发育，相同条件下对煤层气有较好的自持性，煤层气不易解吸出来；②与煤层气的赋存状态相关。当孔隙直径与孔隙气体分子尺寸相差不大（如Ⅲ类煤）时，孔隙气体分子可能楔开煤中微裂隙和微孔隙进入芳香层或者煤的大分子之间并以固溶态存在，加之煤晶体内的扩散阻力较大，导致煤层气解吸量小（Radovic *et al.*，1997；Alexeev and Vasylenko，2004）。

煤层气从基质或孔隙中解吸出后，扩散进入割理、裂隙等渗流通道中并渗流出煤层，煤岩的渗透性一定程度上决定了煤层气含量。在以碎裂煤（脆性变形）为主的煤体结构区，不规则的微米级颗粒和显微构造裂隙相互支撑形成一定数量的不规则小-微孔、微裂隙，且彼此相互连通，煤层渗透率明显增大；而在以构造剪切变形为主的Ⅲ型区块，微米级颗粒进一步被切割成更小的碎粒甚至细小粉末，极易堵塞孔裂隙，甲烷有效运移空间大大减少，并且孔隙形态多为半封闭孔或超显微孔隙，孔隙连通性较差，煤层气渗流能力差，富集性好。

第二节　中国煤储层渗透率主控因素和有效储层下限

渗透性反映煤储层的渗流能力，是评价煤层可采性的关键参数（张培河，2007；邵龙义等，2015；Kang *et al.*，2016），渗透率和含气饱和度是影响煤层气井产量的主要因素（Moore，2012）；渗透率与煤层厚度及含气量共同表征产气地质潜力（Dou *et al.*，2013）。总体来看，我国煤储层比国外煤储层渗透率低1~2个数量级，低渗透率是制约我国煤层气勘探开发的主要因素之一。渗透率是煤由基质孔隙、微观割理-裂隙和宏观割理-裂隙组成的三孔系统（Gamson *et al.*，1993；傅雪海等，2001）在一定的应力作用下，表现出的流体渗透通过的能力，可见决定煤渗透率的内因是三孔系统，决定渗流通道的存在，外因是地应力，决定渗流通道的宽度。

前人从不同方面对渗透率的影响因素开展了研究，如盆地演化（曾玲，2014）、地应力（唐书恒，2001；陈振宏等，2008；Meng *et al.*，2011；李勇等；2014；孙良忠等，2017；Chen *et al.*，2017；Kang *et al.*，2020）、孔-裂隙系统（王生维和陈钟惠，1995；陈练武，1998；姚艳斌等，2006，2007，2008；刘洪林等，2008；陶树等，2012；张宏国，2012；吴建国等，2012；张大伟，2014）、煤体结构（陈跃等，2013；陆小霞等，2014；王保玉，2015），这些研究大多针对具体地区和区块，叶建平等（1999）利用20世纪90

年代全国煤层气钻井的大部分试井渗透率资料，客观地评价了我国主要煤层气聚集区、带煤储层渗透性状况，研究了中国煤层渗透率的主要影响因素，指出中国煤层渗透率普遍低于美国煤盆地，渗透率区域上具有一定的分布规律：华北聚气区东部渗透率相对较低，而西部渗透率相对较高；东北聚气区、华南聚气区煤储层的渗透率较低，地应力是影响中国煤层渗透率的主要因素，渗透率随深度的变化趋势是应力的函数。

渗透率因测试方法不同，其地质含义也有很大不同，渗透率可针对煤样在实验室用氦气法或核磁共振法测试，测试结果代表岩心规模的渗透性，在现场用微渗透仪或注入/压降法（GB/T 24504—2009；中华人民共和国国家质量监督检验检疫总局和中国国家标准化管理委员会，2009）测试，本节涉及的渗透率，皆指注入/压降法测试的渗透率。本节基于笔者在沁水盆地、鄂尔多斯盆地、准噶尔盆地、恩洪和老厂盆地开展的研究工作和获得的一手资料及前人公开发表文献中的地应力、渗透率、煤体结构、宏观和微观裂隙密度、裂隙充填状况等资料，对中国煤储层的主控因素进行了分析，探讨了低渗透形成的原因和有效煤储层渗透率下限。

一、控制渗透率的内因分析

控制渗透率的内因指三孔系统，三孔系统是煤储层渗透率的概念模型，三孔系统可通过煤阶、煤体结构、宏观和微观割理-裂隙密度及其充填来表征。本书基于康永尚等（2017a）的工作，根据33个煤层气区块-矿区前人关于煤岩成熟度、现场测试渗透率、微观割理-裂隙密度、宏观面割理密度、煤体结构和宏观割理-裂隙矿物充填情况等公开发表的文献，对控制渗透率的内因开展分析，文献资料包括叶建平（1995）、樊明珠和王树华（1996）、陈霞和樊明珠（1997）、王生辉（1998）、张新民等（2002）、顾成亮（2002）、钟玲文等（2004）、郑重（2004）、傅雪海等（2004）、雷崇利（2004）、刘洪林等（2004，2008）、魏臣等（2005）、陈兆山和王志刚（2006）、贾高龙（2006）、王明寿等（2006）、姚艳斌等（2006，2007，2008）、朱志敏等（2007）、孙越英等（2007）、付江伟等（2008）、刘大锰等（2008）、张宏等（2008）、苗永亮（2009）、史继祥和马立军（2009）、张培河（2009）、曹代功（2009）、王书华（2009）、杨敏芳等（2010）、杜维甲（2010）、马财林等（2010）、孙文卿等（2010）、罗东坤等（2010）、罗宪（2010）、曹新款等（2011）、焦双志等（2011）、张金波和吴财芳（2011）、李五忠等（2011）、陈萍和姜冬冬（2012）、吴建国等（2012）、赵玉集（2012）、马革非和朱永飞（2013）、魏迎春等（2013）、白勇和熊先钺（2013）、刘钰辉等（2013）、杨晓娜等（2013）、张大伟（2014）、徐宏杰等（2014）、李勇等（2014a，2014b）、陈捷（2014）、陆小霞等（2014）、梁俊义等（2014）、菅笑飞等（2015）、林柏泉等（2015）、王保玉（2015）、蔡路等（2015）、许耀波（2015）、孙庆宇等（2016）、邓志宇等（2016）和胡咤咤等（2016）。

1. 煤阶对渗透率的控制作用

图3.12为我国典型煤层气产区各煤阶型煤储层渗透率分布图，从左到右煤阶依次升高。从图3.12可见，低煤阶煤储层渗透率分布区间为0.04～7.18mD，中煤阶煤为0.0045～16.4mD，高煤阶煤为0.0018～83.44mD，小于0.01mD的煤储层主要属高煤阶煤。中、低

煤阶煤储层渗透率基本相当，主要分布在0.03～10mD范围内，高煤阶煤储层渗透率总体上略低，主要分布在0.01～5mD范围内，但有一些地区，如寿阳区块、晋城矿区、焦作矿区古汉山矿和韩城矿区象山矿，高煤阶煤储层渗透率相对较高，主要与这些区块相对较弱的构造应力环境有关。

Ammosov和Eremin（1963）研究苏联煤层割理密度（单位长度内割理的条数）与煤阶之间的关系认为：不同煤阶下煤的力学性质不同，且割理密度随煤变质程度增高呈现正态分布变化，中煤阶（$R_{o,max}$≈1.5%）割理最发育；宁正伟和陈霞（1996）通过观测统计峰峰、安阳、平顶山、焦作、淮南等地石炭-二叠系不同煤阶的煤内生裂隙，结果显示焦、瘦煤裂隙最发育；而Law（1993）在对美国阿伯拉契亚盆地群和落基山盆地群的研究中发现，从褐煤到烟煤阶段，割理密度迅速增大，从烟煤至无烟煤阶段基本不变，Law（1993）认为是由于研究区经历了强烈构造变形及割理被矿物质充填，Law（1993）的认识与Ammosov和Eremin（1963）的结论不同，并指出煤储层割理密度随煤阶增高而增大，并不意味着渗透率也会增大，更重要的是与割理的连通性和开启状况有关。从我国不同煤阶区煤储层渗透率的实际分布情况来看（图3.12），没有表现出中煤阶煤储层渗透性最好的特点，说明除煤岩热演化程度对割理-裂隙发育和孔隙结构有影响外，还存在其他内在因素对渗透率产生了重要影响。事实上，煤阶对煤的孔隙度影响较大（刘娜等，2018），而孔隙度主要对煤的扩散能力（吸附时间）有明显影响（康永尚等，2018），对煤储层的渗透率影响不大，但从图3.12可以看到，渗透率极低值(<0.01mD)位于中、高煤阶区块中，可见，在进入中、高煤阶后，在不考虑其他因素的条件下，煤储层渗透率的低值确有下拉的情况，然而，从总体来看，渗透率随煤阶变化的规律不明显或规律性被其他影响更大的因素所掩盖。

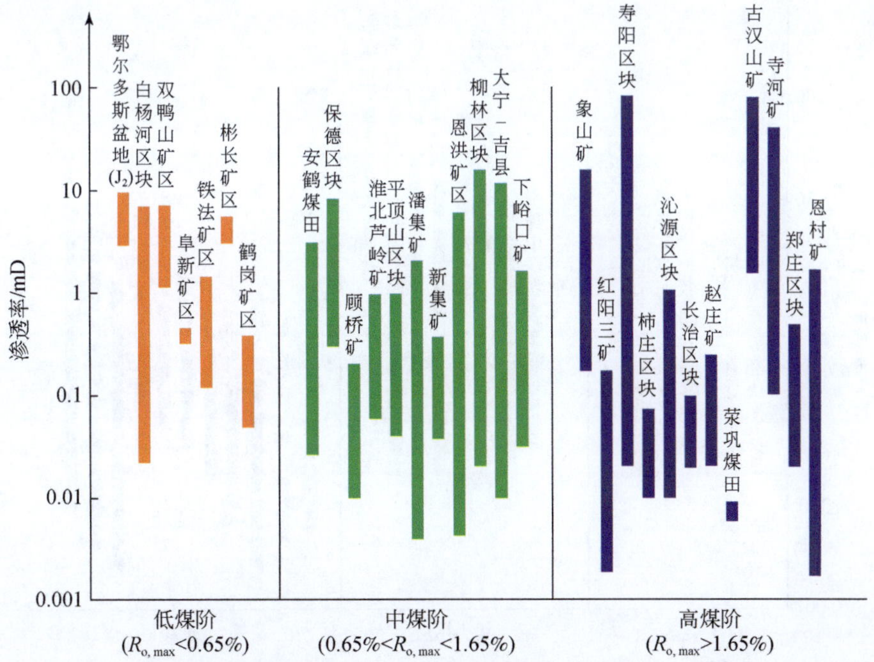

图3.12　我国不同煤阶煤储层渗透率分布图（据康永尚等，2017a）

2. 煤体结构和宏观割理-裂隙密度对渗透率的控制作用

煤体结构是煤体构造变形程度的宏观描述，根据《防治煤与瓦斯突出细则》第 26 条（煤炭工业部，1995）和《防治煤与瓦斯突出规定》第十三条（国家安全生产监督管理总局，2009）的规定，将煤的破坏类型分为五类：Ⅰ类为非破坏煤；Ⅱ类为破坏煤；Ⅲ类为强烈破坏煤；Ⅳ类为粉碎煤；Ⅴ类为全粉煤。袁崇孚（1986）按照煤体的构造破坏程度，煤体结构可划分为原生结构煤、碎裂煤、碎粒煤和糜棱煤 4 种类型，根据测井曲线组合，前人将煤体结构划分为三大类：Ⅰ类为原生结构煤，Ⅱ类为碎裂状构造煤，Ⅲ类为碎粒-糜棱状构造煤（姚军朋等，2011；谢学恒和樊明珠，2013）。由于我国煤层气盆地经历了多期次构造改造作用，同一盆地内甚至同一煤层气区块内煤体结构往往并不单一，通过借鉴前人的分类标准将不同地区或矿区划分为Ⅰ类区、Ⅱ类区和Ⅲ类区，其中，以原生结构煤为主的地区作为Ⅰ类区，煤体变形程度微弱；以原生结构煤和碎裂煤为主的地区作为Ⅱ类区，煤体变形程度中等；以碎粒煤和糜棱煤为主的地区作为Ⅲ类区，煤体变形程度较大。

图 3. 13 为中国部分地区煤储层渗透率与煤体结构关系图，该图表明不同类型的煤体结构渗透率差异显著：Ⅱ类区较Ⅰ类区煤储层渗透率高 1 个数量级，表明适度构造运动产生的宏观裂隙对渗透率有明显贡献；Ⅲ类区由于较强烈的构造作用破坏了煤层的原生结构，发育碎粒煤和糜棱煤，破坏了天然裂隙系统，连通性变差，降低了煤储层渗透率。例如，我国淮南煤田的新集和潘集矿区煤层多属于碎粒煤和糜棱煤，使得煤储层整体渗透性大大降低，平均渗透率仅为 0. 2mD（孙文卿等，2010）；云南恩洪地区两口煤层气参数井试井数据和取心资料显示，浅部 16#煤层多遭构造破坏形成糜棱煤，横向上煤体结构的变化，使得两井测试同一煤层所得渗透率相差一个数量级（孙文卿等，2010）。

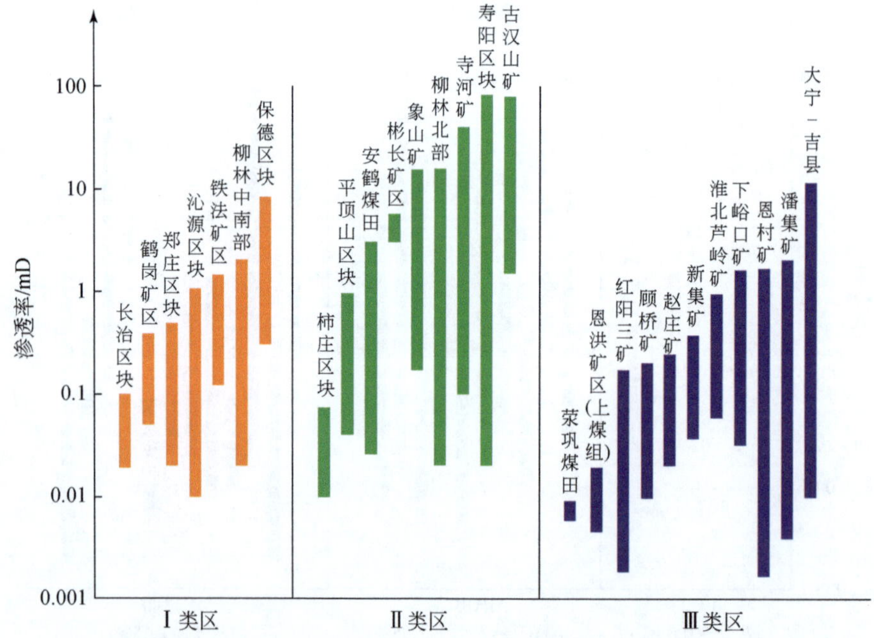

图 3. 13　我国部分地区煤储层渗透率与煤体结构关系图（据康永尚等，2017a）

美国含煤盆地具有单一大陆的稳定地质构造背景，煤体结构简单，煤储层渗透率普遍大于1mD（Close，1993；Pashin，1998；Palmer，2010；Gao *et al.*，2014），而我国自晚古生代以来经历了海西、印支、燕山和喜马拉雅等多期次构造运动，对含煤盆地进行了不同程度和形式的改造，同一盆地的不同位置甚至同一套煤层的不同深度，发育不同的煤体结构，造成渗透率区间变化较大，如韩城、焦作、柳林、大宁-吉县、恩洪等地区。前人研究表明，我国煤体破坏程度由北向南、自西向东增强，东部、南部及盆地边缘构造煤较为发育，且各成煤时代构造煤皆有一定比例的分布（钟玲文等，2004）。我国Ⅲ类区较为普遍，天然裂隙系统被破坏严重，宏观割理-裂隙密度明显减小（图3.14），煤储层渗透率也相对较低。可见煤储层渗透率与宏观割理-裂隙密度关系较为明显。在同一地区或区块内，煤层的渗透率受宏观裂隙控制的现象也存在，如在沁水盆地南部山西组3#煤层的渗透率主要受宏观裂隙控制（陶树等，2012）。Ⅱ类煤体结构区渗透率较Ⅰ类煤体结构区渗透率高1个数量级，也表明了宏观裂隙对渗透率的贡献是明显的。适度的构造运动有助于煤储层渗透率的改善，但强烈的构造运动不利于煤储层渗透率的保存。

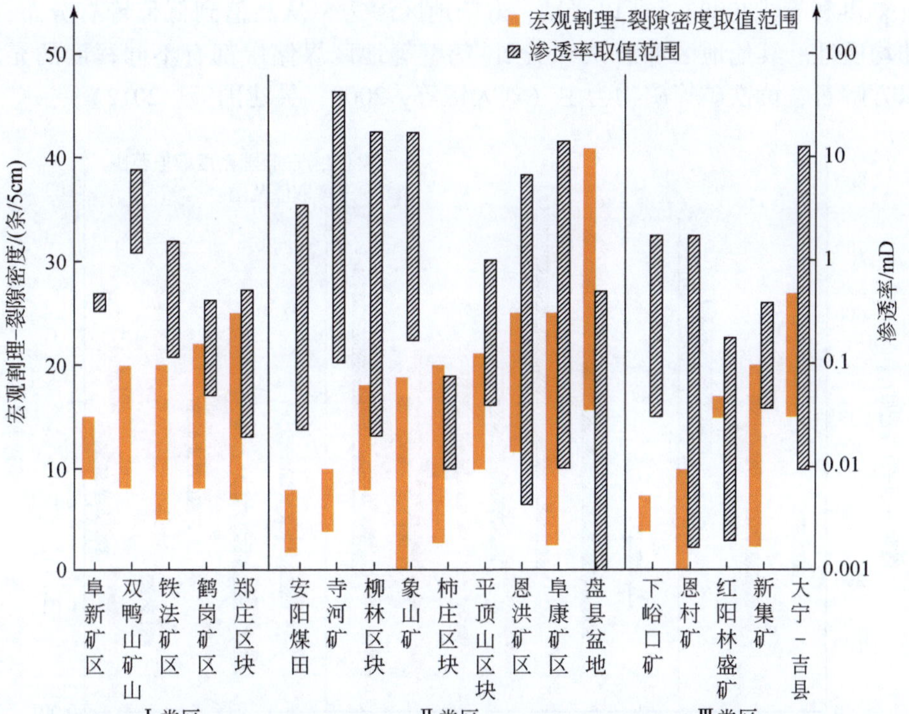

图3.14 中国不同煤体结构区块煤储层渗透率与宏观割理-裂隙密度关系图
（据康永尚等，2017a）

煤体结构和宏观割理-裂缝密度从宏观上反映煤岩的变形破坏程度，微观割理-裂隙密度从微观方面反映煤岩的变形破坏程度，图3.15表明，煤体构造越复杂，煤岩变形程度越高，微观割理-裂缝越发育，但渗透率越低。Ⅲ类区微观割理-裂隙密度有进一步增大的趋势，但渗透率呈下降趋势，可见，微观割理-裂隙是否发育，对渗透率影响不大；事实上微观割理-裂隙更多地影响煤基质的扩散能力，在注入-压降试井中，煤基质的扩散能力的作用在短时间内显现不出来，这里涉及时间尺度问题，不否定三孔系统作为煤储层渗透率概念模型的正确性。

3. 割理-裂隙充填对渗透率的控制作用

割理-裂隙充填指割理-裂隙系统中的矿物充填，矿物充填可堵塞通道或使通道变窄，降低煤储层的渗透率。伴随着构造活动，流体活动是引起煤层割理-裂隙充填的主要原因。我国华北地区石炭-二叠系煤储层宏观割理-裂隙普遍存在充填-半充填现象，充填物多为方解石、黏土或黄铁矿等，主要来自煤化作用、岩浆热液及含无机矿物的地下水，其中地下水充填宏观割理-裂隙现象最为常见，且裂隙面上铁、钙质薄膜的附着力要远大于方解石脉（王生维和陈钟惠，1995；刘洪林等，2000a）。宏观割理-裂隙充填现象是煤储层渗透率降低的重要原因之一。柿庄地区发育碎裂煤但渗透率却与碎粒-靡棱煤发育的淮南地区相近，其中一个重要原因在于柿庄地区煤储层宏观割裂-裂隙充填较为严重，降低了宏观割理-裂隙系统的连通性。沁水盆地宏观割理-裂隙被充填现象非常普遍，以南北两端最为严重（刘洪林等，2008），所以晋城、寿阳地区渗透率从高值到低值皆有分布，表现为较强的非均质性。其他地区如恩洪和安阳-鹤壁等地区煤储层都有不同程度的充填现象，充填物以方解石、黄铁矿等矿物为主（刘大锰等，2008；吴建国等，2012）。

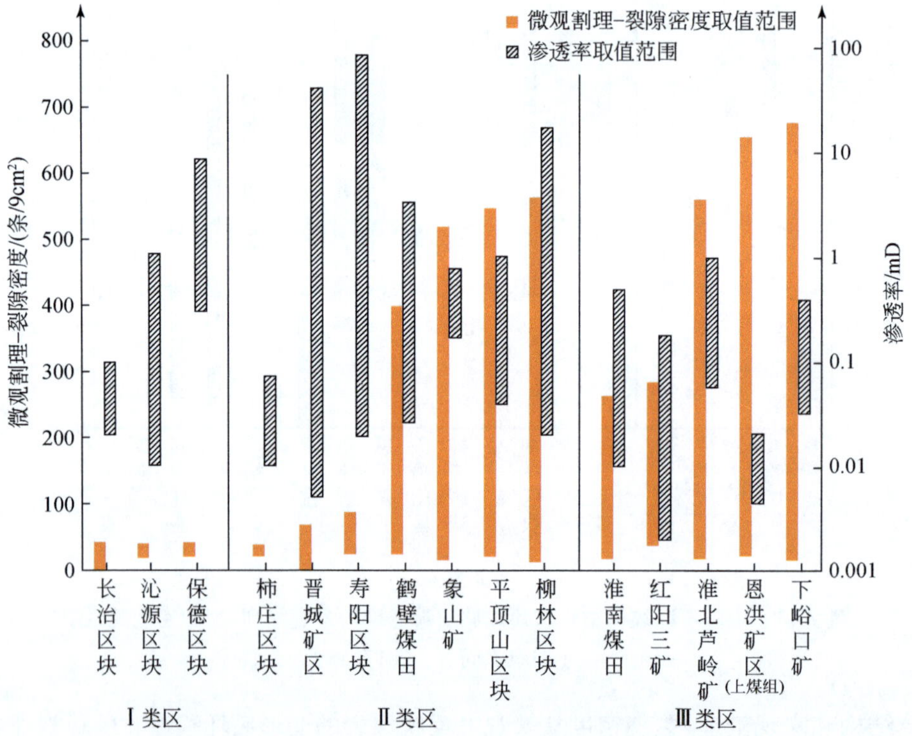

图 3.15 我国部分地区煤储层渗透率与微观割理-裂隙密度关系图（据康永尚等，2017a）

沁水盆地南部研究区 3#和 15#煤储层为原生-碎裂煤，属于Ⅰ类区或Ⅲ类区，且 15#煤储层的割理更发育（曾玲，2014），但 15#煤储层宏观割理-裂隙充填情况较 3#煤储层严重，试井渗透率显示：对于同一口井来说，15#煤储层的渗透率普遍低于3#煤储层（陆小霞等，2013；许启鲁等，2015）。15#煤储层渗透率较低，一方面是由于埋深较大、地应力强度大，另一方面是由于宏观割理-裂隙系统普遍存在充填物，堵塞了渗流通道，降低了煤储层的渗透率。

另外，镜下观察也表明，微观割理-裂隙系统亦常见矿物充填现象，充填严重的煤样，实验室测试渗透率较低（胡咤咤等，2016）。但需强调的是微观割理-裂隙系统充填，只对实验室测试的煤样渗透率有明显影响，而对注入-压降渗透率没有明显影响，因微观割理-裂隙系统本身不能作为主要渗流通道，但微观割理-裂隙系统充填的程度可作为宏观割理-裂隙系统充填程度的一个指示指标，表面上与注入-压降渗透率有关，但从机理上看，微观割理-裂隙系统及其充填情况不能影响注入-压降渗透率。

总之，决定煤储层渗透率的内在因素主要包括煤体结构和割理-裂隙的充填状况，煤阶通过影响孔隙度和孔隙结构，主要影响扩散能力。

二、控制渗透率的外因-应力分析

1. 地应力测试和研究方法

地应力是由重力应力、构造应力、孔隙压力、热应力和残余应力等耦合而成，但主要是重力应力、孔隙压力和构造应力的叠加（Seidle，2011）。目前国内外已发展和应用了多种地应力测量方法，主要有扁千斤顶法、水压致裂法、刚性圆筒应力计测量法、声发射（AE）法、应力解除法、应变恢复法、钻孔崩落法、差应变曲线分析法、地球物理探测法及地质方法等（李鹏和苗胜军，2016），其中应力解除法与水压致裂法是比较成熟的地应力测量手段，测量精度较高，是目前普遍采用的地应力测量方法。应力解除法采用一个钻孔就能确定出一个测点的三维地应力状态，测量结果可靠性更高，广泛应用于各项重大工程中的浅孔应力测量（张重远等，2013）。水压致裂法无须知道岩石的力学参数就可直接测得地层中应力状态，广泛应用于深部地应力测量，主要以二维测量为主（Haimson and Fairhurst，1969；中国地震局，2000；Haimson and Cornet，2003；Bell，2006；Colmenares and Zoback，2007；Meng *et al.*，2011；Li *et al.*，2014；Xu *et al.*，2016）。在水力压裂法中，垂向主应力用上覆岩石的载荷估算：

$$\sigma_v = 10^{-6}\rho g h \tag{3.7}$$

式中，σ_v为垂向主应力，MPa；ρ为上覆岩层岩石密度，10^3 kg/m^3；g为重力加速度，取9.8m/s^2；h为埋深，m。

闭合压力（P_c）总是对应最小主应力，当闭合压力小于垂向主应力时，最小水平主应力（σ_h）和最大水平主应力可分别用下式估算（Haimson and Fairhurst，1969）：

$$\sigma_h = P_c \tag{3.8}$$

$$\sigma_H = 3P_c - P_f - P_o + T \tag{3.9}$$

式中，σ_h为最小水平主应力，MPa；σ_H为最大水平主应力，MPa；P_c为闭合压力，MPa；P_f为破裂压力，MP；P_o为孔隙（地层）压力；T为煤岩的抗张强度，MPa。

水力致裂一般测试3～4个周期，可获得裂缝再次开启压力，此时，最大水平主应力可用下式估算：

$$\sigma_H = 3P_c - P_r - P_o \tag{3.10}$$

式中，P_r为裂缝再次开启压力，MPa。

水平主应力可视为垂直主应力与水平方向上的构造应力的叠加（王平，1992），在单向构造挤压作用下，各向同性介质中水平主应力表示为 Hubbert 公式（Seidle，2011）：

$$\sigma_h = \left(\frac{v}{1-v}\right)(\sigma_v - P_o) + P_o + \sigma_t \tag{3.11}$$

式中，σ_v为垂向主应力，MPa；g 为重力加速度，取 9.8m/s^2；σ_t为构造应力，MPa；v 为泊松比，无量纲，一般取 0.3。

由式（3.11）可见，在某一深度，水平主应力的大小主要取决于埋深（h）和构造应力（σ_t）的大小（假定其他参数如上覆岩层岩石密度和泊松比变化不大的情况下，实际上这样的假设是合理的），在构造挤压应力越大的地区，σ_t越大（挤压用正值表示），水平主应力就越大，因此，不同地区最小水平主应力的差异代表了现今构造应力强度的差异。

在研究地应力场变化规律时，常采用侧压系数 K^1 来描述某点地应力的状态（Brown and Hoek，1978）。侧压系数是用来描述地应力状态的一个物理量，它是指某点两个水平主应力的平均值和垂直应力的比值，用公式表示为

$$K^1 = (\sigma_H + \sigma_h)/(2\sigma_v) \tag{3.12}$$

式中，K^1 代表侧压系数，无量纲。侧压系数越大，代表水平作用力越大，即挤压强度越大。

2. 地应力强度对渗透率的控制作用

国内外的研究结果都表明现今地应力等外在因素对煤层渗透率影响最为显著，煤层渗透率对地应力极为敏感，且渗透率随着地应力的增加而呈指数递减规律（McKee *et al.*，1988；Moore，2012），其本质是应力影响割理-裂隙的张开程度。渗透率与割理-裂隙开度的 3 次方呈正比，割理-裂隙的开启状况是影响渗透率的重要因素，而割理-裂隙开度又直接受地应力场的影响。

文卓等（2019）收集了 18 个煤矿或煤层气区块的地应力数据，分别为东北地区的红菱煤矿、鹤岗煤矿、阜新煤矿、鸡西煤矿、沈阳煤矿和南票煤矿（韩军等，2007；赵卫华等，2008；蔡忠朝等，2009；Han *et al.*，2012），两淮地区的淮南矿区和淮北矿区（张永坤，2012；郑贵强等，2013；马杰等，2015），沁水盆地的寺河矿区、潞安矿区、郑庄区块、成庄区块、潘庄区块（康红普等，2009，2010；徐玉胜，2010；王庆伟，2013；李叶朋等，2017），鄂尔多斯盆地（东缘）的韩城区块、柳林区块、延川南区块和大宁-吉县区块（孟召平等，2013；李勇等，2014a；黎文焰和冯春海，2016），以及准噶尔盆地（南部）的阜康矿区（陈世达等，2018），计算了不同盆地的侧压系数（表 3.2）并编绘了中国含煤盆地 1300m 以浅部位现今地应力强度及方向示意图，以侧压系数平均值和侧压系数大于 1 的占比为地应力强度的衡量指标，大体上把中国应力场分为 3 个区域，以大兴安岭—太行山—龙门山为界，东部为中-强应力区，西部为弱-中应力区，青藏高原地区缺少实际资料，推测为强应力区。

在前述应力分区的基础上，依据不同区块的渗透率数据（表 3.3），编制了不同应力

区煤层气区块渗透率柱状图（图 3. 16），由图 3. 16 可知，东部中-强应力区和西部弱-中应力区，在煤储层渗透率上表现出差异，总体上，西部弱-中应力区煤储层渗透率高于东部中-强应力区，地应力强度对渗透率有明显的控制作用。

3. 地应力类型对渗透率的控制作用

根据 Anderson 断层类型，可将地应力场划分为正常应力场（$\sigma_v>\sigma_H>\sigma_h$）、反转应力场（$\sigma_H>\sigma_h>\sigma_v$）和走滑应力场（$\sigma_H>\sigma_v>\sigma_h$）3 种类型（图 3. 17），应力类型在垂向上转换，导致渗透率随埋深变化规律复杂化（孙良忠等，2017）和水力压裂后井筒工程稳定性问题（Flottman *et al.*，2013）。

在实验室加载应力条件下，煤岩渗透率随有效应力增加呈现指数递减规律（Pomeroy and Robinson，1966；Somerton *et al.*，1975；McKee *et al.*，1988；Sparks *et al.*，1995；Meng and Li，2013；Bottomley *et al.*，2017）。由于应力随埋深增加而增加，在美国皮申斯、圣胡安和黑勇士等盆地发现渗透率随埋深呈指数递减规律（McKee *et al.*，1988），在澳大利亚一些盆地（Enever *et al.*，1994；Enever and Henning，1997；Mukherjee *et al.*，2017），印度 Jharia 煤田（Chatterjee *et al.*，2009；Pal *et al.*，2015）和中国沁水、鄂尔多斯盆地（Meng *et al.*，2011；Liu *et al.*，2016；孙良忠等，2017）也有发现（图 3. 18a），渗透率随埋深的指数递减规律解释为裂缝张开度随有效应力或埋深而减小（Pomeroy and Robinson，1966；Somerton *et al.*，1975；McKee *et al.*，1988）。

表 3. 2 不同地区现今侧压系数统计表（据文卓等，2019）

含煤盆地（地区）	取值范围	平均值	侧压系数>1 占比/%
东北地区	0. 75 ~ 1. 54	1. 12	69. 23
两淮地区	0. 48 ~ 1. 50	0. 97	40. 63
滇东黔西地区	0. 43 ~ 1. 58	0. 91	34. 07
沁水盆地	0. 36 ~ 1. 93	0. 89	28. 89
鄂尔多斯盆地（东缘）	0. 50 ~ 1. 11	0. 79	7. 69
准噶尔盆地南部	0. 45 ~ 1. 04	0. 70	6. 67

表 3. 3 不同区快煤储层渗透率数据表

区块	分布范围/mD	平均值/mD	区块	分布范围/mD	平均值/mD
恩洪	0. 016 ~ 0. 03	0. 02	韩城	0. 018 ~ 0. 19	0. 025
老厂	0. 016 ~ 0. 04	0. 024	吉尔嘎郎图	0. 26 ~ 4. 03	0. 84
盘县	0. 043 ~ 0. 19	0. 0885	白杨河	0. 03 ~ 1. 45	0. 18
比德-三塘	0. 03 ~ 0. 23	0. 0705	准噶尔盆地南部	1. 45 ~ 13. 48	2. 855
柿庄	0. 01 ~ 0. 06	0. 03			

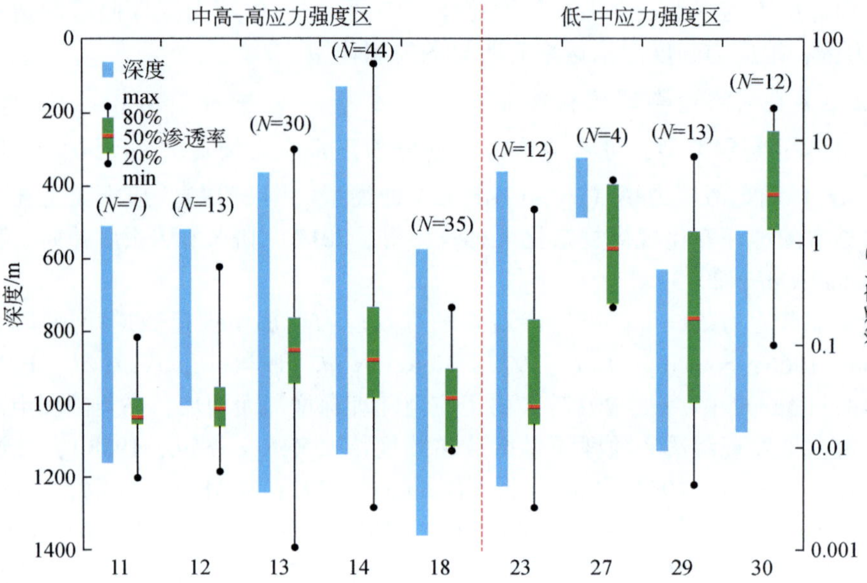

图 3.16　不同应力强度区煤层气区块渗透率区间值

11. 恩洪；12. 老厂；13. 盘县；14. 比德-三塘；18. 柿庄；23. 韩城；27. 吉尔嘎郎图；29. 白杨河；30. 准噶尔盆地南部

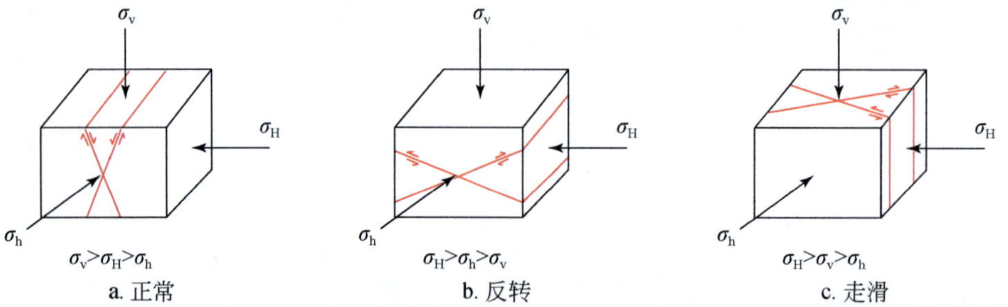

图 3.17　地应力场类型示意图（据 Anderson，1951）

在强烈挤压区，应力类型在垂向上发生转换，渗透率随埋深就不再单调递减，而是表现出复杂变化规律，Li 等（2014）发现鄂东柳林区块煤储层渗透率到约 700m 埋深呈递减趋势，从 700m 到约 1050m 呈增加趋势，孙良忠等（2017）在柿庄区块发现类似现象（图 3.18b）。Chen 等（2017）发现在沁水盆地南部、鄂尔多斯盆地东缘和贵州西部都有渗透率随埋深呈现类似的复杂规律。

针对高应力条件下渗透率随埋深的复杂变化规律，Kang 等（2020）以贵州比德-三塘盆地的地应力和渗透率测试资料为基础，并结合盆地的构造演化和总体应力特点，尝试用水平应力差在垂向上的变化，解释渗透率的三段指数变化规律。图 3.19a 为渗透率随埋深变化的单段拟合模型，图 3.19b 渗透率随埋深变化的三段拟合模型，对比可见，三段拟合模型可更好地反映渗透率随埋深变化的规律。

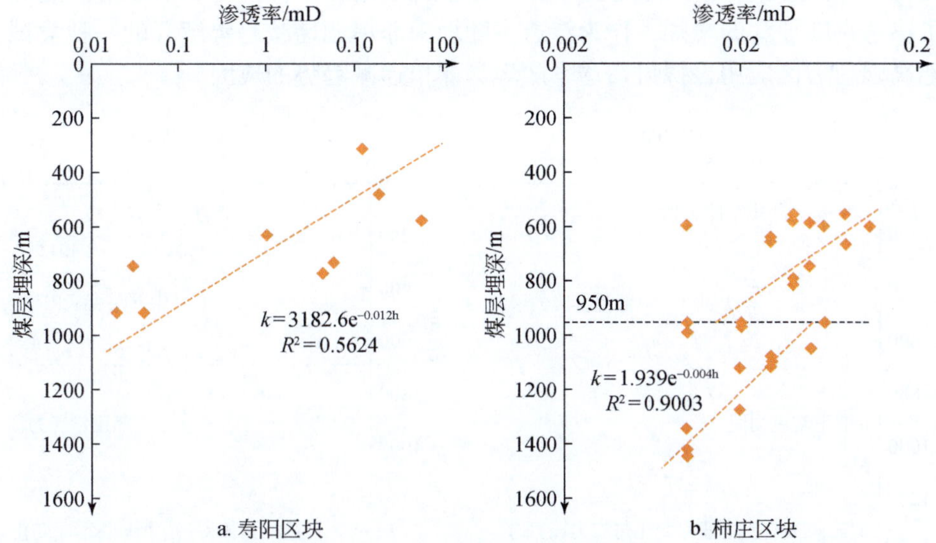

图 3.18　寿阳区块和柿庄区块 3#煤储层渗透率随埋深变化对比图（据孙良忠等，2017）

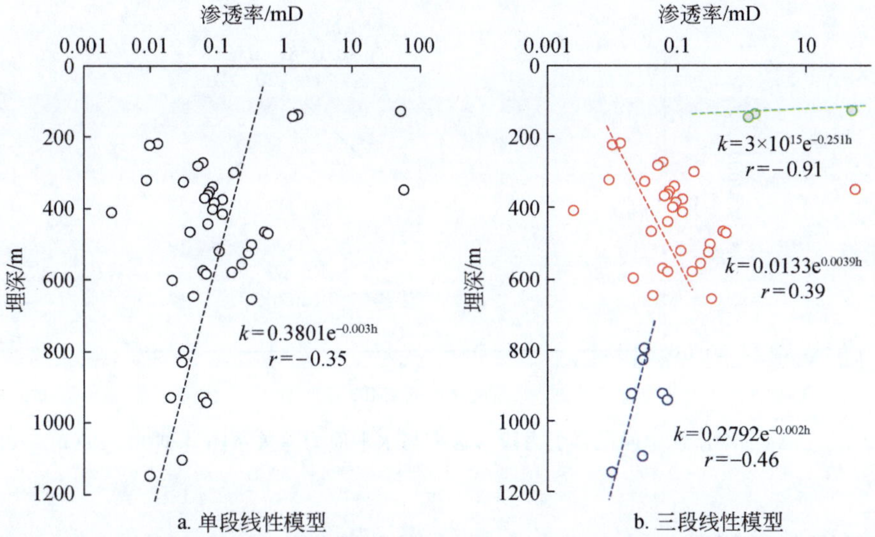

图 3.19　比德-三塘盆地煤储层渗透率与埋深单段线性（a）和三段线性回归模型（据 Kang *et al.*，2020）

图 3.20a 为主应力随埋深变化和地应力划分，浅部（0～200m）为正常应力段，中部（200～700m）为混合应力段，深部（>700m）为正常应力段。各段的水平主应力差如图 3.20b 所示。

由图 3.20b 可知，中部混合应力段的水平主应力差随埋深增大而增大，煤岩随埋深越来越靠近临界破裂状态，导致在中部混合应力段出现渗透率随水平应力差增加而增加（图 3.21），合理地解释了煤岩渗透率在中部混合应力段随埋深增加而增加的特殊现象。

对比德–三塘盆地渗透率随埋深的非单调递减趋势的分析，以水平应力差随埋深的增加解释了渗透率随埋深的增加，作为渗透率随埋深非单调递减趋势解释的一种尝试，有待于在其他高强应力区应用，探讨渗透率随埋深非单递减趋势的成因。

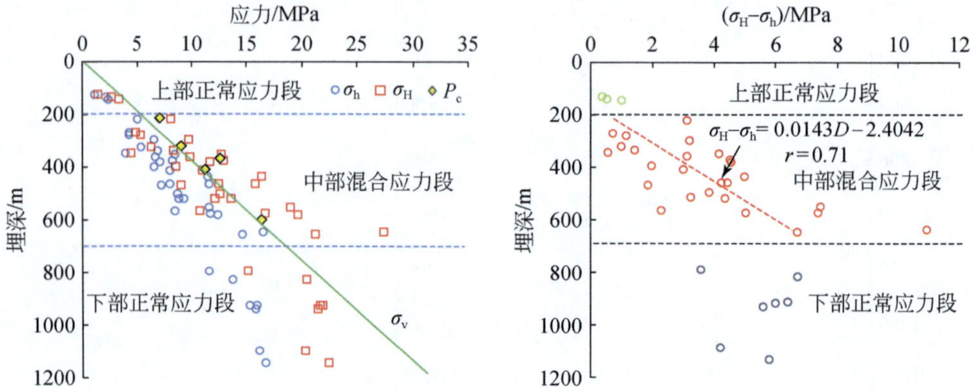

a. 三向主应力随埋深变化与应力段划分　　b. 3个应力段中水平应力差随埋深变化

图 3.20　比德–三塘盆地三向主应力随埋深变化与应力段划分（a）和 3 个应力段中水平应力差随埋深变化（b）（据 Kang *et al.*，2020）

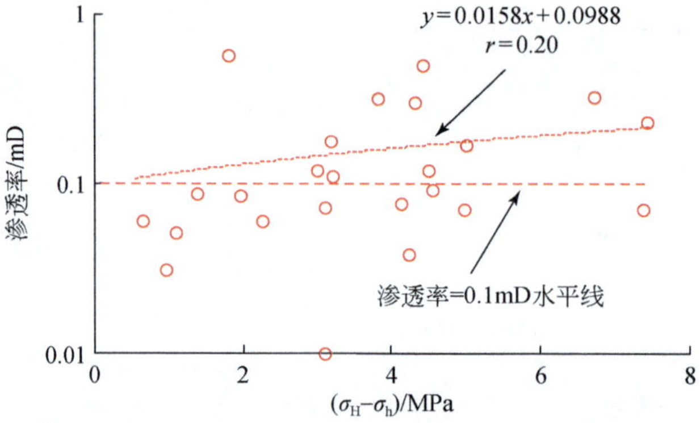

图 3.21　比德–三塘盆地中间混合引力段渗透率与水平应力差关系图（据 Kang *et al.*，2020）

三、中国煤储层低渗透成因和有效煤储层渗透率下限问题

1. 中国煤储层低渗透成因

美国商业开发煤层气田储层渗透率一般在 1～100mD，在 3～30mD 是最常见的情况，很少有小于 1mD 的情况（Palmer，2010）。圣胡安盆地中煤阶煤储层渗透率达到 5～60mD；粉河盆地低煤阶煤储层渗透率多在 10mD 以上，最大可达 1000mD（Gao *et al.*，2014）。我国煤储层渗透率总体上相对较低，根据张群等（2001）统计，我国煤储层渗透率分布特点为：<0.1mD，占 34%；0.1～0.5mD，占 24%；0.5～1mD，占 11%；1～5mD，占 17%；≥5mD，占 14%，可见，我国 2/3 以上煤储层的渗透率小于 1mD，只有大

约不到1/3的煤储层渗透率高于1mD，高于5mD的只占14%。

中国东北地区、两淮地区、滇东黔西地区和沁水盆地平均侧压系数在0.89以上，28.89%以上应力数据点的侧压系数大于1，中国大陆处于太平洋、菲律宾和印度三大板块聚敛环境中，中国煤储层低渗透的原因首先可从较强的现今地应力来解释。

中国含煤盆地经历多期构造运动，构造应力方向和强度在不断变化，来自不同方向的挤压，对煤体结构产生强烈破坏，且导致煤系地层揉皱、断裂和流体活动，矿物充填降低了割理和裂缝的渗透性。

总之，对中国低渗透煤储层要从内因和外因两方面来认识。煤的三孔系统是渗透率形成的内因，表征三孔系统的煤阶、煤体结构、宏观和微观割理-裂隙密度及其充填，是一个受多种地质因素影响经长期地质演化形成的，如煤阶是热演化的结果，同时煤阶影响孔隙度和孔隙结构，煤体结构、煤的割理-裂隙系统及其充填受到应力演化史、构造变形史及流体化学充填史的综合影响。割理-裂隙密度与煤体结构有一定的成因联系，且其形成不仅与受力史有关，与煤阶也有一定的关联。把煤储层渗透率的主控因素概括为煤体结构和割理-裂隙充填、现今地应力强度和地应力类型，基本上可描述渗透率在平面上和垂向上的变化规律。

2. 有效煤储层渗透率下限问题

康永尚等（2017b）通过煤层气井产量与渗透率散点包络关系图，对中国煤储层提出了渗透率分类方案，将有效煤储层的渗透率下限定为0.01mD，按渗透率将有效煤储层划分为低渗（K=0.01～0.1mD）、中渗（K=0.1～0.5mD）、中高渗（K=0.5～1mD）、高渗（K=1～5mD）和超高渗（K>5mD）5个等级（表3.4）。

表3.4　煤储层渗透率分级方案（据康永尚等，2018）

储层类型	渗透性分级标准（K）/mD				
	低渗	中渗	中高渗	高渗	特高渗
煤储层	0.01～0.1	0.1～0.5	0.5～1	1～5	≥5

毫无疑问，渗透率是煤层气井获得高产的重要条件，但中国煤层气开发面对的煤储层多为K=0.01～0.1mD类别的低渗储层，此类储层占比要比张群等（2001）统计的34%要高，因为近年来钻探表明，K=0.01～0.1mD的煤储层更常钻遇。从此类低渗储层中获得高产需要一定的含气饱和度条件。如沁水盆地郑庄区块西南部，K在0.01～0.1mD变化，经耦合盘活技术的成功应用，煤层气井获得3000～5000m^3/d的稳定高产（朱庆忠等，2019），但一定的地质条件是获得高产的基本条件。根据生产井动态曲线，估计高产煤层气井的临储比达0.5，依据临储比与含气饱和度关系推算，含气饱和度达到80%以上；再如临兴西区块深层（埋深2000m左右），煤储层渗透率在0.01mD左右，但因煤层处于含气超饱和状态（含气饱和度>100%，除吸附气外还有游离气），煤层气井在无须排水条件下，直接产气3000～5000m^3/d（康永尚等，2019）。

以上分析表明，只有在煤储层处于高/超饱和状态下，K=0.01～0.1mD类别的低渗储层才具有价值，0.01mD作为有效煤储层渗透率的下限才能成立。在中国煤储层整体低渗透背景下，选择中渗（$K>0.1$mD）以上储层区或低渗（$K=0.01\sim0.1$mD）但高-超含气饱和度区，是煤层气开发的两个重要方向。

第三节　中国煤储层吸附时间分布规律及主控因素

一、不同煤阶区吸附时间特征

气体在煤岩基质中的扩散遵循费克定律，煤岩的扩散系数越大，气体就越易在浓度差作用下进入裂缝系统。但在生产实践中要根据费克定律求出扩散系数是非常困难的，为此，人们提出了吸附时间这一概念，吸附时间定义为实测气体总体积中63%解吸出来所用的时间（刘洪林等，2000；Al-Jubori *et al.*，2009），以小时或天表示。吸附时间越长，反映扩散速度越慢；反之亦然。通过查阅大量内部研究报告和公开发表的文献，对我国主要煤层气区的21个煤层气区块、煤矿吸附时间数据资料进行了统计整理，如表3.5所示。值得注意的是表3.5中的区块顺序依据 $R_{o,max}$ 的大小进行了排序。

表3.5　中国21个煤层气区块、煤矿煤储层吸附时间统计表

编号	区块、煤矿	吸附时间/d	编号	区块、煤矿	吸附时间/d	编号	区块、煤矿	吸附时间/d
1	依兰煤矿	3.92~14.4（9.61）	8	平顶山区块	0.54~3（1.57）	15	柿庄区块3#	0.3~85.54（19.55）
2	阜新区块	—（6.6）	9	恩洪区块	0.14~6.99（2.17）	16	郑庄区块	4~27（10.65）
3	准噶尔盆地南缘	1.6~3（2.77）	10	韩城区块	0~9（1.46）	17	晋城区块	2.86~9.58（5.37）
4	白杨河区块	3.67~10.4（7.04）	11	织纳煤矿	0.5~1.45（0.83）	18	老厂区块	0.33~28.01（9.87）
5	淮南煤矿	0.04~5（0.80）	12	古交区块	1.19~21.24（6.18）	19	古汉山煤矿	2.42~27.42（8.37）
6	芦岭煤矿	1.34~4.67（3.36）	13	寿阳区块	0.48~79（13.36）	20	樊庄区块	2.06~40.39（10.84）
7	鹤岗煤矿	0.17~9（1.71）	14	长治区块	2.01~24.9（5.86）	21	潘庄区块	7.69

注：括号中为平均值。

如图3.22所示，煤级对吸附时间影响明显。低煤级区和中煤级区煤岩吸附时间短、跨度小，其中低煤级区煤岩平均吸附时间在10d以下，中煤级区煤岩平均吸附时间在7d以下，高煤级区煤岩平均吸附时间在0.83~19.55d，相比低、中煤级区，高煤级区平均吸附时间跨度大且时间长；整体上，煤岩吸附时间随煤级呈“U”型变化规律，且在高煤级区，吸附时间呈高波动变化。

这种变化可能是由于煤级影响煤岩的孔隙度和孔隙结构，从而某种程度上影响煤岩的吸附时间。国内外学者在煤级与孔隙度及孔隙结构方面也做过相应研究：其中煤岩孔隙度与微孔体积随煤级的变化呈高—低—高的变化规律（赵兴龙等，2010），高煤级微孔发育，煤岩的吸附能力增强，从而导致煤岩的吸附时间较长且整体跨度较大；Van Krevelen（1993）认为煤岩的总孔隙度随煤级呈二阶多项式趋势，且在固定碳含量为89%时达到最小值。总孔隙度的初始减少主要与大孔、中孔的减少有关，随后总孔隙度增加主要与微孔隙的增加有关，且随煤级升高孔隙度降低导致有效扩散系数也随之降低，其中微孔的比例增加是影响有效扩散系数降低的主要因素。关于孔隙结构对煤岩扩散速率的影响，Crosdale 和 Beamish（1995）认为富含惰质组的煤比富含镜质组煤含有更多的大孔比例，低煤级大、中孔比例高，因此有相对较高的扩散速率，而随着煤级升高，微孔比例升高，扩散速率也随之降低；李景明等（2008）认为低煤级大、中孔发育，孔隙性好，中煤级割理发育，所以中、低煤级扩散速率快，而高煤级煤岩微孔发育，扩散速率相对较低，吸附时间长。

如图 3.23 所示，在低-中煤级区，煤岩吸附时间平均值随 $R_{o,max}$ 平均值升高而降低，在中煤级达到最低；在高煤级区，煤岩吸附时间平均值随随 $R_{o,max}$ 平均值升高而增加，但在 $R_{o,max}=3\%$ 左右存在波动，有下降趋势。整体上，煤岩吸附时间随 $R_{o,max}$ 的升高呈“U”型变化趋势，中煤级区煤岩吸附时间较低，在高煤级区，煤岩吸附时间随 $R_{o,max}$ 升高呈波动性变化，特别是当 $R_{o,max}$ 在 3% 左右，相关性发生变化。

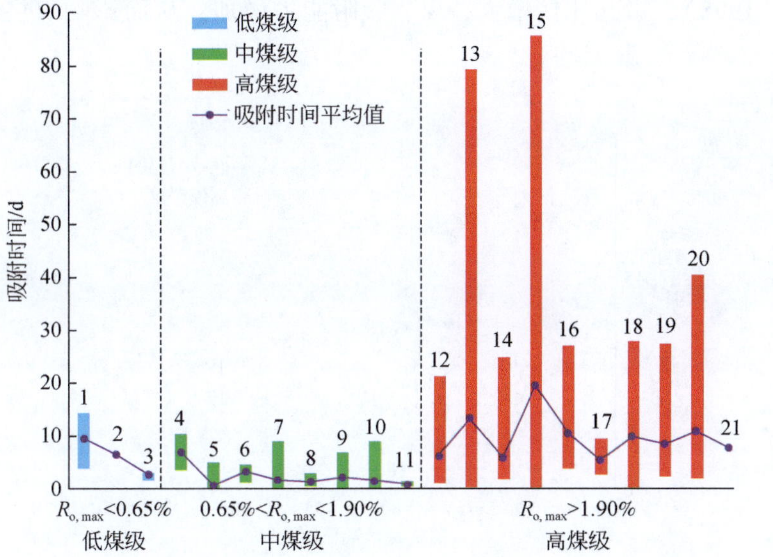

图 3.22　吸附时间与煤阶关系示意图（序号对应表 3.5 中区块编号）

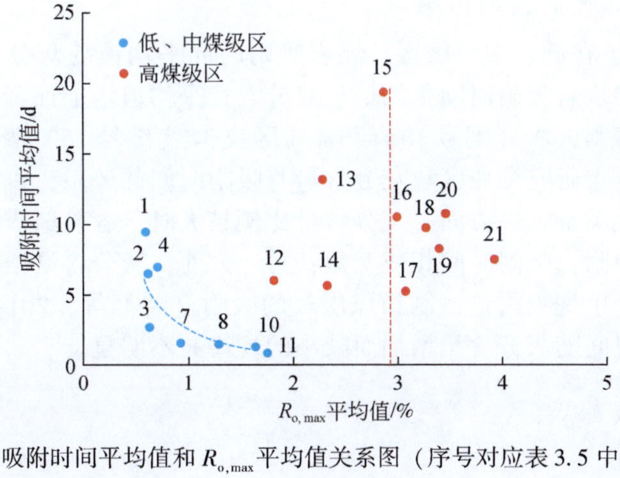

图 3.23　吸附时间平均值和 $R_{o,max}$ 平均值关系图（序号对应表 3.5 中区块编号）

二、煤质对吸附时间的影响作用

为了剔除煤阶对吸附时间影响的干扰，分煤阶区开展煤质对吸附时间的影响作用分析。

1. 镜质组对吸附时间的影响

如图 3. 24 所示，在低–中煤级区，煤岩吸附时间平均值随镜质组含量平均值的升高而增加；在高煤级区，煤岩吸附时间平均值随镜质组含量平均值呈波动性变化，但整体上也随镜质组含量平均值的升高而增加。

煤岩吸附时间与镜质组含量在不同煤级区均呈正相关关系，在低–中煤级区关系最为明显，在高煤级区呈波动性变化。镜质组含量升高，影响煤岩的孔隙结构（Crosdale and Beamish，1998），微孔比例增大，煤岩吸附能力增加，从而影响煤层气扩散，使吸附时间增大。

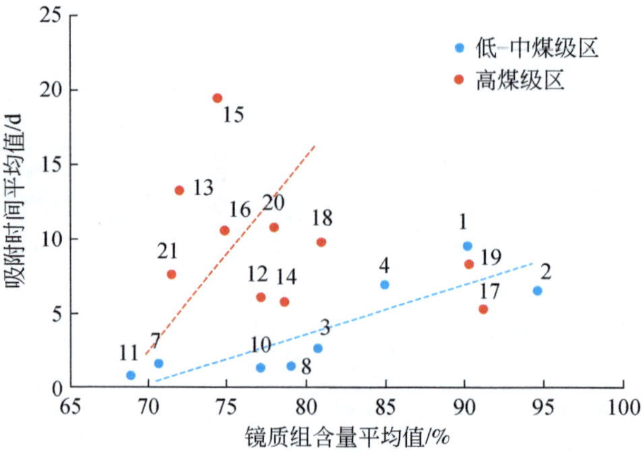

图 3. 24　吸附时间平均值和镜质组含量平均值关系图（序号对应表 3. 5 中区块编号）

2. 灰分含量对吸附时间的影响

如图 3. 25 所示，在低、中煤级区，煤岩吸附时间平均值随灰分含量平均值增加而降低；在高煤级区，煤岩吸附时间平均值随灰分含量平均值增加而降低，降低趋势幅度并不明显，主要与寿阳区块（编号 13）和柿庄区块 3#（编号 15）吸附时间跨度大、平均值大有关，后文重点研究柿庄区块灰分含量与吸附时间的关系，以验证灰分含量与吸附时间是否呈负相关关系。一方面，灰分含量比例较大时，容易造成煤岩割理及裂缝堵塞，从而影响气体吸附，吸附时间相应变短；另一方面，灰分含量增加占据煤岩吸附面积，某种程度上减少甲烷吸附量，制约煤层气的吸附（谷峰等，2014）。但整体上，高煤级区，煤岩吸附时间随灰分含量增加而减小的规律并不明显。

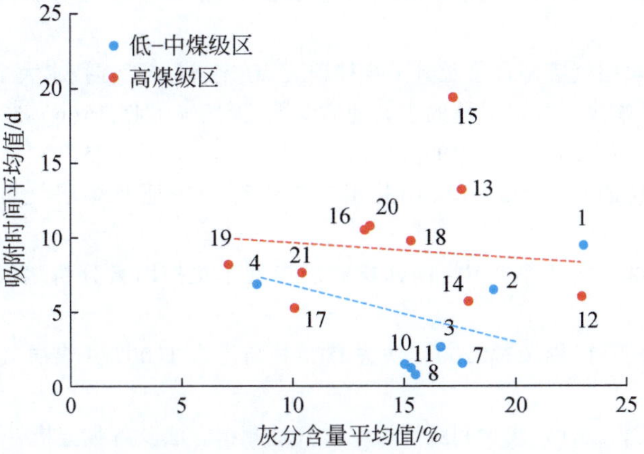

图 3.25　吸附时间平均值和灰分含量平均值关系图（序号对应表 3.5 中区块编号）

参考文献

白勇，熊先钺. 2013. 鄂东气田韩城区块煤层气成藏条件分析. 西部探矿工程，25(11)：59~62.

蔡路，姚艳斌，张永平，魏宁，杨艳磊，刘志华. 2015. 沁水盆地郑庄区块煤储层水力压裂曲线类型及其地质影响因素. 石油学报，36(S1)：83~90.

蔡忠朝，付智超，张振. 2009. 煤与瓦斯突出矿区地应力场类型及特征分析. 煤炭技术，28(6)：1~3.

曹代功. 2009. 荥巩煤田二1煤层煤层气赋存规律及影响因素研究. 中国煤炭地质，21(6)：34~39.

曹新款，朱炎铭，王道华，赵雯. 2011. 郑庄区块煤层气赋存特征及控气地质因素. 煤田地质与勘探，39(1)：16~19，23.

曹运兴，柴学周，刘同吉，冯培文，田林，石玢，曹永恒，周丹. 2016. 潞安矿区山西组 3#煤储层低压特征及控制因素研究. 天然气地球科学，27(11)：2077~2085.

陈红东，姜波，屈争辉等. 2014. 临汾与保德地区构造差异性特征及其对煤层含气性的控制. 煤炭学报，39(3)：510~517.

陈捷. 2014. 铁法大兴井田煤储层特征研究. 煤炭技术，33(10)：139~141.

陈练武. 1998. 煤层割理研究在韩城矿区煤层气评价中的意义. 西安工程学院学报，20(1)：33~35.

陈萍，姜冬冬. 2012. 淮南煤中矿物特征与成因分析. 安徽理工大学学报（自然科学版），32(3)：1~6，49.

陈世达，汤达祯，陶树，许浩，李松，赵俊龙. 2018. 煤层气储层地应力场宏观分布规律统计分析. 煤炭科学技术，46(6)：57~63.

陈霞，樊明珠. 1997. 淮南地区煤层气地质条件及勘探远景. 河南石油，11(5)：1~5.

陈跃，汤达祯，许浩，吕玉民，陈同刚. 2013. 基于测井信息的韩城地区煤体结构的分布规律. 煤炭学报，38(8)：1435~1442.

陈兆山，王志刚. 2006. 阜新盆地刘家区煤层气主控地质因素的分析. 见：叶建平，范志强. 2006 年煤层气学术研讨会论文集. 北京：地质出版社：254~261.

陈振宏，王一兵，郭凯，孙钦平，张亚蒲. 2008. 高煤阶煤层气藏储层应力敏感性研究. 地质学报，82(10)：1390~1395.

邓志宇，刘羽欣，王力，王春东，王利娜. 2016. 沁水盆地沁源地区煤层含气量分布规律及控气地质因素分析. 中国煤层气，13(1)：18~22.

丁安徐，廖顺舟，叶建国等. 2013. 测定煤层气含量的四种解吸法对比分析. 煤炭科学技术，(S2)：194 ~ 196.
杜维甲. 2010. 阜新矿区煤层气资源评价及开采规律研究. 辽宁：辽宁工程技术大学博士研究生学位论文.
樊明珠，王树华. 1996. 影响煤层气可采性的主要地质参数. 天然气工业，16(6)：53 ~ 57.
樊明珠，王树华. 1997. 煤层气勘探开发中的割理研究. 煤田地质与勘探，25(1)：29 ~ 32.
付江伟，张子敏，张玉贵，胡晓. 2008. 古汉山井田二 1 煤储层特征及煤层气可采性评价. 煤矿安全，39(9)：89 ~ 93.
傅雪海，秦勇，李贵中. 2001. 沁水盆地中-南部煤储层渗透率主控因素分析. 煤田地质与勘探，29(3)：16 ~ 19.
傅雪海，秦勇，范炳恒，张万红，周荣福. 2004. 铁法 DT3 井与沁南 TL007 井煤层气产能对比研究. 煤炭学报，29(6)：712 ~ 716.
谷峰，张滨海，李乐忠，葛岩. 2014. 澳大利亚煤层气含气量测试方法及解吸分析——以 G 盆地二叠系煤为例. 中国煤层气，11(1)：30 ~ 35.
顾成亮. 2002. 滇东-黔西地区煤层气地质特征及远景评价. 新疆石油地质，23(2)：106 ~ 110.
韩军，张宏伟，朱志敏，宋景春. 2007. 阜新盆地构造应力场演化对煤与瓦斯突出的控制. 煤炭学报，32(9)：934 ~ 938.
胡咤咤，黄文辉，刘素平，张谦，许启鲁，冯小龙. 2016. 沁水盆地南部煤储层显微裂隙发育的影响因素. 煤田地质与勘探，44(5)：1 ~ 8.
贾高龙. 2006. 山西保德煤层气勘探新进展. 见：叶建平，范志强. 2006 年煤层气学术研讨会论文集. 北京：地质出版社：78 ~ 83.
菅笑飞，唐书恒，刘人和，赵刚，孙鹏杰，齐文，贾凌霄. 2015. 柳林地区煤层气储层特征与产能动态预测. 新疆石油地质，36(3)：326 ~ 329.
焦双志，涂太明，孟庆春，郗秋铃，孙以剑. 2011. 沁水盆地郑庄区块煤层气储层特征及储量计算方法. 中国煤层气，8(1)：6 ~ 10.
康红普，姜铁明，张晓，颜立新. 2009. 晋城矿区地应力场研究及应用. 岩石力学与工程学报，28(1)：1 ~ 8.
康红普，林健，张晓，吴拥政. 2010. 潞安矿区井下地应力测量及分布规律研究. 岩土力学，31(3)：827 ~ 831.
康永尚，皇甫玉慧，张兵，邓泽，毛得雷，何志平，王建，袁春林. 2019. 含煤盆地深层“超饱和”煤层气形成条件. 石油学报，40(12)：1426 ~ 1438.
康永尚，李喆，王金，孙良忠，毛得雷，孙晗森，顾骄杨. 2018. 不同煤级区煤层气可动性和初始排水速度控制策略. 石油学报，39(10)：1162 ~ 1174.
康永尚，孙良忠，张兵，顾娇杨，叶建平，姜杉钰，王金，毛得雷. 2017a. 中国煤储层渗透率主控因素和煤层气开发对策，地质论评，63(5)：1401 ~ 1418.
康永尚，孙良忠，张兵，顾娇杨，毛得雷. 2017b. 中国煤储层渗透率分级方案探讨. 煤炭学报，42(S1)：186 ~ 194.
雷崇利. 2004. 新集矿区煤层气开发有利区块评价与优选方法探讨. 西安：西北大学硕士研究生学位论文.
黎文焰，冯春海. 2016. 韩城矿地应力测定及其地应力特征研究. 内蒙古煤炭经济，(10)：153 ~ 154.
李景明，刘飞，王红岩等. 2008. 煤储集层解吸特征及其影响因素. 石油勘探与开发，35(1)：52 ~ 58.
李鹏，苗胜军. 2016. 中国煤矿矿区地应力场特征与断层活动性分析. 煤炭学报，41(s2)：319 ~ 329.
李五忠，陈刚，孙斌，孙粉锦，赵庆波. 2011. 大宁-吉县地区煤层气成藏条件及富集规律. 天然气地球科学，22(2)：352 ~ 360.

李叶朋，申建，杨春莉，张金波．2017．沁水盆地郑庄区块地应力发育特征及其地质意义．煤炭科学技术，45(10)：176～181．

李勇，汤达祯，许浩，孟尚志，刘一楠，刘勇，喻廷旭．2014a．鄂尔多斯盆地柳林地区煤储层地应力场特征及其对裂隙的控制作用．煤炭学报，39(S1)：164～168．

李勇，汤达祯，许浩，孟艳军．2014b．柳林地区煤层气勘探开发模式研究．天然气地球科学，2014，25(9)：1462～1469．

梁俊义，王兵，赵建安，王者三．2014．红阳三矿 S101 井煤层气储层特征分析．煤炭科学技术，42(S)：155～157．

林柏泉，李庆钊，原德胜，李继昌，陈跟马，王可．2015．彬长矿区低煤阶煤层气井的排采特征与井型优化．煤炭学报，40(1)：135～141．

刘大锰，姚艳斌，刘志华，汤达祯，唐书恒，车遥，黄文辉．2008．华北安鹤煤田煤储层特征与煤层气有利区分布．现代地质，22(5)：787～793．

刘洪林，康永尚，王烽，邓泽．2008．沁水盆地煤层割理的充填特征及形成过程．地质学报，82(10)：1376～1381．

刘洪林，唐书恒，林建法．2000a．华北煤层气储层研究与评价．徐州：中国矿业大学出版社：80～120．

刘洪林，王红岩，杨帆，李贵中，赵国良．2004．我国东北地区煤层气地质特征及资源分布．特种油气藏，11(5)：8～11．

刘洪林，王红岩，张建博．2000b．煤层气吸附时间计算及其影响因素分析．石油实验地质，22(4)：365～367．

刘娜，康永尚，李喆，王金，孙良忠，姜杉钰．2018．煤岩孔隙度主控地质因素及其对煤层气开发的影响．现代地质，32(5)：963～974．

刘钰辉，李建武，张培河，王相业，王正喜．2013．芦岭井田煤层气开发地质条件及开发方式选择．煤田地质与勘探，41(2)：25～28．

陆小霞，黄文辉，敖卫华，刘浩．2013．沁水盆地南部 3 号与 15 号煤层产气量差异因素．石油天然气学报，35(3)：30～35．

陆小霞，黄文辉，王佳旗，唐修义，曾庆华，张守仁，吴见，陈燕萍．2014．沁水盆地柿庄北深部煤层煤体结构发育特征．煤田地质与勘探，42(3)：8～11．

罗东坤，吴晓东，张宝生．2010．中国煤层气资源技术经济评价．北京：煤炭工业出版社：156～158．

罗宪．2010．安阳-鹤壁矿区煤层气地质特征及影响因素．中州煤炭，(6)：45～46．

马财林，张铭记，权海奇，张玉玲．2010．鄂尔多斯盆地侏罗系煤层气勘探开发潜力评价．见：孙粉锦，冯三利，赵庆波等．2010 年全国煤层气学术研讨会论文集．北京：石油工业出版社：157～166．

马革非，朱永飞．2013．平顶山矿区东段煤层气地质特征及开发潜力研究．中国煤炭地质，25(7)：18～21．

马杰，桂和荣，孙林华，刘向红，刘发明．2015．淮北煤田地应力场分布特征及其构造演化研究．煤炭工程，47(10)：97～99．

孟召平，蓝强，刘翠丽，纪懿明，李诗男，张小明．2013．鄂尔多斯盆地东南缘地应力、储层压力及其耦合关系．煤炭学报，38(1)：122～128．

苗永亮．2009．焦作煤田恩村井田煤层气赋存特征与开发利用前景．中国煤炭地质，21(7)：24～28．

宁正伟，陈霞．1996．华北石炭，二叠系煤化变质程度与煤层气储集性的关系．石油与天然气地质，17(2)：156～160．

庞湘伟，景兴鹏，王伟峰等．2010．基于加温解吸法的煤层气含量试验研究．煤矿安全，41(11)：1～3．

邵龙义，侯海海，唐跃，鲁静，邱海峻，王学天，张家强．2015．中国煤层气勘探开发战略接替区优选．天然气工业，35(3)：1～11．

史继祥，马立军. 2009. 双鸭山煤田煤含气性及生烃能力探讨. 煤炭技术，28(2)：185 ~ 186.
孙良忠，康永尚，王金，姜杉钰，张兵，顾娇杨，叶建平，张守仁. 2017. 地应力类型垂向转换及其对煤储层渗透率控制作用. 高校地质学报，23(1)：148 ~ 156.
孙庆宇，张小东，赵家攀. 2016. 长治区块煤层气赋存特征及控气因素. 中国煤炭地质，28(7)：11 ~ 15.
孙文卿，张萼分，吴桁，张永生，张玉东. 2010. 淮南矿区剩余煤层气资源可采潜力分析. 中国煤炭地质，22(12)：24 ~ 28.
孙越英，卢耀东，王佩钰，杨怀辉，戴兴. 2007. 焦作煤田煤层气资源特征及开发利用研究. 河南理工大学学报(自然科学版)，26(1)：46 ~ 51.
唐书恒. 2001. 煤储层渗透性影响因素探讨. 中国煤田地质，13(1)：28 ~ 33.
陶树，王延斌，汤达祯，许浩，何伟，李勇. 2012. 沁水盆地南部煤层孔隙-裂隙系统及其对渗透率的贡献. 高校地质学报，18(3)：522 ~ 527.
王保玉. 2015. 晋城矿区煤体结构及其对煤层气井产能的影响. 北京：中国矿业大学(北京)博士研究生学位论文.
王琳琳，姜波，屈争辉. 2013. 鄂尔多斯盆地东缘煤层含气量的构造控制作用. 煤田地质与勘探，(1)：14 ~ 19.
王明寿，王楚峰，魏永佩，张心勇，徐文军. 2006. 寿阳区块煤层气勘探开发现状、地质特征及前景分析. 见：叶建平，范志强. 2006 年煤层气学术研讨会论文集. 北京：地质出版社：57 ~ 63.
王平. 1992. 地质力学方法研究——不同构造力作用下地应力的类型和分布. 石油学报，13(1)：1 ~ 12.
王庆伟. 2013. 沁南潘庄区块煤粉产出机理与控制因素研究. 北京：中国矿业大学(北京).
王生辉. 1998. 铁法矿区煤层气赋存特征. 中国煤炭地质，10(增刊)：17 ~ 19.
王生维，陈钟惠. 1995. 煤储层孔隙、裂隙系统研究进展. 地质科技情报，14(1)：53 ~ 59.
王书华. 2009. 安阳-鹤壁矿区的煤层气资源勘探. 煤炭科学技术，37(5)：103 ~ 106.
魏臣，张鸿飞，季玉富. 2005. 鹤岗煤层气勘探开发. 中国煤层气，2(2)：41 ~ 43.
魏迎春，曹代勇，袁远，朱学申，姚征，周济. 2013. 韩城区块煤层气井产出煤粉特征及主控因素. 煤炭学报，38(8)：1424 ~ 1429.
文卓，康永尚，邓泽，孙良忠，李贵中，王红岩. 2019. 中国含煤盆地浅-中深部现今地应力特点和分布规律. 地质论评，65(3)：729 ~ 742.
吴建国，汤达祯，李松，王爱，唐海量. 2012. 云南恩洪地区煤储层孔裂隙特征及孔渗性分析. 煤田地质与勘探，40(4)：29 ~ 33.
谢学恒，樊明珠. 2013. 基于测井响应的煤体结构定量判识方法. 中国煤层气，10(5)：27 ~ 29，33.
徐宏杰，桑树勋，易同生，赵霞，刘会虎，李林，赵志根，谢焰. 2014. 黔西地应力场特征及构造成因. 中南大学学报(自然科学版)，45(6)：1960 ~ 1966.
徐玉胜. 2010. 寺河矿地应力测试与分布规律. 煤矿安全，41(5)：128 ~ 131.
许启鲁，黄文辉，刘贝，杨延绘，陆小霞. 2015. 沁水盆地南部 15 号煤储层物性特征分析. 煤矿安全，46(3)：160 ~ 163.
许耀波. 2015. 顾桥井田煤层气井多煤层合采产量影响因素分析. 煤田地质与勘探，43(6)：32 ~ 35.
杨敏芳，孙斌，张丽琳，田文广，陈刚，孙钦平. 2010. 鹤岗盆地煤层气赋存特征及勘探开发潜力. 天然气工业，30(11)：26 ~ 29.
杨晓娜，牛亚丽，宋志敏. 2013. 荥巩煤田煤层气控气因素分析及赋存特征研究. 中州煤炭，(10)：37 ~ 39.
姚军朋，司马立强，张玉贵. 2011. 构造煤地球物理测井定量判识研究. 煤炭学报，36(增刊 1)：94 ~ 98.
姚艳斌，刘大锰，黄文辉，汤达顿，唐书恒. 2006. 两淮煤田煤储层孔-裂隙系统与煤层气产出性能研究. 煤炭学报，31(2)：163 ~ 168.

姚艳斌,刘大锰,刘志华,汤达祯,唐书恒,黄文辉.2008.煤层气储层综合评价要素与评价体系.见:叶建平.2008年煤层气学术研讨会论文集.北京:地质出版社:82~96.

姚艳斌,刘大锰,汤达祯,唐书恒,黄文辉,胡宝林,车遥.2007.平顶山煤田煤储层物性特征与煤层气有利区预测.地球科学:中国地质大学学报,32(2):285~290.

叶建平.1995.煤岩特性对平顶山矿区煤储层渗透性的影响初探.中国煤田地质,7(1):82~85.

叶建平,史保生,张春才.1999.中国煤储层渗透性及其主要影响因素.煤炭学报,24(2):118~122.

袁崇孚.1986.构造煤和煤与瓦斯突出.煤炭科学技术,(1):34~35.

曾玲.2014.盆地演化因素对煤储层渗透率的影响研究.青岛:中国石油大学(华东)硕士研究生学位论文.

张大伟.2014.阜康矿区煤储层孔隙裂隙特征研究.焦作:河南理工大学硕士研究生学位论文.

张宏,姚艳斌,刘大锰,郭广山,敖卫华.2008.红阳煤田煤层气赋存特征及有利区预测.煤炭科学技术,36(3):92~95.

张宏国.2012.沁水盆地柿庄北地区3#煤层裂隙特征研究.青岛:中国石油大学(华东)硕士研究生学位论文.

张金波,吴财芳.2011.恩洪矿区煤储层特征、含气特征及勘探开发建议.见:叶建平,傅小康,李五忠.中国煤层气技术进展:2011年煤层气学术研讨会论文集.北京:地质出版社:196~204.

张培河.2007.影响我国煤层气可采性主要储层参数特征.天然气地球科学,18(6):880~88.

张群,冯三利,杨锡禄.2001.试论我国煤层气的基本储层特点及开发策略.煤炭学报,26(3):230~235.

张小东,李朋朋,衡帅等.2016.煤体结构对煤层气吸附-解吸及产出特征的影响.煤田地质与勘探,44(4):40~45.

张新民,庄军,张遂安.2002.中国煤层气地质与资源评价.北京:科学出版社:20~24.

张永坤.2012.潘谢矿区A组煤采地应力测量和巷道支护技术研究.淮南:安徽理工大学硕士研究生学位论文.

张重远,吴满路,廖椿庭.2013.金川三矿地应力测量及应力状态特征研究.岩土力学,(11):3254~3260.

赵卫华,孙东生,王红才,梁俊义,王平,张军红.2008.沈阳红菱煤矿地应力测量.地质力学学报,14(3):286~291.

赵兴龙,汤达祯,许浩,陶树,陈贞龙.2010.煤变质作用对煤储层孔隙系统发育的影响.煤炭学报,35(9):1506~1511.

赵玉集.2012.三江-穆棱河含煤区煤层气富集规律及开发潜力评价.北京:中国地质大学(北京)博士研究生学位论文.

郑贵强,连会青,凌标灿,唐书恒,韩永,杨德方.2013.淮南煤田顾桥煤矿深煤层地应力测试.辽宁工程技术大学学报(自然科学版),32(10):1324~1328.

郑重.2004.韩城矿区煤的煤岩特征及煤层气生储因素分析.煤田地质与勘探,32(5):23~25.

中国地震局.2000.原地应力测量-水压致裂法和套芯解除法技术规范(DB/T 14-2000).北京:地震出版社.

中华人民共和国国家质量监督检验检疫总局,中国国家标准化管理委员会.2009.煤层气井注入/压降试井方法(GB/T 24504-2009).北京:中国标准出版社.

钟玲文,员争荣,李贵红,晋香兰.2004.我国主要含煤区煤体结构特征及与渗透性关系的研究.煤田地质与勘探,32(S1):77~81.

朱庆忠,鲁秀芹,杨延辉等.2019.郑庄区块高阶煤层气低效产能区耦合盘活技术.煤炭学报,44(8):2547~2555.

朱志敏，沈冰，路爱平，闫剑飞. 2007. 阜新盆地白垩系阜新组煤层气系统. 石油勘探与开发，34(2)：181～186.

Alexeev A D, Vasylenko T A. 2004. Ul' yanova, E. V. Phase states of methane in fossil coals. Solid State Communi-cation, 130: 669～673.

Al-Jubori A, Johnston S, Boyer C, *et al.* 2009. Coalbed methane: clean energy for the world. Oilfield Review, 21(2): 4～13.

Ammosov I I, Eremin I V. 1963. Fracturing in Coal. Moscow: IIZ-DAT Publishers, Office of Technical Services: 109.

Anderson E M. 1951. The Dynamics of Faulting and Dyke Formation with Application to Britain. Oliver &Boyd: Edinburgh.

Beamish B B, Crosdale P J. 1995. The influence of maceral content on the sorption of gases by coal and the association with the association with outburst Eng

Bell J S. 2006. *In-situ* stress and coalbed methane potential in western Canada. Bulletin of Canadian Petroleum Geology, 54(4): 197～220.

Bottomley W, Furniss J P, Raza S S, Ge L, Rudolph V. 2017. Characterizing the dependence of coal permeability to methane adsorption, pore pressure and stress; laboratory testing of Walloon coals from the Surat Basin. SPE186875, this paper was prepared for presentation at the SPE/ATMI Asia Pacific Oil & Gas conference and exhibition held in Jakarta, Indonesia.

Brown E T, Hoek E. 1978. Trends in relationships between measured *in-situ* stresses and depth. International Journal of Rock Mechanics & Mining Sciences & Geomechanics Abstracts, 15(4): 211～215.

Bustin R M, Clarkson C R. 1998. Geological controls on coalbed methane reservoir capacity and gas content. International Journal of Coal Geology, 38: 3～26.

Chatterjee R, Gupta S K, Pal P K, Srivastav V K. 2009. Relationship of coal bed permeability with vertical stress from well log data: a case study from Raniganj coalfield, India. SEG Technical Program Expanded Abstracts. http://9. rm. cglhub. com/detail_38502727.

Chen S D, Tang D Z, Tao S, Xu H, Li S, Zhao J L, Ren P F, Fu H J. 2017. *In-situ* stress measurements and stress distribution characteristics of coal reservoirs in major coalfields in China; implication for coalbed methane (CBM) development. International Journal of Coal Geology, 182: 66～84.

Close J C. 1993. Natural fracture in coal. In: Law B E, Rice D D (eds). Hydrocarbons from Coal. AAPG: 119～132.

Colmenares L B, Zoback M D. 2007. Hydraulic fracturing and wellbore completion of coalbed methane wells in the Powder River Basin, Wyoming: implications for water and gas production. AAPG Bulletin, 91(1): 51～67.

Crosdale P J, Beamish B B. 1995. Methane diffusivity at South Bulli (NSW) and Central (QLD) collieries in relation to coal maceral composition. International Symposium cum Workshop on Management and Control of High Gas Emissions and Outbursts in Underground Coal Mines. National Organizing Committee of the Symposium, Wollongong, 363～367.

Crosdale P J, Beamish B B, Valix M. 1998. Coalbed methane sorption related to coal composition. Int J Coal Geol, 35: 147～158.

Dou F K, Kang Y S, Qin S F, Mao D L, Han J. 2013. The coalbed methane production potential method for optimization of wells location selection. Journal of Coal Science & Engineering, 19(2): 210～218.

Dutta P, Bhowmik S, Das S. 2011. Methane and carbon dioxide sorption on a set of coals from India. International Journal of Coal Geology, 85(3): 289～299.

Enever J R, Hennig A. 1997. The relationship between permeability and effective stress for Australian coals and its implication with respect to coalbed methane exploration and reservoir modeling. International Coalbed Methane Symposium Proceedings, the University of Alabama, Tuscaloosa. http://hdl. handle. net/102. 100. 100/222239? index=1.

Enever J R, Pattison C I, McWatters R H, Clark I H. 1994. The relationship between *in-situ* stress and reservoir permeability as a component in developing an exploration strategy for coalbed methane in Australia. SPE28048, SPE/ISRM Rock Mechanics in Petroleum Engineering Conference held in Delft, The Netherlands. https://www. onepetro. org/general/SPE-28048-MS

Flottman T, Brooke-Barnett S, Trubshaw R, Naidu S, Kirk-Burnnand E, Paul P, Busetti S, Hennings P. 2013. Influence of *in-situ* stress on fracture stimulation in the Surat Basin, southeast Queensland. SPE Unconventional Resource Conference and Exhibition-Asia Pacific, SPE, 167064.

Gamson P D, Beamish BB, Johnson D P. 1993. Coal microstructure and their effects on natural gas recovery. Fuel, 72:87～99.

Gao L, Mastalerz M, Schimmelmann A. 2014. The origin ofcoalbed methane. In: Thakur P, Schatzel S, Aminian K. (eds). Coal Bed Methane: from Prospect to Pipeline. Holland: Elsevier: 7～29.

Gurdal G, Yalcin M N. 2001. Pore volume and surface area of the Carboniferous coals from the Zonguldak Basin (NW Turkey) and their variations with rank and maceral composition. International Journal of Coal Geology, 48:133～144.

Haimson B C, Cornet F H. 2003. ISRM suggested methods for rock stress estimation-part 3: hydraulic fracturing (HF) and/or hydraulic testing of pre-existing fractures (HTPF). International Journal of Rock Mechanics & Mining Sciences. 40:1011～1020.

Haimson B C, Fairhurst C. 1969. *In-situ* stress determination at great depth by means of hydraulic fracturing. SPE the 11th US Symposium on Rock Mechanics (USRMS), 16－19 June, Berkeley, California. https://www. onepetro. org/conference-paper/ ARMA-69-0559.

Han J, Zhang H W, Li S, Song W H. 2012. The characteristic of *in-situ* stress in outburst area of China. Safety Science, 50(4):878～884.

KangY S, Jiang S Y, Deng Z, Ma Y Z, Wang J, Gu J Y, Sun H S. 2020. Non-monotonic decrease of coal permeability with depth in highly compressional tectonic settings: a case study in the Bide-Santang Basin, SW China, JMPG, 104321.

Kang Y S, Ye J P, Yuan C L, Ma Y Z, Li Y P, Han J, Zhang S R, Zhao Q, Chen J, Zhang B, Mao D L. 2016. Coalbed methane evaluation and development: an example from Qinshui Basin in China. In: Ma Y Z, Holditch S A(eds). Unconventional Oil and Gas Resources Handbook: Evaluation and Development. Holland: Elsevier: 475～494.

Law B E. 1993. The Relationship between coal rank and cleat spacing: implications for the prediction of permeability in coal. Proc, 1993 International Coalbed Methane Symposium, Birmingham, Alabama(May 1993):435～441.

Laxminarayana C, Crosdale P J. 1999. Role of coal type and rank on methane sorption characteristics of Bowen Basin Australia coals. International Journal of Coal Geology, 40:309～325.

Levine J R. 1991. The impact of oil formed during coalification on generation and storage of natural gas in coal bed reservoir system. 3rd Coalbed Methane Symposium Proceedings, Tuscaloosa, 307～315.

Levy J H, Day S J, Killingley J S. 1997. Methane capacities of Bowen Basin coals related to coal properties. Fuel, 76(9):813～819.

Li H, Ogawa Y. 2001. Pore structure of sheared coals and related coalbed methane. Environmental Geology, 40(11):1455～1461.

Li Y, Tang D Z, Xu H, Yu T H. 2014. *In-situ* stress distribution and its implication on coalbed methane development in Liulin area, eastern Ordos Basin, China. Journal of Petroleum Science and Engineering, 122: 488 ~ 496.

Liu H H, Sang S X, Xue J H, Wang G X, Xu H J, Ren B, Liu C J, Liu S Q. 2016. Characteristics of an *in-situ* stress field and its control on coal fractures and coal permeability in the Gucheng block, southern Qinshui Basin, China. Journal of Natural Gas Science and Engineering, 36: 1130 ~ 1139.

McKee C R, Bumb A C, Koenig A. 1988. Stress-dependent permeability and porosity of coal and other geologic formations. SPE Formation Evaluation, 3(1): 81 ~ 91.

McLennan J D, Schafer P S, Pratt T J. 1995. A guide to determining coalbed gas content. GRI Reference No. GRI-94/0396, Chicago, Illinois, USA.

Meng Z P, Li G Q. 2013. Experimental research on the permeability of high-rank coal under a varying stress and its influencing factors. Engineering Geology, 162: 108 ~ 117.

Meng Z P, Zhang J C, Wang R. 2011. *In-situ* stress, pore pressure and stress-dependent permeability in the southern Qinshui basin. International Journal of Rock Mechanics & Mining Sciences. 48: 122 ~ 131.

Moffat D H, Weale K E. 1955. Sorption by coal of methane at high pressures. Fuel, 34: 449 ~ 462.

Moore T A. 2012. Coalbed methane: a review. International Journal of Coal Geology, 101: 36 ~ 81.

Mukherjee S, Copley J, Esterle J. 2017. *In-situ* stress and fracture controls on permeability distribution within Walloon Subgroup, Surat Basin. SPE186413, SPE/ATMI Asia Pacific Oil & Gas conference and exhibition held in Jakarta, Indonesia. doi: 10.2118/186413-MS.

Pal P K, Paul S, Chatterjee R. 2015. Estimation of *In-situ* Stress and Coal Bed Methane Potential of Coal Seams from Analysis of Well Logs, Ground Mapping and Laboratory Data in Central Part of Jharia Coalfield-An Overview. Switzerland: Springer International Publishing. doi: 10.1007/978-3-319-03119-4_6.

Palmer I. 2010. Coalbed methane completions: A world view. International Journal of Coal Geology, 82: 184 ~ 195.

Pashin J C. 1998. Stratigraphy and structure of coalbed methane reservoirs in the United States: an overview. International Journal of Coal Geology, 35(1): 209 ~ 240.

Pomeroy C D, Robinson D J. 1966. The effect of applied stress on the permeability of a middle rank coal to water. International Journal of Rock Mechanism and Mining Science. 4: 329 ~ 343.

Radovic L, Menon V, Leon Y, Leon C, *et al*. 1997. On the porous structure of coals: evidence for an interconnected but constricted micropore system and implications for coalbed methane recovery. Adsorption, 3: 221 ~ 232.

Rogers R E. 2007. Coalbed Methane: Principles and Practice. Starkville: Oktibbeha Publishing Co.

Seidle J P. 2011. Fundamentals of Coalbed Methane Reservoir Engineering. Tulsa: PennWell Corp.

Somerton W H, Söylemezoglu I M, Dudley R C. 1975. Effect of stress on permeability of coal. International Journal of Rock Mechanics and Mining Sciences & Geomechanics Abstracts, 12: 129 ~ 145.

Sparks D P, Mclendon T H, Saulsberry J L, Lambert S W. 1995. The effects of stress on coalbed reservoir performance, Black Warrior Basin, U. S. A. SPE30734, SPE Annual Technical Conference and Exhibition. doi: 10.2118/30734-MS

Van Krevelen D W. 1993. Coal, 3rd ed. Amsterdam: Elsevier.

Xu H J, Sang S X, Yang J F, Jin J, Hu Y B, Liu H H, Ren P, Gao W. 2016. *In-situ* stress measurements by hydraulic fracturing and its implication on coalbed methane development in western Guizhou, SW China. Journal of Unconventional Oil and Gas Resources, 15: 1 ~ 10.

Yee D, Seidle J P, Hanson W B. 1993. Gas sorption on coal and measurement of gas content. In: Law B E, Rice D D(eds). Hydrocarbons from Coal. Tulsa: Am Assoc Pet Geol: 159 ~ 184.

第四章　煤层气勘探开发评价方法和阶段划分

第一节　煤层气开发潜力定量评价

煤层厚度、孔隙度、渗透率、等温吸附曲线、含气量和初始含水饱和度等参数对煤层气井的产量有重要影响，特别是厚度、含气量和等温吸附曲线的影响最为明显。将实测含气量、实测地层压力和等温吸附曲线三者有机地结合起来，深入挖掘等温吸附曲线蕴含的丰富的煤储层信息，提取更加直观的定量指标可以定量化评价煤层气的开发潜力。

一、不同盆地、地区等温吸附曲线特征

图 4.1 为沁水盆地寿阳区块和柿庄区块高煤阶煤的等温吸附曲线。寿阳区块 3#煤层等温吸附曲线的 V_L 略小于柿庄区块 3#煤层的 V_L，P_L 基本相同，15#煤层等温吸附曲线与柿庄区块 15#煤层等温吸附曲线基本相同。从总体规律看，煤岩吸附能力（V_L）随 R_o 增大而增大，同一区块不同煤层的等温吸附可以有差异（如寿阳区块的 3#和 15#煤层），也可以相似（如柿庄区块的 3#和 15#煤层）。

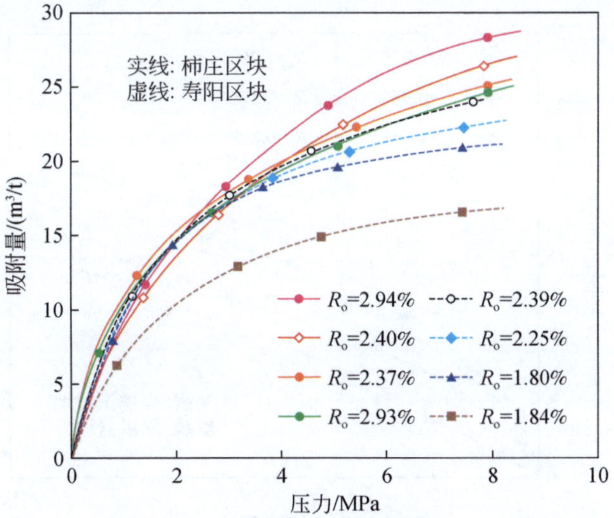

a. 3#煤层等温吸附曲线

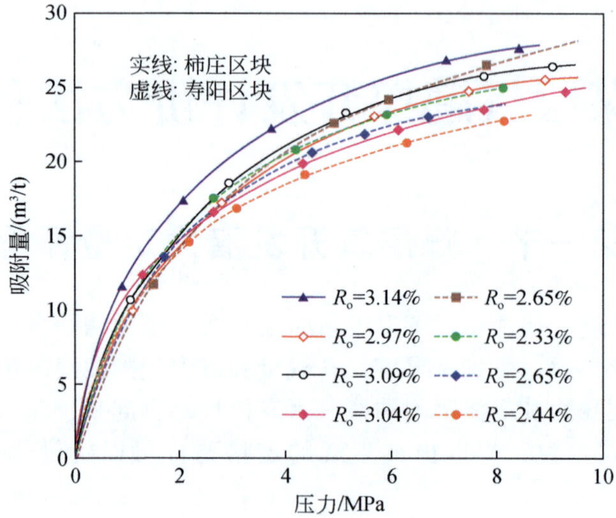

b. 15#煤层等温吸附曲线

图 4.1　沁水盆地寿阳区块和柿庄区块高煤阶煤等温吸附曲线对比

图 4.2 为美国黑勇士盆地石炭系宾夕法尼亚群煤层与中国恩洪盆地二叠系煤层等温吸附曲线对比图，实线为美国黑勇士盆地石炭系宾夕法尼亚群煤岩等温吸附曲线，挥发分含量（V_{daf}）对应 R_o，按图 4.2 中挥发分含量换算，黑勇士盆地样品的 R_o 落在 0.7% ~ 1.2%，属中低煤阶煤（Pashin，2010）；虚线为中国云南恩洪盆地二叠系宣威组 9#、16#煤层样品 R_o 为 1.39% ~ 1.43%，属中煤阶煤。对比分析表明，虽然上述两个地区位于地理位置不同、沉积年代不同的含煤盆地中，等温吸附曲线具有较强的可比性。

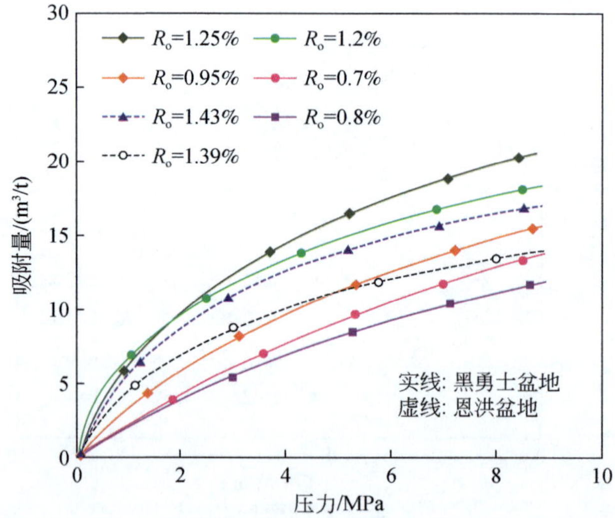

图 4.2　不同盆地中低-中高煤阶煤岩等温吸附曲线对比

图 4.3 为新疆白杨河地区、吐哈盆地（简阔等，2014）和美国粉河盆地（Mavor

et al., 1990；US Department of Energy, 2003）等温吸附曲线对比图，新疆白杨河地区样品取自侏罗系八道湾组煤层，R_o落在0.49%～0.94%，属低-中低煤阶煤；吐哈盆地样品取自侏罗系山西窑组和八道湾组煤层，R_o落在0.5%～0.55%，属低煤阶煤；美国粉河盆地样品取自古近系、新近系 Fort Union 组，属低煤阶煤，粉河盆地等温吸附曲线引自文献（US Department of Energy, 2003）。对比表明这些盆地、地区的等温吸附曲线形态差别很大，特别是 Langmuir 体积 V_L。白杨河地区煤层等温吸附曲线的 V_L平均为27.5m^3/t，吐哈盆地的 V_L平均为10.6m^3/t，粉河盆地则为4.9m^3/t。

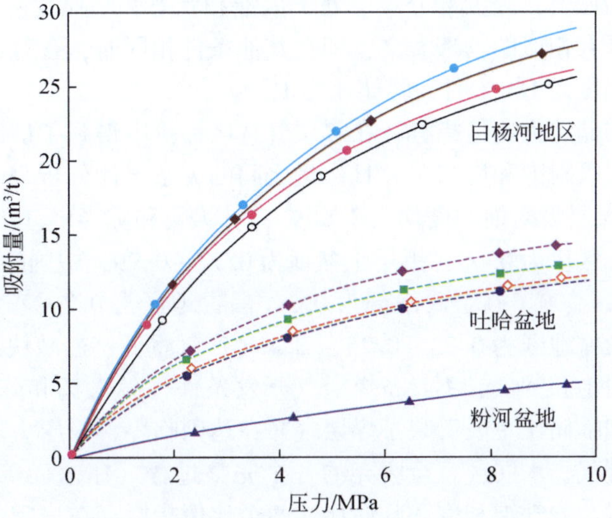

图4.3 不同盆地、地区低-中低煤阶煤岩等温吸附曲线对比

煤岩的等温吸附曲线主要受煤阶的影响，煤阶相同的盆地、区块，等温吸附曲线可能非常相近，但也可能相差较大，这种差异主要受到除煤阶外的其他因素如物质组成和工业组分、气体成分、温度和实验室测定时粒径大小等因素（James *et al.*, 1974；张群和杨锡禄，1999；唐书恒等，2004；张天军等，2009）的影响。就煤层气勘探开发而言，一个区块内的煤阶一般可归为低煤阶、中低煤阶、中高煤阶或高煤阶，单一煤层气区块的煤阶一般处于上述4个阶区之一，且在同一区块，同一煤层具有特定的沉积环境和特定的煤质，因此对于某个单一区块的单一煤层，根据煤岩样品的等温吸附曲线可概化出一条代表性的等温吸附曲线，甚至同一区块内的不同煤层在沉积环境和后期构造演化历史相近的情况下（如柿庄区块的3#和15#煤层），根据煤岩样品的等温吸附曲线可概化出一条整个区块的代表性等温吸附曲线。

代表性等温吸附曲线可应用到未取样井层的开发潜力评价中或区块的开发潜力评价中，如在美国粉河盆地古近系、新近系 Fort Union 组煤层气开发潜力评价中，国外学者采用了该盆地低煤阶煤代表性等温吸附曲线（US Department of Energy, 2003）（图4.3中粉河盆地等温吸附曲线），代表性等温吸附曲线也可应用到煤阶和煤质相近的新区评价中。

二、含气饱和度和临储比指标的意义和局限性

1. 含气饱和度和临储比的意义

含气饱和度是指煤层的实测含气量与理论含气量之比（理论含气量为等温吸附曲线上煤层储层压力对应的含气量）。除个别盆地如粉河盆地外，世界上大部分煤储层处于欠饱和状态（US Department of Energy，2003），即含气饱和度小于100%；临储比是指临界解吸压力与储层压力的比值，因大部分煤层处于欠饱和状态，临储比一般小于1。显然，含气饱和度和临储比具有相似的物理意义，即在其他条件相同时，含气饱和度越大，临储比也越大，当含气饱和度为100%时，临储比为1。

含气饱和度和临储比为比值指标，在煤层气选区评价中得到了广泛应用，具有定性分析的特点。中国煤层吸附饱和度与单井日产量之间的关系统计分析表明，单井日产气超过1000m^3 的煤层气井煤层吸附饱和度均大于60%（林大杨和陈春琳，2004）。高临储比区如美国圣胡安盆地高产区块为0.93，黑勇士盆地为0.72～0.99；中国沁水煤层气田为0.6～0.83，大宁－吉县地区为0.6，宁武南部为0.5，昌吉地区为0.7，霍林河盆地为0.9。中临储比区如吴堡、大城地区为0.23～0.25，开采中产气量低、递减快，而低临储比区一般反映含气量低、吸附饱和度低，不具备煤层气开发条件（林大杨和陈春琳，2004）。根据定义，含气饱和度和临储比主要反映了煤层气井在达到临界解吸压力前的信息，而煤层气开发是从初始排水到气、水同产直至废弃的一个完整过程（康永尚等，2013），因此，在产气潜力定量评价时，含气饱和度和临储比这两个比值指标存在一定的局限性，下面的分析实例说明了这一观点。

2. 含气饱和度和临储比的局限性

图4.4a中，曲线A为柿庄区块3#煤层的等温吸附曲线，曲线B为中国东北地区某煤层的等温吸附曲线（李安启等，2007），图中括弧内的数字分别代表压力和其对应的吸附量。曲线A中，实测煤层含气量为19.9m^3/t，吸附曲线对应的理论含气量为25m^3/t，含气饱和度为79.6%；曲线B中，实测含气量为8.8m^3/t，理论含气量为10m^3/t，含气饱和度为88%。若依据含气饱和度判断，曲线A的含气饱和度小于曲线B，故可得出曲线B代表的煤层具有更有利开发条件的结论。但是曲线A在达到废弃压力0.25MPa前产出的气体比曲线B大，故用含气饱和度可能得出错误的结论。

若根据解吸量绝对值分析图4.4a中的曲线A和B，存在废弃压力取值问题，而废弃压力主要与气井极限经济产量有关，不同煤储层特点、不同地区、不同煤层气价格及不同的补贴政策下，废弃压力是不同的。国外早期煤层气开发数值模拟中多用0.67MPa作为废弃压力（Paul，1996），随美国粉河盆地浅部低煤阶煤层气的开发，废弃压力应低于0.67MPa，因在200m以浅，储层平均压力也只有1MPa左右（冯铭等，2015）。目前在废弃压力取值方面还存在较大的不确定性。在假定废弃压力取0.25MPa时，图4.4a中曲线A与曲线B相比，在达到废弃压力之前有更多的气体可以产出。为考虑废弃压力取值的不确定性，笔者编绘了图4.4a中曲线A、曲线B在不同废弃压力下的有效解吸量对比图

4.4b，在0.2～1MPa废弃压力范围内，曲线A的有效解吸量皆大于曲线B的有效解吸量，充分表明，图4.4a中曲线A的开发潜力大于曲线B的开发潜力，这与前述依据含气饱和度得出的结论相反，表明用含气饱和度对开发潜力做定量评价时，出现了偏差。

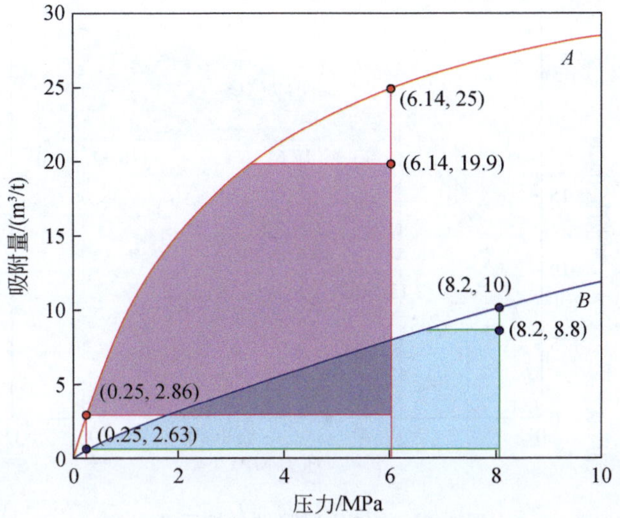

a. 含气饱和度局限性示意图

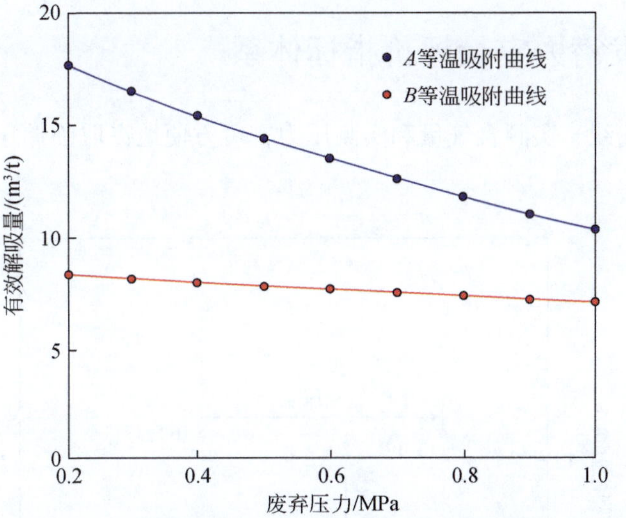

b. a中A、B等温吸附曲线在不同废弃压力下的有效解吸量对比图

图4.4 含气饱和度局限性分析示意图

图4.5中，曲线C和D分别代表柿庄区块3#煤层两口井的等温吸附曲线，图中括弧内的数字分别代表压力和其对应的吸附量。曲线C中，煤层的原始地层压力为2.12MPa，临界解吸压力为0.52MPa，临储比为0.245；曲线D中，煤层的原始地层压力为10.34MPa，临界解吸压力为3.35MPa，临储比为0.324。曲线D临储比高于曲线C临储比，若依据临储比指标定性判断，曲线D代表的井见气时间应更短；然而，从图4.5中可

以直观地看出，曲线 D 代表的井从原始地层压力到临界解吸压力有更长的距离，故见气时间应该更长，这与依据临储比得出的结论相反。

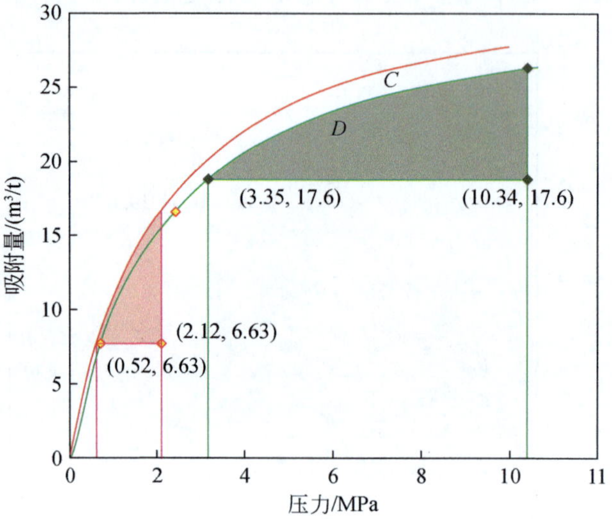

图 4.5　临储比局限性分析示意图

三、煤层气开发潜力定量评价指标体系

依据等温吸附曲线、实测含气量和实测压力，可方便地提取临储压差和临废压差两个指标（图 4.6）。

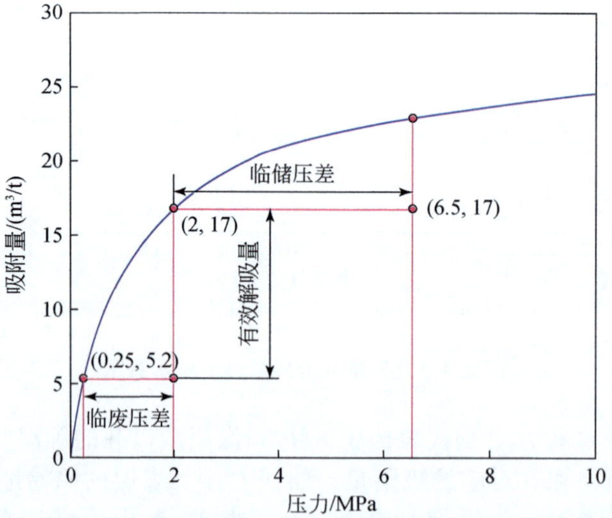

图 4.6　柿庄区块某井临储压差、临废压差和有效解吸量指标提取示意图

（1）临储压差为临界解吸压力与储层（地层）压力的差值（图4.6中括弧内的数字分别代表压力和其对应的吸附量），即柿庄区块某井地层压力为6.5MPa，临界解吸压力为2MPa，临储压差为4.5MPa。

（2）临废压差为临界解吸压力与废弃压力的差值，在图4.6中若废弃压力取0.25MPa，则临废压差为1.75MPa。

（3）有效解吸量为临界解吸压力对应的含气量与废弃压力对应的含气量的差值（图4.6）。有效解吸量反映了煤层从开始产气到废弃这一阶段吸附气释放量的大小，吸附气释放量越大，则煤层气井累计产出量越大。图4.6中柿庄区块某井含气量为17m^3/t，若废弃压力取0.25MPa，对应的废弃含气量为5.2m^3/t，则有效解吸量为11.8m^3/t。

临储压差与含气饱和度和临储比有类似的物理含义，但与含气饱和度和临储比两个比值指标不同点在于其是一个绝对指标，可非常明确地指明煤层气井见气前需要排水降压的幅度，对制定合理的排采制度和煤层气排采管理具有直接的支撑作用。临废压差绝对指标反映了从临界解吸压力到煤层气井废弃时，压力释放的空间，临废压差越大，则见气后，压力释放的空间越大，开发潜力越大，最终的累计产气量越高；反之亦然。将临储压差和废弃压差结合起来，即可定量分析煤层气开发过程中需要单相排水的降压幅度和见气后压力释放的空间，而这两个方面分别体现了单相排水阶段和两相生产阶段压力释放幅度的信息，便于从整个生命周期的角度分析煤层气开发的难度和开发的潜力。

值得注意的是，有效解吸量指标不同于室内解吸测试或现场解吸罐测试得到的解吸量数据。室内解吸测试或现场解吸罐测试是在有关规范规定的条件下，测定得到的解吸量数据，主要用于计算实测含气量（散失气量、解吸气量和残余气量之和为实测含气量）。而有效解吸量指标特指煤层气井从见气后到废弃前能够从单井波及范围内单位重量煤岩中采出的气量，具有一定的工程意义，该指标综合考虑了煤储层特点和与开发工程条件有关的市场价格等因素，有效解吸量与实测含气量的比值则是煤层气的理论采收率。利用有效解吸量指标，可以快速估算出单井的最终累计产气量，如图4.6所示的柿庄区块的某井，假定煤层厚度为5m，煤岩密度取1.5t/m^3，单井控制面积为0.09km^2（井距300m×300m），则该井最终累计产气量估算为610×10^4 m^3。

四、煤层气区块开发潜力定量评价实例

1. 煤层气区块开发潜力定量评价实例

对于煤层气区块开发潜力评价，一般在参数井井点，有实测含气量、实测压力和等温吸附曲线资料，而在大部分井没有这些资料。在煤层气区块开发潜力评价时，可依据参数井井点处的等温吸附曲线，概化出一条代表性的等温吸附曲线，利用该区块的平均含气量和平均地层压力，给定废弃压力，即可在等温吸附曲线上读出临界解吸压力和废弃含气量，进而计算临储压差、临废压差和有效解吸量，定量地描述该区块煤层气开发的潜力，预测煤层气采收率。以沁水盆地寿阳区块为例，通过对寿阳区块15#煤层的相关的数据进行统计和整理（表4.1），并从煤样等温吸附曲线中概化出一条该区块15#煤层煤岩的代表性等温吸附曲线（图4.7）。

表 4.1　寿阳区块 15#煤层解吸测试数据表

含气量/(m^3/t)		储层压力/MPa		临界解吸压力/MPa		Langmuir 体积/(m^3/t)		Langmuir 压力/MPa	
范围	平均值	范围	平均值	范围	平均值	范围	平均值	范围	平均值
6.68 ~ 17.13	11.29	2.80 ~ 7.02	4.87	0.38 ~ 2.14	1.26	25.05 ~ 36.50	30.47	1.77 ~ 3.09	2.14

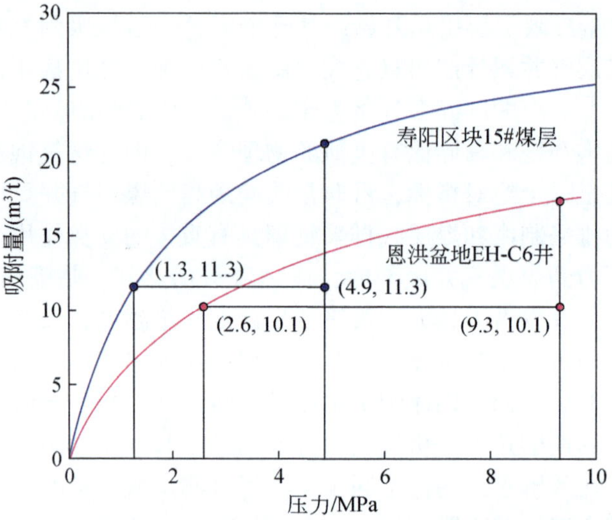

图 4.7　寿阳区块 15#煤层和恩洪盆地 EH-C6 井等温吸附曲线

将平均含气量和平均储层压力投到图 4.7 中，通过投影得到寿阳区块 15#煤层的平均临界解吸压力为 1.3MPa，平均临储压差为 3.6MPa；取不同的废弃压力，即可计算出寿阳区块 15#煤层的临废压差和有效解吸量（表 4.2）：废弃压力从 0.2MPa 增加到 1.0MPa 时，寿阳区块 15#煤层的临废压差从 1.1MPa 降低到 0.3MPa，有效解吸量从 8.40m^3/t 降低到 1.24m^3/t，若能将废弃压力控制在小于 0.5MPa，从每吨煤岩中可采出的煤层气量大于 5m^3，仍具备一定的开发潜力，但因该区块高煤阶煤岩吸附时间长（吸附时间中值为 14.02d），故需在见气后通过较长时间的缓慢排采，实现产气潜力的释放。

表 4.2　寿阳区块 15#煤层和恩洪盆地 EH-C6 井临储压差及不同废弃压力下的临废压差和有效解吸量计算表

废弃压力/MPa	寿阳区块 15#煤层			恩洪盆地 EH-C6#		
	临储压差/MPa	临废压差/MPa	有效解吸量/(m^3/t)	临储压差/MPa	临废压差/MPa	有效解吸量/(m^3/t)
0.2	3.6	1.1	8.40	6.7	2.4	8.65
0.3		1.0	7.09		2.3	7.89
0.4		0.9	6.10		2.2	7.24
0.5		0.8	5.07		2.1	6.69
0.6		0.7	4.18		2.0	6.17
0.7		0.6	3.28		1.9	5.67

续表

废弃压力/MPa	寿阳区块15#煤层			恩洪盆地 EH-C6#		
	临储压差/MPa	临废压差/MPa	有效解吸量/(m^3/t)	临储压差/MPa	临废压差/MPa	有效解吸量/(m^3/t)
0.8	3.6	0.5	2.54	6.7	1.8	5.23
0.9		0.4	1.86		1.7	4.79
1.0		0.3	1.24		1.6	4.39

2. 单井开发潜力评价实例

在单井开发潜力评价中，如果待评价井有实测含气量、实测压力和等温吸附曲线资料，可直接利用这些资料，在用取值区间反映废弃压力取值不确定性的条件下，即可提取临废压差和有效解吸量指标。但常常遇到的情况是，待评价井没有等温吸附曲线资料和（或）实测含气量和（或）实测压力资料，此时，可利用待评价井所在煤层气区块的代表性等温吸附曲线或邻井的代表性等温吸附曲线。

图4.7中红色曲线是恩洪盆地EH-C6井开发潜力评价所用等温吸附曲线，图4.7中括弧中的数字分别代表压力和吸附量，因本井无等温吸附曲线，采用了从区块内邻井煤岩等温吸附曲线概化出的代表性等温吸附曲线，含气量取本井测井解释含气量平均值，储层压力取本井测试压力平均值，把含气量和储层压力投到图中，通过投影得到EH-C6井的临界解吸压力为2.6MPa，临储压差为6.7MPa；取不同的废弃压力，即可计算出EH-C6井的临废压差和有效解吸量（表4.2）：废弃压力从0.2MPa增加到1.0MPa时，EH-C6井的临废压差从2.4MPa降低到1.6MPa，有效解吸量从8.65m^3/t降低到4.39m^3/t，若能将废弃压力控制在小于0.8MPa，从每吨煤岩中可采出的煤层气量大于5m^3，具备一定的开发潜力。依据这些指标，预测该井虽然会经历一段时间排水过程（需要降压6.7MPa），但其临废压差和有效解吸量较大，故有较大的开发潜力。

第二节　煤层气资源可动用性定性–半定量评价

由煤层水文地质条件和煤层压裂改造条件共同决定的煤层气资源开发动用的难易程度，统称为煤层气资源可动用性，简称可动用性。可动用性评价是煤层气资源开发地质评价的重要方面。

一、煤层气资源可动用性影响因素

1. 煤系地层含水性对可动用性的影响

煤系地层是含有煤层或煤线的一套岩石组合，其中煤系砂岩（包含粉砂岩及其以上的粗粒碎屑岩）孔隙度大约在10%，含有可动水并具备一定的供水能力，为煤系地层的含水层；而煤系地层中的泥质粉砂岩、粉砂质泥岩和泥岩孔隙度低，不含或含有少量可动水，一般被视为隔水层。在煤系地层含有裂缝性或孔洞性灰岩时，若灰岩为致密性灰岩或被充填，也被视为隔水层（康永尚等，2016a）。因此，煤系地层有厚层和广泛分布的砂岩，就意味着煤系地层有较大的可动水储存量和较强的供水能力，即煤系地层含水性强，此时，井筒-压裂煤层系统的封闭性弱，培育高产井的可能性低，故可动性差；反之亦然。

以寿阳区块和柿庄区块为例，前人研究表明（邵龙义等，2006；Shao *et al.*，2015），沁水盆地北部寿阳区块在太原组沉积期发育下三角洲平原相，在山西组沉积期以下三角洲平原分流河道相为主，而南部柿庄区块在太原组沉积期发育潟湖相和滨外碳酸盐陆棚相，在山西组沉积期以分流间湾相为主。煤系地层沉积相决定了寿阳区块煤系地层中分支河道砂体发育（太原组和山西组的砂泥比分别为0.69和0.60），而柿庄区块煤系地层中砂体发育则相对较少（太原组和山西组的砂泥比分别约为0.35和0.45）。此外，寿阳和柿庄区块煤系连井剖面（图4.8、图4.9）中不同岩性的分布特征进一步表明，寿阳区块煤系地层中尤其是3#和9#煤层围岩中，砂岩含水层发育更为广泛，由此可见，寿阳区块煤系地层的含水性高于柿庄区块，合理解释了寿阳区块单井平均产水量高和高产水比例高的现实情况。

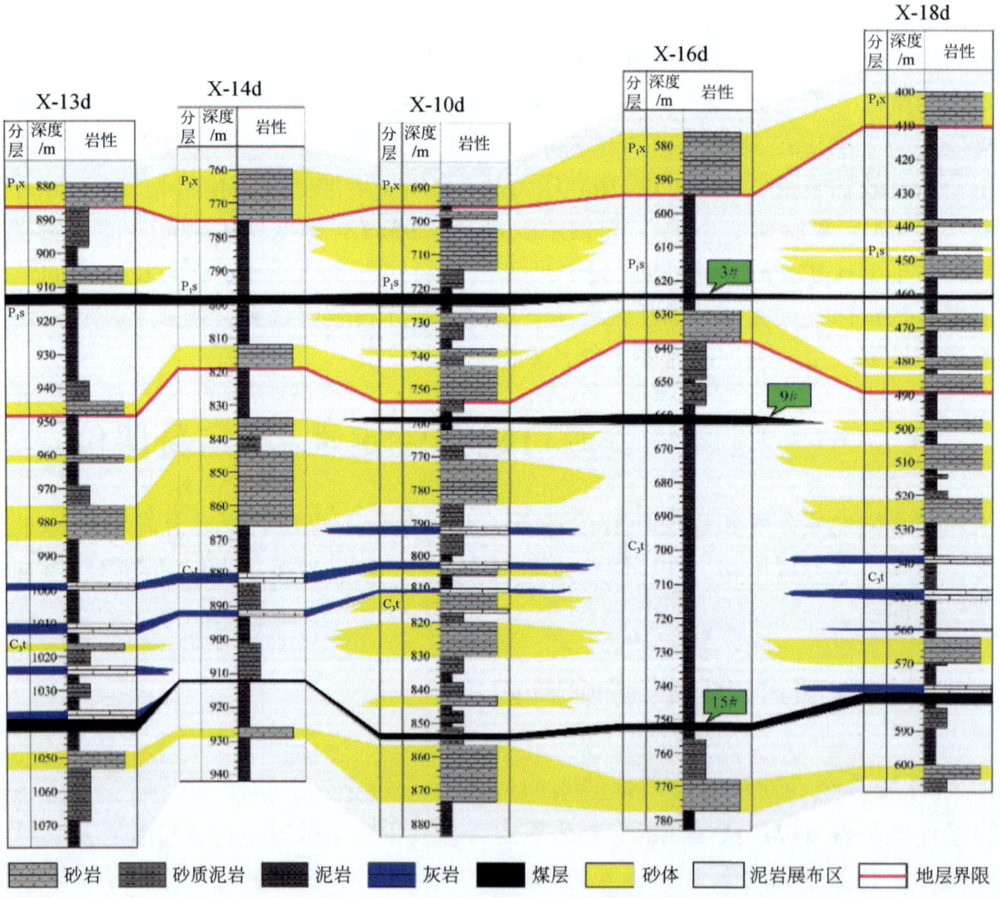

图4.8　寿阳区块煤系地层连井剖面

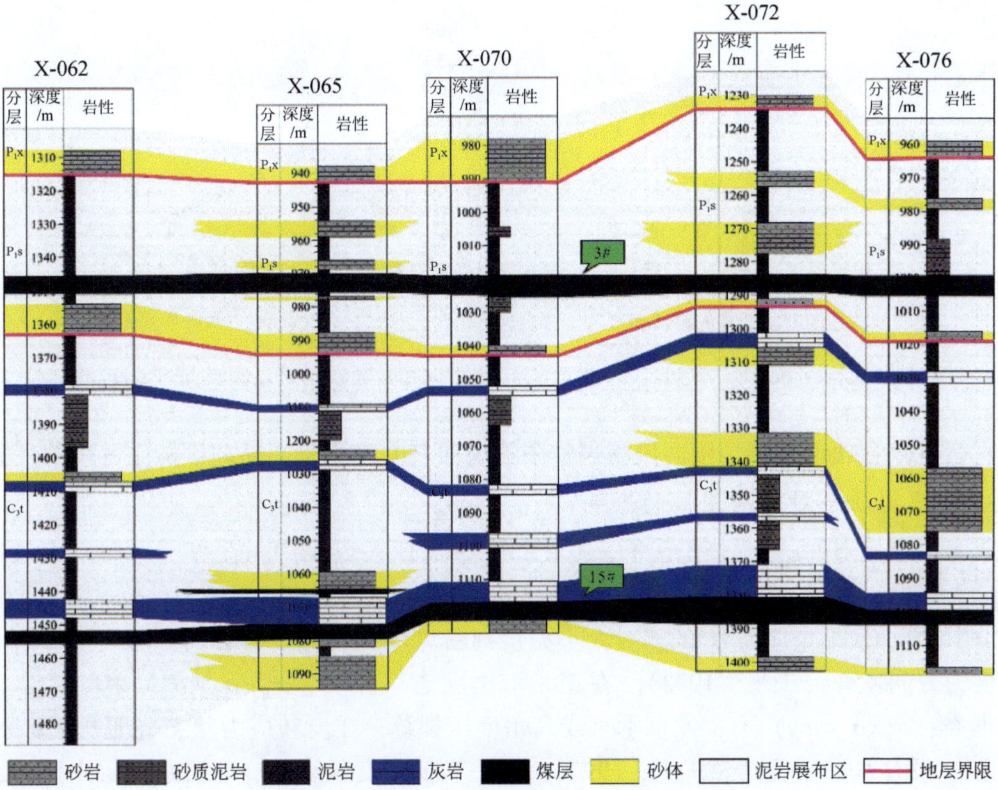

图 4.9　柿庄区块煤系地层连井岩性对比剖面图

2. 断裂对可动用性的影响

局部断裂构造尤其是张性断裂构造，构成了煤储层与煤系含水层的天然通道。在断裂构造附近，排采中的煤层气井，因井周煤储层压力下降，致使断裂连通的含水层与煤储层产生动态压差，煤系含水层（可能是多套含水层）中的自由水进入煤储层，导致煤层气井出现高产水，对排采极其不利。如寿阳区块和柿庄区块，从排采动态和区域构造平面展布来看，断裂附近的煤层气井多出现高产水、低产气或不产气的情况（王金等，2016；姜杉钰等，2016）。从寿阳和柿庄区块典型日产水量和煤层气井距断裂距离呈现的负向包络关系（图 4.10）进一步表明，煤层气井距离断裂越近，典型日产水量越高。而且从统计规律上来看，寿阳和柿庄区块的煤层气井在远离断裂约 300m 以上才可能不受断裂影响，具有较低的高产水风险。断裂附近井筒–压裂煤层系统的封闭性弱，煤层气的可动用性差，以致煤层气井高产水风险大，这是一个普遍规律，在沁水盆地其他煤层气区块、鄂尔多斯盆地及蜀南等地的煤层气区块也皆有类似现象（许浩等，2012；李清等，2013；刘世奇等，2013；王维旭等，2014；康永尚等，2016b）。

对于不同的煤层气区块，断裂存在沟通含水层的风险，这是一个普遍现象，但断裂构造对煤层气井排采效果的影响也存在一定的差异。煤系地层含水性越强，断裂构造沟通含水层的风险更大，尤其是在寿阳区块多层合采的情况下，断裂构造沟通含水层的风险增

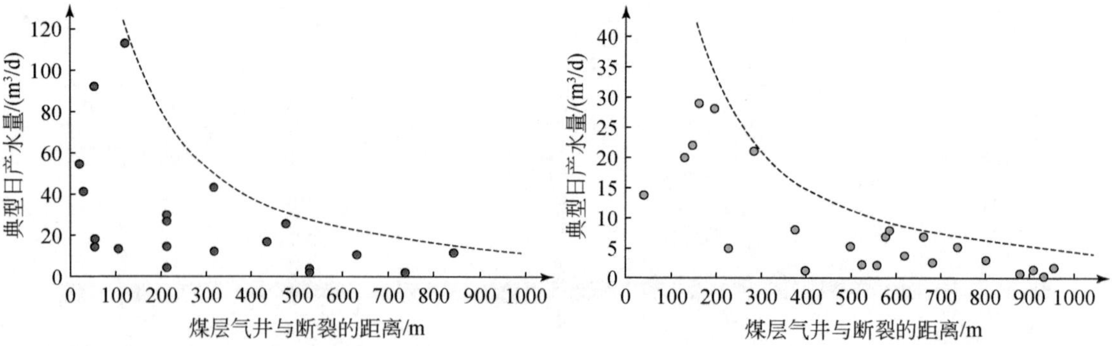

图 4.10　寿阳区块（左）和柿庄区块（右）煤层气井距断裂距离和典型日产水量的关系

大，这就可以合理地解释寿阳区块断裂带附近煤层气井产水量明显高于柿庄区块的现象。

3. 地应力状态对可动用性的影响

水力压裂改造的施工过程是将压裂液和支撑剂压入煤层中，在煤层中产生人工压裂缝，增大煤储层渗透率。人工压裂缝主要为张裂缝，可通过垂向主应力 σ_v、最大水平主应力 σ_H 和最小水平主应力 σ_h 的相对大小关系判断煤层压裂缝发育方向，压裂缝垂直于最小主应力方向发育（王平，1992）。在正常应力状态（Ⅰ类：$\sigma_h<\sigma_H<\sigma_v$）和走滑应力状态（Ⅱ类：$\sigma_h<\sigma_v<\sigma_H$）下，发育垂直或高角度压裂缝，在反转应力状态（Ⅲ类：$\sigma_v<\sigma_h<\sigma_H$）下，发育水平压裂缝（王平，1992）。水平和低角度压裂缝一般仅在煤层中延伸，沟通含水层的风险较小，而垂直或高角度压裂缝在延伸至煤层与顶底板的界面处则可能出现两种情况，一是在沿界面形成“T”型缝或“工”型缝，二是延伸至顶底板中。“T”型缝或“工”型缝属于特殊缝型，多在三向主应力差异不大时或异常高压带发生（Flottman *et al.*，2013），沟通含水层的风险较小；而延伸至顶底板中垂直或高角度压裂缝则较为普遍，很容易沟通围岩含水层造成煤层气井高产水。

同样以寿阳和柿庄区块为例，寿阳区块在煤层气井钻遇煤层的埋深范围内，地应力特征整体表现为垂向主应力最大（见第三章图 3.16），因此寿阳区块在进行水力压裂时始终发育垂直压裂缝。而柿庄区块三向主应力的相对大小发生了两次转换，当煤层埋深小于 500m 时，垂向主应力最小，发育水平压裂缝；当煤层埋深处于 500～950m 时，垂向主应力居中，压裂缝为垂直压裂缝；当煤层埋深大于 950m 时，垂向主应力最大，发育垂直压裂缝。寿阳区块在不同深度皆发育垂直压裂缝，较柿庄区块 500m 以浅发育水平压裂缝的情况，沟通邻近含水层的风险更高。此外，与柿庄区块相比，寿阳区块的构造应力强度低，在同等压裂规模条件下，寿阳区块煤储层更易压开与近邻含水层沟通。

4. 煤层与围岩岩性组合对可动用性的影响

前述研究表明，煤系地层含水性影响区块整体的可动用性，但因煤系地层的非均质性，从单井角度而言，则需要从煤层与围岩岩性组合角度开展深入分析。煤层与围岩岩性组合主要指煤层与直接顶底板和间接顶底板的岩性组合，当煤层顶底板有厚度较大的可视为隔水层的细粒岩性（泥岩、泥质粉砂岩、粉砂质泥岩或致密灰岩）组成而间接顶底板含水层（粉砂岩及其以上的粗粒碎屑岩）厚度较小时，压裂缝导致高产水的风险较低，煤层气资源可动用性较强；反之，煤层气资源的可动用性较弱。

关于顶底板隔水层安全厚度（即防止压裂缝沟通含水层的最小厚度）取决于压裂缝的高度及隔水层厚度的相对关系。关于压裂缝的高度监测，国内外研究较少，地震压裂监测只能获得检波器可探测的压裂波传播范围，而不能获得准确的压裂缝高度数据，美国圣胡安盆地煤层气井压裂过程中放射性同位素示踪测试结果表明，压裂缝在煤层顶底板中延伸的高度大约为6m（Palmer and Kutas，1991）。从理论上而言，压裂缝的高度取决于客观的地质条件和主观认为操作等多重因素，在实际上如何控制压裂缝高度在隔水层范围内，或者在保证压裂缝高度可控的情况下优选隔水层厚的区域，是未来值得深入研究的问题。

二、井筒-排采煤层系统分析观

井筒-排采煤层可视为一个系统，煤储层的排水降压和气体产出过程均在该系统中完成。按照系统与外界是否存在物质交换，井筒-排采煤层系统可分为封闭系统和开放系统。井筒-排采煤储层的系统封闭性越强，排采受到外界的干扰就越弱，产气效果往往越好，反之亦然。系统封闭性是一个相对概念，井筒-排采煤层系统总是与外界存在一定的联系和物质交换作用，即使是完整的顶底板隔水层，严格地说，也存在越流作用。因此，当一个井筒-排采煤层系统被归为封闭系统时，实际上指的是弱开放系统。

井筒-排采煤储层系统的封闭性主要受两方面地质因素的影响：一是煤储层与围岩之间的天然水力补给，这种作用是一种持续的微弱过程，对煤层气井短期的排采影响较小，可认为系统是封闭的。二是其他类型的通道使得系统与外界存在了水力联系，这种情况则认为是系统开放的。若系统为开放系统，则导致外源水进入系统，使煤层气井高产水，高产水对产气具有抑制作用。

井筒-排采煤层系统的开放类型分为两种，一种为断层开放型（图4.11a），断层开放型系统对煤层气排采的不利影响是一个普遍规律；另一类开放系统为垂直压裂缝压穿型（图4.11b），水力压裂时产生的垂直压裂缝切穿煤层顶底板沟通围岩含水层，同样会给排采带来不利的影响。当垂直压裂缝规模较小或顶底板隔水层厚度较大时，压裂缝未切穿顶底板隔水层沟通围岩含水层（图4.11c），或者在水平压裂缝发育的情况下（图4.11d），井筒-排采煤层系统为封闭系统。培育煤层气高产气高产井的一大关键点在于构建井筒-排采煤层封闭系统或弱开发系统，使排出水主要为来自煤层的有效排水，实现高效降压-解吸-产气的系统功能。

三、煤层气资源可动用性评价方法

对于某一煤层气区块，沉积环境决定煤系砂岩的厚度和分布，也决定煤系地层的含水性，而煤系地层的含水性对可动用性有重要影响，决定了区块煤层气井产水量大小的背景值，煤系地层砂泥比在一定程度上可作为可动用性的一个间接判断指标（康永尚等，2017a）。断裂是煤层与煤系含水层沟通的天然通道，在断裂带附近的煤层气井，一般产水

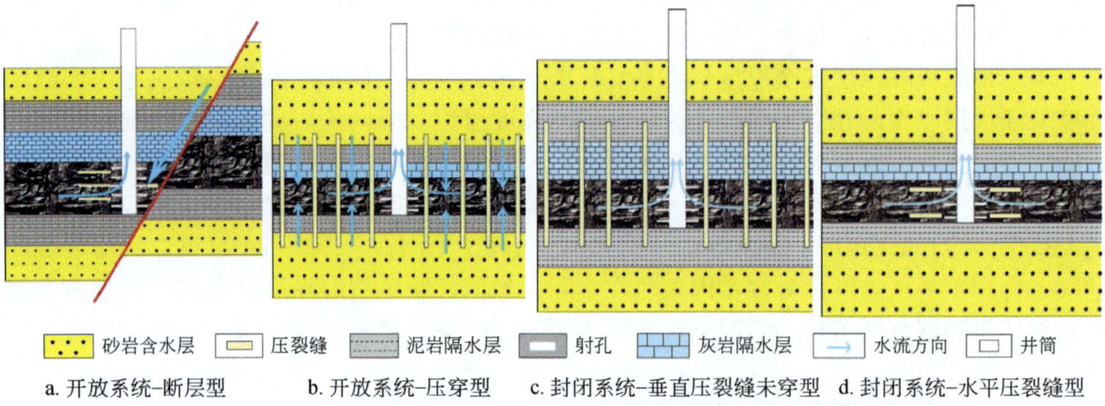

图 4.11　井筒–排采煤层系统类型模式图

量明显高出区块的产水量背景值，煤层气资源可动用性较差。地应力状态决定人工压裂缝的方位，也影响到煤层气资源的可动用性；煤层与围岩的岩性组合客观上决定井层煤层气的可动用性，但结合应力状态、水平应力强度和压裂规模的综合分析，才能做出更科学的判断（康永尚等，2017a）。

煤层气资源可动用性的评价方法体系（图 4.12）体现了煤层气勘探开发一体化层次分析的思想。具体思路为：可根据沉积环境（砂泥比是一个重要指标）对煤系地层的含水性做出总体判断，若煤系地层含水层发育（砂泥比高），则区块整体高产水风险大，煤层气资源可动用性弱，在勘探选区时，尤其要注意研究断裂的发育情况，选择断裂构造相对

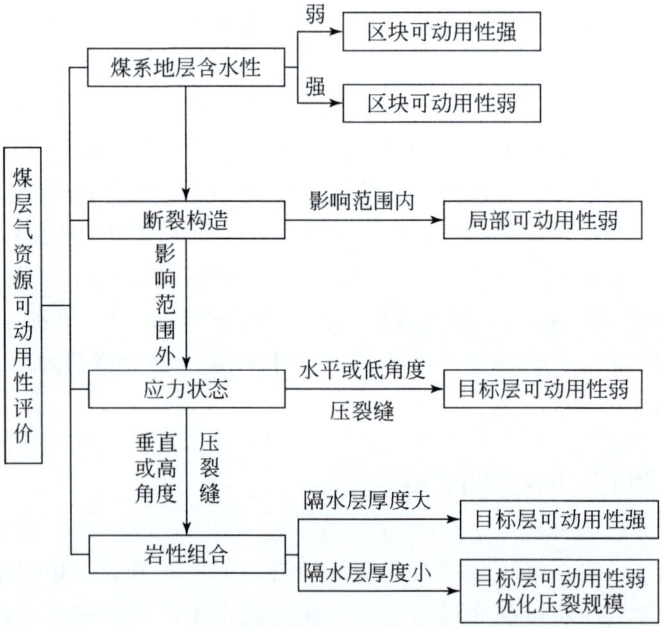

图 4.12　煤层气资源可动用性评价方法体系框图

简单的区域；在勘探评价阶段和开发阶段井位优选时，需注意远离断裂带（250～300m），以降低因断裂的天然水力连通作用导致高产水状况的出现；在勘探评价阶段和开发阶段压裂层位优选时，需考虑地应力类型和煤层与围岩的岩性组合，优化压裂规模，将压裂缝高度控制在煤层和隔水层内，或者放弃因直接顶底板隔水层厚度小、间接顶底板含水层厚度大而煤层气资源难以动用的煤层，实现同井其他可动用煤层有效排水和降压采气的目的。

在上述评价方法中，很多方面的指标目前难以量化，因而是定性或半定量的，其中两个方面的问题需要深入的研究：一是断裂影响范围的定量化问题，断裂对煤层气资源可动用性的影响范围与断裂的性质、规模、断距等多方面因素有关，如前人（王维旭等，2014；王睿等，2014）在蜀南地区和樊庄区块利用断裂距煤层气井距离与产气或产水的关系估计出断裂对煤层气井的影响范围大致为250m，而寿阳和柿庄区块断裂影响范围为300m，因此，在不同地区需结合动态和静态资料做出具体的分析。二是人工压裂缝切穿顶底板高度的定量化问题，如前文所述，不同地区因应力状态、水平应力强度和实际采用的压裂规模不同，人工压裂缝切穿顶底板的高度是存在差异的，因此，也需要根据不同地区/区块的具体情况作出判断，而无以采用一个统一的量化标准。

第三节　煤层气勘探开发项目管理和阶段划分

针对一个区块，煤层气勘探开发是一个系统工程，按照项目管理，能够有效地组织煤层气的勘探开发工作，科学地划分煤层气勘探开发阶段，能够把握好决策点，提高煤层气勘探开发项目的成功率，降低项目失误的概率。本章第一节讨论煤层气勘探开发项目管理和勘探开发阶段划分问题。

在一个区块煤层气区块内，尽管可能存在连续的煤层，但因煤储层的非均质性和所处构造部位的不同，导致排采效果在平面上可能存在很大差异，也就是说，一般不能把一个区块看作一个整装煤层气田开展整体系统性的勘探工作量投入，而是优选区块内的目标区集中开展工作，一个一个目标区地突破，实现滚动开发、模块化开发和工厂化开发。因此，煤层气勘探开发的关键，是寻找储层有利的目标区，并在目标区内实施产能评价（生产-排采试验），揭示目标区煤层气产能，评价投入开发的可能性。

一、煤层气勘探开发项目管理

煤层气勘探开发，一般以一个区块为工作单元，应作为一个独立的项目，以项目管理的理念（图4.13），组织煤层气勘探开发工程的实施，有利于资源、储量的估算和经济效益的评价（SPE/WPC/AAPG/SPEE，2007，Petroleum Resources Management System（PRMS）；SPE/AAPG/WPC/SPEE/SEG，2011，Guidelines for Application of the Petroleum Resources Management System）。

煤层气勘探开发项目管理具有如下内涵：

1）项目边界

把一个煤层气勘探开发区块当作一个项目，项目由有形边界和无形边界限定，有形边

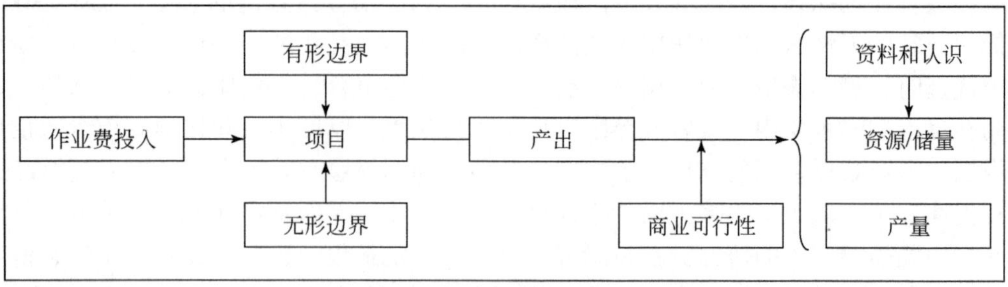

图 4.13　煤层气勘探开发项目管理概念模式图

界指的是区块的边界，只有在区块内实施的煤层气作业，才能归属于项目；无形边界指的是，只有与区块相关的投资、操作费及资源费和收税等费用，才能归属于项目，只有区块的资源/储量或产量，才能归属于项目。

在明确定义了项目后，项目决策的相关性原则即得到了体现，资源/储量评估也就有了载体，经济评价也就有了依据。

2）作业费投入

作业费投入指的是煤层气勘探开发作业过程中所需的所有费用投入，包括勘探作业费用、开发作业费用、生产作业费用和运输费用等。

3）商业可行性

商业可行性，指考虑了包括财务条件（成本、价格、财务条款和税收）和非财务条件（市场、法律、环境、社会和政府）的“商业条件”后，项目满足经济效益指标（如净现值、内部收益率等）（SPE/AAPG/WPC/SPEE/SEG，2011，Guidelines for Application of the Petroleum Resources Management System）。

4）项目产出

项目的产出，指的是项目的成果，项目的成果表现为阶段性特点，随着勘探开发工作的深化，积累的资料越来越多，认识程度越来越高，资源逐步升级为储量，储量的级别也不断升高，投产后即有产量。

就一个项目而言，要讨论的是干什么事，花多少钱，取得什么成效（煤层气可采量和产量），煤层气资源/储量评估基于项目，自然与项目规划和煤层气作业费用相关联，煤层气资源/储量评估结果是技术评价和经济评价的综合评价结果。

二、煤层气勘探开发阶段划分

项目管理是全过程管理，是由多个决策点有机连接起来的一个完整系统，划分勘探开发阶段，既有利于把握关键决策点，提高项目成功的概率，降低项目失误的概率，又有利于建立科学合理的资源/储量升级程序，国内外学者或行业管理机构在这方面开展了一定的探索和讨论（DZ/T 0216—2002；DZ/T 0216—2010；Saulsberry *et al.*，1996；Jenkins and Boyer，2008；Vassilellis，2009；Roadifer and Moore，2009）。

（一）国外煤层气勘探开发阶段划分方案

1. GRI（1996）建议方案

美国天然气研究协会（Gas Research Institute，GRI）在其 1996 年出版的 *A Guide to Coalbed Reservoir Engineering* 一书中（Saulsberry *et al.*，1996），建议采用以下方案：

1）产能评价阶段

包括地质评价和钻探两个亚阶段，地质评价亚阶段基于前期资料的分析，这些资料包括：①常规油气穿层钻井资料；②煤炭开采取心钻孔资料；③来自煤田的资料，包括煤层厚度、瓦斯气排放数据和含气量估算数据；④地震资料；⑤邻区煤层气项目资料；⑥露头资料；⑦区域航拍资料；⑧区域地质研究报告和出版物。

地质评价的目标是估算资源量，优选潜在开发区，可根据地质条件对潜在开发区分区并进行分区描述。

钻探的目的是在潜在开发区内确定储层质量、含气量及产出能力，分层生产测试采用裸眼或套管射孔完井，生产测试时间一般延续 6 周至 6 个月。

2）先导试验阶段

先导试验采用井组排采，试验井一般多层压裂投产，先导试验排采一般延续 6～12 个月时间，其目的是确认生产能力，优化开发策略，为开发方案设计提供依据。

3）开发阶段

优化煤层气产量，最大限度实现经济回报。

2. Roadifer 等划分方案

Roadifer 等将煤层气勘探开发划分为筛选（screening）、认识（reconnaissance）、先导试验（pilot test）、最终评价（final appraisal）和开发（development）5 个阶段（Roadifer and Moore，2009）。

1）筛选-有利区确定阶段

筛选阶段旨在对远景区（play）进行初步评价，确定有利区（lead）。此阶段的调查研究与常规油气并没有太大差异，总体思路是在有限的时间里以最少的花费搜集尽可能多的相关资料，筛选工作主要有为三大内容：

（1）筛选有利区：收集盆地或局部地区含煤地层的水动力资料、基础地质资料及前期勘探资料，针对煤层进行调研，研究目的层的地质情况、煤层地质图件，类比邻区或全区煤层气资料。在对远景区有了充分的资料掌握和地质认识的基础上，筛选有利区。有利区筛选不能仅仅依靠某个参数或者某一组参数，需要在当前经济环境下综合考虑地质、储层质量等因素，在有限的时间里利用有限的资料完成筛选工作最有效的方法就是剔除非有利区，筛选有利区，面积大的远景区可根据地质条件和煤储层条件分为若干有利区。

（2）了解经济条件及环境因素：对当前开发煤层气的经济条件进行初步了解，计算钻井成本、集输系统成本等费用，考查研究区附近的天然气运输管线的位置及与研究区的距离，考查当前煤层气市场状况及当地环境保护法规。

（3）制定下一步工作方针：根据前期调研考察结果，决定是否进入或延缓进入下一阶段的认识勘探工作或放弃进一步评价工作。若决定继续下一阶段的认识勘探的工作，则需要对获取哪些新资料做出规划和预期，数值模拟所需的参数项（表4.3）可作为该规划的参考。

表4.3 数值模拟所需参数（据 Roadifer and Moore，2009）

基础资料	煤岩资料		砂岩资料
深度	煤层厚度	煤密度	砂岩厚度
储层温度	煤层孔隙度	煤中各气体组分的等温线	砂岩孔隙度
原始地层压力	煤层渗透率	煤饱和压力（或原始气体含量）	砂岩渗透率
泄气面积	煤表皮因子	渗透性各向非均质性	砂岩表皮因子
井眼直径	煤含水饱和度	最大-最小主应力方向	砂岩非达西表皮因子
水泵排量	煤压缩系数		砂岩含水饱和度
井口压力下限	煤相对渗透率		砂岩压缩系数
井内水力学	煤中原始游离气组分		砂岩相对渗透率
	煤中吸附气组分		砂岩中的气体组分

2）认识勘探-目标区确定阶段

认识勘探阶段的工作重点从对远景区（play）的描述转移到对有利区（lead）的详细勘查，将有利区转化为现实的目标区（prospect），对每个有利区分别部署认识勘探方案，认识勘探阶段的主要任务是，通过尽可能全面地识别有利区内的储层特征，并对产能特征有一定认识，降低地质和商业风险，估算潜在可采气量的价值。

认识勘探阶段的最主要工作是，在有利区内钻参数井，井型为直井，目的是获取岩心，进行煤样分析，进行测井和地层测试（如注入-压降测试）以了解储层物性特征。在没有充足数据的情况下，在一个有利区至少钻三口参数井，或者根据有利区面积和已有资料的分布情况而定。认识勘探阶段也可考虑利用参数井开展射孔完井单层生产试验，以获得煤储层渗透率、孔隙度更准确的参数（与地层测试结果相比）和达到煤层气解吸产气时需要排出的水量数据。

认识勘探阶段还需综合前期所有可获得的资料，进行地质概念模式的修正、风险重评估和价值重评估，其结果将支持管理层做出进入下一阶段先导试验、继续深化认识勘探阶段工作或转让或出售的决定。

由于煤层气吸附和解吸的特殊机理，利用单口参数井一般无法充分测试和评价煤储层的产能，产能评价一般通过先导试验井组完成，在三种例外情况下，采用其他产能评价方式：①干煤层（如艾伯塔盆地白垩系 Horseshoe Canyon 煤层）可用单井直接开展产能测试；②单井注气（一般为 CO_2）吞吐试验；③单一低渗薄煤层，用多分支水平井开展产能测试。

3）先导试验-产能评价阶段

先导试验（pilot test）有两个目的：一是证实煤储层是否具有解吸并产出煤层气的能力，具有与常规油气预探井类似的作用，先导试验井组在获得连续煤层气产量后，即可认为在试验目标区发现了煤层气田；二是在预定的时间内，获得试验区气田数值模拟需要的参数，以建立反映试验区生产动态特征的数值模型，该模型可外推用于整个气藏生产动态的预测，以合理的精度估算储量。

若先导试验在预定的时间内未成功，可以延长先导试验的时间；若经过较长时间的试验，先导试验不成功，可根据情况选择关闭先导试验井，重新开始认识评价工作或在其他目标区钻探新的先导试验井或钻加密井或加入新井以拓展先导试验，或选择新的煤层或加大射孔密度或对新层进行重新射孔完井，最坏的选择是通过转让或归还，放弃先导试验区、目标区甚至整个远景区。

在先导试验取得成功的情况下，依据成功程度，可以在先导试验区进行有限范围的生产，比较冒进的做法是直接拓展整个目标区的开发，最为明智的选择是进入详细评价阶段，包括扩展或扩充先导试验或者在较大的目标区内钻探第二个先导试验井组。

4）详细评价阶段

详细评价阶段是建立在先导试验阶段已取得了一定的资料的基础上，详细评价的主要目的是对已有的成功先导试验井进行扩边，或者在目标区钻探新的先导试验井组，以完成对煤层气田更为准确和详细可靠的评价。

5）开发阶段

若先导试验比较成功，则可进入有限开发或整体开发阶段，若需要做详细评价，则在详细评价阶段后，决定是否进入开发阶段。

（二）中国煤层气勘探开发阶段划分方案现状

中华人民共和国地质矿产行业标准《煤层气资源/储量规范》（DZ/T 0216—2002），将煤层气勘探开发划分为煤层气勘查和煤层气开发两个阶段。

1）煤层气勘查

是指在充分分析地质资料的基础上，利用钻井、地震、遥感及生产试验等手段，调查地下煤层气资源赋存条件和赋存数量的评价研究和工程实施过程。可分为两个阶段，包括选区和勘探。

（1）选区：主要根据煤田（或其他矿产资源）勘查（或预测）和类比、野外地质调查、小煤矿揭露及煤矿生产所获得的煤资源和气资源资料进行综合研究，以确定煤层气勘查目标为目的的资源评价阶段，根据选区评价的结果可以估算煤层气推测资源量。

（2）勘探：在评价选区范围内实施煤层气勘查工程，通过参数井或物探工程获得了区内关于含煤性和含气性的认识，通过单井和（或）小型井网开发试验获得开发技术条件下的煤层气井产能情况和井网优化参数的煤层气勘查实际实施阶段，根据勘探结果可以计算煤层气储量。

2）煤层气开发

在勘探区按照一定的开发方案部署了一定井距的开发井网后进行的煤层气资源的正式开采活动，煤层气通常适合进行滚动勘探开发。

现行的中华人民共和国地质矿产行业标准《煤层气资源/储量规范》（DZ/T 0216—2010）未对煤层气勘探开发阶段做出明确划分定义，但从其煤层气资源/储量分类与分级体系框架中，可看出其遵循了与《煤层气资源/储量规范》（DZ/T 0216—2002）类似的勘探开发阶段划分原则。

从不同煤层气企业或同一企业在不同区块煤层气勘探井位分布来看，勘探部署的原则差异比较大，在一个区块中，有密集探井区，有稀疏探井区，有单井排采井，也有井组排采井，井组排采井之间有时因井间距过大，难以形成井间干扰达到快速降压的目的，因此，合理划分勘探开发阶段和明确各阶段的目标任务并针对目标任务部署相应的工作量，对于提高煤层气勘探开发效益具有重要意义。

（三）低渗透煤层气区块勘探开发阶段划分方案

中国目前煤层气勘探开发主力区为鄂尔多斯盆地东缘和沁水盆地石炭-二叠系煤层，与煤层气开发程度较高的美国和澳大利亚相比，鄂尔多斯盆地东缘和沁水盆地石炭-二叠系煤层热演化程度高，以无烟煤为主（DZ/T 0216—2010），煤层气储层渗透率比美国和澳大利亚商业开发的煤层气储层渗透率低2～3个数量级，且开发过程中煤储层物性的敏感性使勘探开发难度和复杂性大大增加（邓泽等，2009；康永尚等，2009），细化煤层气勘探开发阶段划分，加强煤层气勘探开发过程管理显得尤其重要。

针对中国中部低渗透煤储层勘探开发这一复杂问题，需要通过勘探开发阶段的划分进行细化管理，阶段划分需要遵循以下原则：

（1）中国煤层气勘探开发阶段划分，既需要吸收国外的经验和先进的思想，又需要考虑中国煤层气储层渗透率低的特点。

（2）勘探开发阶段划分不能太粗，也不能太细，太粗缺少对生产的指导意义，太细则可操作性不强。

基于以上原则，吸收国外煤层气勘探开发阶段划分的经验和思路，针对中国低渗透煤层气区块勘探开发，提出有利区优选阶段、目标区优选阶段、目标区产能评价阶段和煤层气田开发阶段4个阶段划分的方案，各阶段主要技术评价工作内容见表4.4。

表4.4　煤层气勘探开发阶段划分方案和各阶段技术评价工作内容列表

阶段名称	工作内容
有利区优选阶段	①收集区块的基础地质资料，包括穿层常规油气钻井资料、煤炭钻孔资料、地震勘探资料、露头资料、航拍资料和区域地质研究报告和公开发表的文献资料； ②类比邻区或全区煤层气资料，收集煤炭钻孔煤心的分析化验资料、煤矿瓦斯排放资料，收集盆地或局部地区煤系地层的水文地质资料； ③根据需要，开展区块及周边地面地质踏勘、露头调查等工作； ④通过综合分析和类比，圈定煤层气有利区，对面积范围大的有利区，开展分区及分区描述
目标区优选阶段	①根据需要，在有利区内实施地震勘察，查明构造形态、断层分布、煤层分布等地质特征； ②在有利区内部署并实施探井/参数井（直井）钻探工程，开展地质录井、测井、取心、注入/压降试验和现场及室内测试分析等工作，获得煤层厚度、煤质、煤阶、含气量、等温吸附曲线、气体组分、渗透率、地层压力、地应力、破裂压力、闭合压力、煤层及其顶底板岩石力学性质等煤层气评价的重要参数； ③在综合分析构造、煤层分布和煤层气评价重要参数的基础上，圈定目标区，面积范围大的目标区，开展分区及分区描述； ④制定下一步工作规划

续表

阶段名称	工作内容
目标区产能评价阶段	①设计井组排采试验方案，实施排采试验井组钻井完井作业； ②开展井组排采试验井的动态观测，优化排采工作制度； ③排采试验井组动态数据的分析、解释和历史拟合，完成气、水产量历史拟合和储层压力历史拟合。 ④制定下一步工作规划
煤层气田开发阶段	实施开发方案，并补取必要的资料，建立产量曲线，实现滚动开发

1）有利区优选阶段

接手煤层气区块后，首先要充分利用前期资料，包括区域地质条件和水文地质条件研究、区域或邻区煤层气研究资料及区块内的资料，包括煤田钻孔、煤炭开采过程中瓦斯排放和含气量估算资料、穿层常规油气钻井资料和地球物理勘探资料，初步圈定有利区，根据地质条件、煤层分布及储层特征等，可划分不同的有利区。如图 4. 14 所示，在该阶段圈定出 I、II 和 III 3 个有利区。

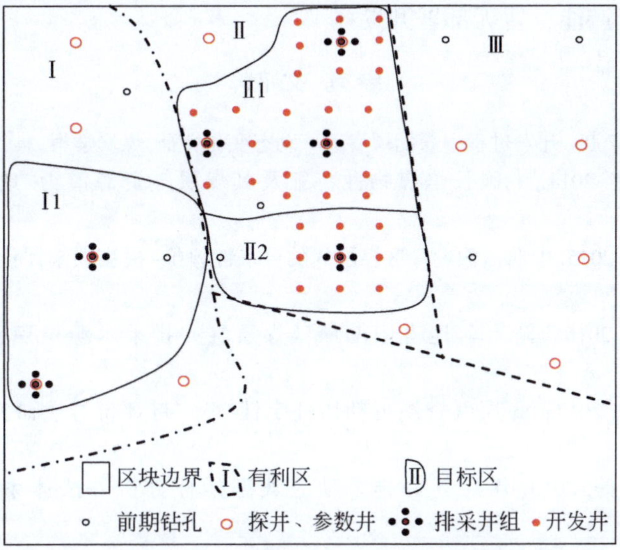

图 4. 14　中国低渗透煤层气区块层次勘探开发示意图

通过前期资料分析，圈定有利区 I、II 和 III；通过在有利区内的探井/参数井钻探工程，圈定目标区 I1、II1 和 II2；通过排采井组试验评价目标区 I1、II1 和 II2 的产能；通过滚动开发实现 II1 和 II2 煤层气田开发优化

2）目标区优选阶段

在圈定的有利区内，考虑前期钻孔分布情况，从有利区煤层厚度、含气量和物性整体控制的角度，设计探井/参数井部署方案，探井指的是确定煤层的深度、厚度、结构、煤质、煤、顶底板性质、含气量、气体成分、等温吸附性能等参数的工程井，参数井指的是采用注入/压降或其他方法，以主要取得煤层渗透率、储层压力、表皮系数、调查半径、储层温度等参数为目的的工程井。在多个有利区，可分别设计和实施探井/参数井部署方案。根据探

井/参数井实施结果分析，圈定目标区。若有利区范围大，可根据煤层气地质和储层条件，在一个有利区内圈定多个目标区。如图4.13所示，在3个有利区地质评价的基础上，圈定出有利区I的目标区I1和有利区II的目标区II1和II2，有利区III内暂未圈定出目标区。

3）目标区产能评价阶段

在目标区实施排采试验，获得煤层气产能信息，并估算储量。国外煤储层渗透率高，产能评价井可采用直井套管射孔方式进行单井单层生产试验，在单井单层生产试验的基础上，开展多层井组排采先导试验。中国中部鄂尔多斯盆地和沁水盆地煤储层渗透率低，采用直井套管射孔方式进行单井单层生产试验方式难以获得预期效果。针对低渗透煤储层，建议直接采用多层井组排采先导试验，先导试验各环节工作可参考表4.4。如图4.13所示，在目标区I1内实施了两个排采井组，在目标区II1内实施了3个排采井组，在目标区II2内设计和实施了1个排采井组。

4）煤层气田开发阶段

在目标区排采井组获得商业产能后，可规划开发方案投入开发，优先在商业产能排采井组周边部署开发井，在取得商业开发效果后，外扩滚动开发。如图4.13所示，目标区II1和目标区II2的排采井组获得商业产能，围绕排采井组部署开发井，而目标区II1的排采井组尚未取得商业产能，暂无部署开发井。

参 考 文 献

邓泽，康永尚，刘洪林等. 2009. 开发过程中煤储层渗透率动态变化特征. 煤炭学报，34(7)：947～951.

简阔，傅雪海，王可新等. 2014. 中国长焰煤物性特征及其煤层气资源潜力. 地球科学进展，29(9)：1065～1074.

冯铭，宋洪柱，来永伟等. 2015. 山西白额勘探区煤层气的可采性评价-模糊数学评价方法的利用. 中国煤炭地质，27(7)：52～54.

康永尚，陈晶，张兵等. 2016a. 沁水盆地寿阳勘探区煤层气井排采水源层识别. 煤炭学报，41(9)：2263～2272.

康永尚，姜杉钰，张兵等. 2017a. 煤层气资源可动用性定性/半定量评价方法研究. 煤炭学报，42(11)：2914～2924.

康永尚，秦绍锋，韩军等. 2013. 煤层气井排采动态典型指标分析方法体系. 煤炭学报，38(10)：1825～1830.

康永尚，王金，姜杉钰，叶建平，张守仁，张兵，秦绍锋. 2016b. 煤层气井排采动态主控地质因素分析. 地质论评，62(6)：1511～1520.

康永尚，尹锦涛，邓泽. 2009. 煤储层物性变化规律研究. 煤层气储层与开发工程研究新进展. 见：傅雪海、秦勇等. 亚洲太平洋国际煤层气会议暨2009全国煤层气会议论文集. 徐州：中国矿业大学出版社.

康永尚，张兵，鱼雪等. 2017b. 沁水盆地寿阳区块煤层气排采动态成因机理及排采对策. 天然气地球科学，28(1)：116～126.

姜杉钰，康永尚，张守仁等. 2016. 沁水盆地柿庄区块煤层气井排采动态影响因素分析及开发对策研究. 天然气地球科学，27(6)：1134～1142.

李安启，钟小刚，杨焦生等. 2007. 煤岩心解吸附曲线在煤层气勘探开发中的应用. 见：雷群，李景明，赵庆波. 2007年全国煤层气学术论文集. 北京：石油工业出版社：63～66.

李清，赵兴龙，谢先平等. 2013. 延川南区块煤层气井高产水成因分析及排采对策. 石油钻探技术，

41(6):95~99.
林大杨,陈春琳.2004.煤层气可采资源量计算有关问题的探讨.中国煤田地质,16(3):15~17.
刘世奇,桑树勋,李梦溪等.2013.樊庄区块煤层气井产能差异的关键地质影响因素及其控制机理.煤炭学报,32(2):277~283.
邵龙义,肖正辉,何志平等.2006.晋东南沁水盆地石炭二叠纪含煤岩系古地理及聚煤作用研究.古地理学报,8(1):43~52.
唐书恒,汤达祯,杨起.2004.二元气体等温吸附实验及其定义煤层甲烷开发的意义.中国地质大学学报,29(2):220~223.
王金,康永尚,姜杉钰等.2016.寿阳区块煤层气井产水差异原因分析和有利区预测.天然气工业,36(8):52~59.
王平.1992.地质力学方法研究——不同构造力作用下地应力的类型和分布.石油学报,13(1):1~12.
王睿,董范,孟召平等.2014.樊庄区块构造对煤层气井产能的控制机理.中国矿业大学学报,43(6):1025~1029.
王维旭,王希友,蒋佩等.2014.蜀南地区煤层气高产水井分析及对策研究.2014全国煤层气学术研讨会论文集.北京:石油工业出版社:242~247.
许浩,汤达祯,郭本广等.2012.柳林地区煤层气井排采过程中产水特征及影响因素.煤炭学报,37(9):1581~1585.
张群,杨锡禄.1999.平衡水分条件下煤对甲烷的等温吸附特征研究.煤炭学报,24(6):566~570.
张天军,许鸿杰,李树刚等.2009.粒径大小对煤吸附甲烷的影响.湖南科技大学学报(自然科学版),24(1):9~12.
Flottman T, Brooke-Barnett S, Trubshaw R, *et al*. 2013. Influence of in-situ stress on fracture stimulation in the Surat Basin, southeast Queensland. SPE Unconventional Resource Conference and Exhibition-Asia Pacific, SPE, 167064.
James I J, Clifford T G, Daniel B. 1974. Effect of moisture on the methane capacity of American coals. Fuels, 53(3):186~191.
Jenkins C D, Boyer II C M. 2008. Coalbed and shale gas reservoirs. Journal of Petroleum Technology, 60(2):92~99.
Mavor M J, Owen L B, Pratt T J. 1990. Measurement and evaluation of coal sorption isotherm data. Society of Petroleum Engineers, 157~170.
Palmer I D, Kutas G M. 1991. Hydraulic fracture height growth in San Juan Basin coalbeds. SPE, 21811.
Pashin J C. 2010. Variable gas saturation in coalbed methane reservoirs of the Black Warrior Basin: implications for exploration and production. International Journal of Coal Geology, 82:135~146
Paul G W. 1996. Simulating coalbed methane reservoirs. In: Saulsberry J L, Paul S, Schraufnagel R A (eds). A Guide to Coalbed Methane Reservoir Engineering. Chicago: Gas Research Institute.
Roadifer R D, Moore T R. 2009. Methane pilots-timing, design, and analysis. SPE, 114169.
Saulsberry J L, Schafer P S, Schraufnagel R A. 1996. A Guide to Coalbed Methane Reservoir Engineering. Chicago: Gas Research Institute.
Shao L Y, Yang Z Y, Shang X X, *et al*. 2015. Lithofacies palaeogeography of the Carboniferous and Permian in the Qinshui Basin, Shanxi Province, China. Journal of Paleogeography, 4(4):387~413.
US Department of Energy. 2003. Multi-seam well completion technology: implications for Powder River Basin coalbed methane production. DOE/NETL, 1193.
Vassilellis D G. 2009. Roadmap to monetization of unconventional resources. SPE, 121968.

第五章　煤储层改造技术及其效果评价

煤层气主要以吸附状态赋存在煤基质中，只有当储层压力降低后才可以从基质中解吸出来，煤裂缝或割理中多被水充满，而裂缝与割理是煤层中的主要运移通道，煤层气需要通过排水（裂缝或割理）降压（煤储层）方式才得以采出。我国煤层气储层条件较差，具有低孔、低渗、非均质性强的特点（秦勇和曾勇，1996；杨陆武和孙茂远，2002），普遍存在常规开采方式难以实施，开发效果差等问题，为提高煤层气井单井产量，实现煤层气商业化开采，必须对储层进行增产改造，改善井底渗流条件，以提高储层的渗透能力，促进排水降压，从而增加煤层气井产量。

其中水力压裂改造技术是当前煤层气增产的首选方法，也是被证明的煤层气开采的一种有效的增产方法（刘渝，1994；张亚蒲等，2006）。利用水力压裂技术能消除储层伤害、在煤储层中建立一条有效支撑裂缝、增加井孔与裂缝的连通性、促进排水降压、有效地扩大泄气面积、增加两相渗流区、提高产气速度、提高煤层气井单井产量。使煤层气井的产能得到提高。

第一节　水 力 压 裂

水力压裂是指向地下岩层泵入高压液体致使岩层产生裂缝达到油气增产目的的一种技术，水力压裂技术从 1947 年开始在美国堪萨斯州试验成功迄今已有 60 多年的发展历史，在世界范围内广泛应用，在低渗透油气田开发中发挥了极其重要的作用，由于该技术潜在值极大，长期以来一直是国际大的油田公司和服务公司研究与发展的核心技术。20 世纪 50 ~ 60 年代，作为增产、增注措施，压裂目标是提高单井增产增注效果，以研究适应浅层的水平裂缝为主；70 年代，进入了工业性生产实用阶段，根据低渗透油田勘探开发的需要，压裂成为油气藏改造的重要手段，使本来没有工业开采价值的低渗透油气藏具有相当工业储量和开发规模；80 年代，是水力压裂发展史上极为重要的阶段。由于压裂优化设计、裂缝诊断及压裂材料的发展，极大地促进了各项压裂工艺技术的发展。水力压裂不再仅仅作为单井增产、增注的措施，而是与油藏工程紧密结合起来，用于调整层间矛盾（调整产液剖面）、改善驱油效率，成为提高动用储量原油采收和油田开发效益的有力技术措施；进入 20 世纪 90 年代以后，水力压裂逐渐成为决定低渗透油田开发方案的主导因素。在研究分析不同井网、布井密度及裂缝匹配对各项开发指标的影响，以提高油田整体开发效果和经济效益为目标，确定布井方案和施工规模使低渗透油田的高效开发成为可能（彭建新等，2004；蔡长宇，2005；朱天寿和徐永高，2012）。美国前能源部长朱棣文在出席美国能源部情报局主办的一个会议时就说，水力压裂等技术领域的进展已经使美国的天然气储量提高了至少 30%，而且“很可能已使其翻番”（任海军，2010）。进入新世纪后，随着煤层气、页岩气等非常油气逐渐引起人们的重视，水平井多段压裂、直井多层压裂技术获得重大突破，从而又带动和促进了国内外非常规油气的规模有效开发，正在对石油天然气行业行来带来深刻变化和重大影响。就压裂技术本身而言，体积压裂理念的提出必将对今后压裂技术进步产生重要的影响。传统的压裂理论面临挑战，压裂与其他学科的结合越来越紧密，超大型压裂技术作为提高单井产量的核心技术，将为石油行业的发展发挥更加重要的作用。

水力压裂是利用地面高压泵组，将高黏液体以大大超过地层吸收能力的排量注入井中，在井底憋起高压，当此压力大于井壁附近的地应力和地层岩石抗张强度时，便在井底附近地层产生裂缝；继续注入带有支撑剂的携砂液，裂缝向前延伸并填以支撑剂，关井后裂缝闭合在支撑剂上，从而在井底附近地层内形成具有一定几何尺寸和高导流能力的填砂裂缝，穿透近井地带的伤害区，使井恢复其自然产能，延伸地层中有导流的通道，使产量超过自然水平，同时改变地层中流体渗流方式使井达到增产增注，补救钻井过程中对储层伤害的目的（沈建国等，2006）。

一、水力压裂增产渗流机理

水力压裂能够增产增注的渗流力学机理是将原来普通完善直井的流体径向渗流模式改变为线性渗流模式。在生产过程中，地层流体是以平面径向渗流模式向未压裂完善直井渗流的。图 5.1 表示了一口普通直井流场投影，其平面径向流的流场特点是平面上流线和等势线皆向井点高度聚集，渗流阻力较大，径向流动不是油气开采中的有利渗流模式。如果对生产井进行水力压裂，并能够产生有一定传导能力的垂直裂缝，那么原来的平面径向渗流模式将改变为平面线性流（高导流能力裂缝）或双线性渗流模式（低导流能力裂缝），图 5.2 表示了一口带有垂直裂缝井的流场投影，其线性流或双线性流的流场特点是流线和等势线平行分布，和径向流模式相比，线性流或双线性流模式的渗流阻力要小得多，是油气开采中的有利渗流模式。这种渗流模式的改变减少了近井地层的渗流阻力，提高了地层能量的利用率，在同样的生产压差情形下导致井的产能或注入能力增加。图 5.2 还可以表示一口带有水平裂缝井的流场剖面（这时井筒剖面是一个矩形），在近井地带水平裂缝范围内，流体发生线性渗流方式，而在填砂水平裂缝内则以径向渗流方式流入井，其提高了地层能量利用率的作用与垂直裂缝类似（蔡长宇，2005）。

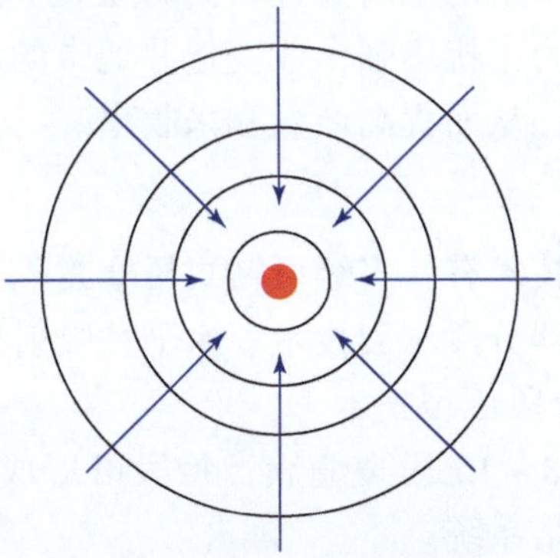

图 5.1　平面径向渗流流场

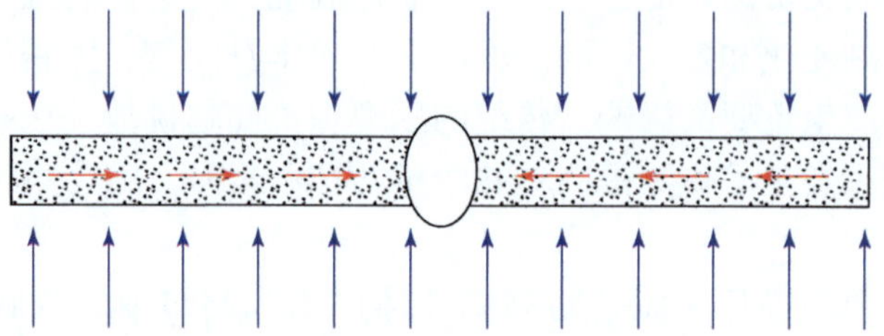

图 5.2　平面线性渗流流场

二、水力压裂储层改造关键技术

为实现煤层气储层的储层改造，减少储层伤害，降低压裂成本，国内外已形成多方面的煤层气储层压裂改造关键技术。主要有：水平井定向射孔技术；水平井分段压裂、重复压裂、同步压裂等系列压裂技术；压裂模拟和压裂监测技术；压裂液体系；高强低密度支撑剂技术等。

1. 直井压裂技术

直井压裂是我国目前最常用的压裂技术，压裂夜多用活性水，排量 6～7m^3/min，支撑剂以 20～40 目为主，尾追 16～20 目粗砂，砂比 10%～15%，加砂量 6～7m^3/m。

2. 水平井定向射孔

定向射孔是在固结比较差且应力差异比较大的地层中，选择在适当方向上射孔可以最大限度地增加地层中射孔孔道的稳定性，从而减少出砂量。该方法可以在压裂作业过程中减小流动限制并降低摩擦压力，因此可以形成较宽的裂缝，允许使用较大尺寸和较高浓度的支撑剂，结合使用黏度比较低且损害比较小的压裂液，可以改善裂缝导流能力。

3. 重复压裂和同步压裂

重复压裂就是在老井中再次进行水力压裂，能够诱导产生新的裂缝，可产生裂缝转向，从而增加裂缝网络，提高生产力。

同步压裂指对两口或两口以上的配对井进行同时压裂。同步压裂能够使煤层气储层承受的压力增高，相邻井间的应力干扰增强，改变近井地带的应力场，增加压裂改造波及体积，形成复杂的三维裂缝网络，从而提高产量和采收率。

4. 水平井分段压裂

国外水平井分段压裂主体技术有：多级可钻式桥塞封隔分段压裂技术、多级滑套封隔器分段压裂技术、膨胀式封隔器分段压裂技术、水平井喷射分段压裂技术。

1）多级可钻式桥塞封隔分段压裂技术

可在目的层水平井段形成 8～15 段裂缝簇，每段可形成 4～6 条裂缝，裂缝间的应力干扰明显，形成复杂的裂缝网络系统。

射孔坐封桥塞联作，压裂后可在较短的时间内钻掉所有桥塞，节省时间和成本，减少液体在地层中的滞留时间，降低外来液体对地层的伤害。

2）多级滑套封隔器分段压裂技术

该技术采取机械式封隔器封隔，井口落球顺序打开滑套实现储层分段压裂（图 5.3）。一趟管柱就可实现水平井的分段压裂作业，具有施工时间短、成本低的优点。目前，国外最高分级能力可达 40 段。

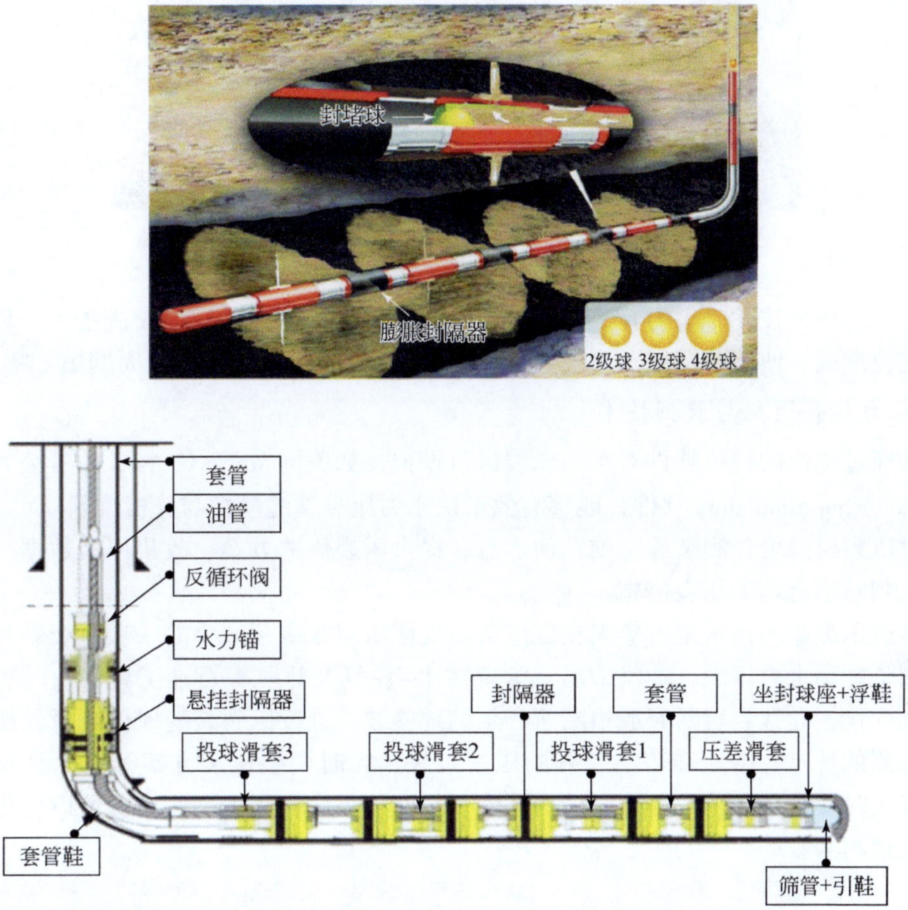

图 5.3　水平井多级滑套封隔器分段压裂原理

3）膨胀式封隔器分段压裂技术

该技术遇油（遇水）膨胀封隔器封隔，井口落球顺序打开滑套实现储层分段压裂。是裸眼完井较理想的分段压裂作业方法。具有封隔可靠性高、成本低、作业风险低、压裂后能很快投入生产等优点。

4）水平井喷射分段压裂技术

利用水力喷射工具射流在喷射通道中形成增压，环空中泵入流体增加环空压力，喷射流体增压和环空压力的叠加超过地层破裂压力压开地层（图 5.4）。压裂过程不需要封隔工具，可自动封隔。可选用油管或连续油管作为作业管柱。

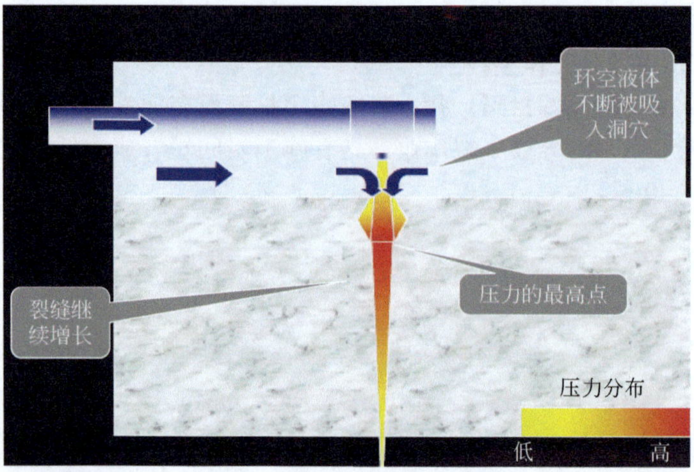

图 5.4　水力喷射压裂原理

水力喷射压裂技术是集射孔、压裂、封隔于一体的新型储层压裂改造技术。具有封隔和射孔定位准确、使用范围广（套管、筛管及裸眼完井均适合）、作业周期短等特点。

5. 水力压裂模拟与监测技术

国外通过专业的模拟软件对水力压裂进行模拟，如美国 Meyer & Associates 公司开发的 Meyer Fracturing Simulators 软件，能够有效解决水力压裂裂缝模拟与分析难题。

通过压裂模拟可预测裂缝三维几何形态、提供压裂优选方案、收集压裂数据、评价压裂效果、判断不合理的压裂措施。

微地震压裂监测技术是近年来在低渗透油气藏压裂改造领域中的一项重要新技术。微地震监测是观测水力压裂、油气采出、常规注水-注气及热驱等石油工程作业时引起的地下应力场变化，导致岩层断裂或错断所产生的地震波，进行压裂裂缝成像或对储层流体运动进行监测的技术。微地震监测在判断压裂效果、实时调整压裂方案等方面具有独特优势，它能实时提供压裂施工产生裂缝的高度、长度和方位，利用这些信息可以优化压裂设计，从而提高采收率。

三、水力压裂在煤层气开采中的应用

水力加砂压裂对于常规砂岩油气藏是一种常用的增产措施，这种技术在低渗砂岩油气层的改造中起到了非常好的作用。对于煤层这种特低渗有机储层，也尝试了水力加砂压裂工艺技术，并取得了不错的效果。煤层是一种特殊的岩层，对于煤层气来讲，煤层既是生气层又是储集层，煤层气主要以吸附状态存在于煤介质中，煤层气采出的要实现对煤层气的解吸排出，煤层气的产出具有“排水-降压-解吸-扩散-渗流”过程，因此，对煤层甲烷的开发远比常规油气田复杂。

煤层甲烷主要以吸附的方式储存于煤层之中。煤对甲烷的吸附能力取决于多种因素，其中最主要的因素是煤的变质程度。一般规律是随着煤变质程度的增加，煤对甲烷的吸附能力增加，当煤的变质程度达到高变质无烟煤时，当 $R_o = 6\%$ 时其对甲烷的吸附能力达到最大。当煤石墨化后，其对甲烷的吸附能力迅速下降。我国当前煤层气资源最为丰富的沁南地区的主力煤层是石炭-二叠系的太原组和山西组煤层，它们的变质程度比较高，都达到了无烟煤阶段，R_o最大达到 4.25%。因此，该区煤层吸附能力强，表现在煤层的含气量普遍较高，最高达 $39m^3/t$。煤层气资源丰度也较高，这对于该区煤层气开发是一个好的条件。但是任何事情都是一分为二的，正因为该区煤对甲烷的吸附能力强，也决定了甲烷从煤基质表面解吸更困难，也就是煤层中可动用的甲烷量受到强吸附的制约，开发难度增加。

沁水盆地南部地区主力煤层由于受地质演化历史的影响和变质程度的影响，煤层的渗透率与国外相比普遍偏低，但与我国其他很多地区相比相对还较好。据对煤的观察和分析，该区煤基质孔隙度较低，多数小于 2%，孔隙连通性较差，煤基质基本不具备气-水渗流能力。煤层中气水流动的主要通道是微裂缝，所以，煤层水力加砂压裂改造的主要任务是改善已有裂缝的导流能力，压开和支撑更多的裂缝，使煤层中的裂缝都达到有效的连通，为压力的传导和气水的流动提供通道，达到甲烷从煤体上顺利解吸和产出的目的。同时，入井的压裂液和支撑剂对煤的伤害要降到最低，不能影响甲烷的解吸。压裂液中的添加剂最好能够帮助和促进煤层甲烷的解吸，以提高煤层甲烷的解吸率。

总之，我国多数地区煤层的渗透率低，通常小于 1mD，按常规油气藏以渗透率划分储层的标准进行分类的话，煤层属于特低渗或致密储层，水力压裂改造技术是煤层气增产的首选方法，也是开采煤层气的一种有效的增产方法。通过高压驱动水流挤入煤中原有的和压裂后出现的裂缝内，扩宽并伸展这些裂缝，进而在煤中产生更多的次生裂缝与裂缝来降低压力损失并且提高井口与自然裂缝系统的联通性，成多条具有高导流能力的渗流带，增加煤层的透气性。通过对煤层进行水力压裂，能够消除钻井过程中泥浆液对煤层的伤害，有效地连通井筒和储层，改变煤层中气的渗流方式，增加渗流面积，减少流动阻力，使煤层气井的产能得到提高。

煤层气水力加砂压裂技术源于国外，在我国尽管也进行了相应井的试验，但总体水平仍比较低，从压裂设计水平、压裂液和支撑剂的配方研究、压裂现场操作水平、压裂评估水平都需要做更细的工作。前人学者研究总结在煤层气压裂实际的应用中要着重解决以下几个问题：①煤层气井水力压裂裂缝特征及裂缝形状，主要是压裂规模的优化；②压裂液的应用分析，压裂液的类型很多，哪一种最合适于具体煤层的改造需要做精细的筛选工作；③支撑剂的应用分析，支撑剂的组合和铺砂浓度的选择要根据具体条件做具体分析；④泵注程序的应用分析，泵注程序和施工参数要因层而异。在整个煤层系统中，压裂是一个局部的具有鲜明特点的系统工程，需要系统的研究和管理，任何局部的失误都可能影响到系统工程的最终结果。因此必须慎重对待煤层压裂的全部过程（冯三利等，2007）。

四、水力压裂效果评价的微观指标

1. 缝导流能力

理解无量纲导流能力的含义，能够让我们认识到导流能力在压裂增产增注及效果评价中的作用。根据油气层渗流理论，除了裂缝几何尺寸以外，另一个关键要素是裂缝的导流能力。如图 5.5 所示为垂直裂缝井导流能力图，定量描述水力裂缝导流能力的方法是定义水力裂缝的导流系数 C_f，为裂缝渗透率 k_f 与裂缝宽度 w 的乘积（Prats *et al.*，1960）：

$$C_f = k_f w \tag{5.1}$$

式中，C_f 为裂缝导流能力，mD · ft；k_f 为裂缝（割理）渗透率，mD；w 为裂缝宽度，ft。

它是黏度系数为 1 的流体，在单位压力梯度作用下通过单位高度裂缝的截面的流量。在无量纲化中，相应形成无量纲导流系数为

$$C_{fD} = \frac{k_f w}{k x_f} \tag{5.2}$$

式中，C_{fD} 为无因次导流系数，无量纲；k 为储层渗透率，mD；x_f 为裂缝半长，ft。

值得注意的是，对于椭圆垂直裂缝的无因次导流能力，Prats 最初定义及其与现今导流系数的关系为

$$\alpha = \frac{\pi k x_f}{2 k_f w} = \frac{\pi}{2 C_{fD}} \tag{5.3}$$

Prats 称 α 为相对导流系数。

水平裂缝导流能力系数如图 5.6 所示。相应形成无量纲导流系数如下：

$$C_{fD} = \frac{k_f w}{k r_f} \tag{5.4}$$

式中，r_f 为裂缝延展半径，ft。

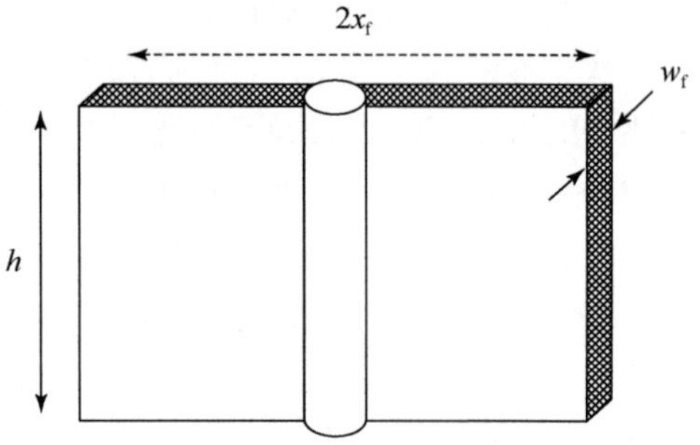

图 5.5　垂直裂缝导流能力示意图

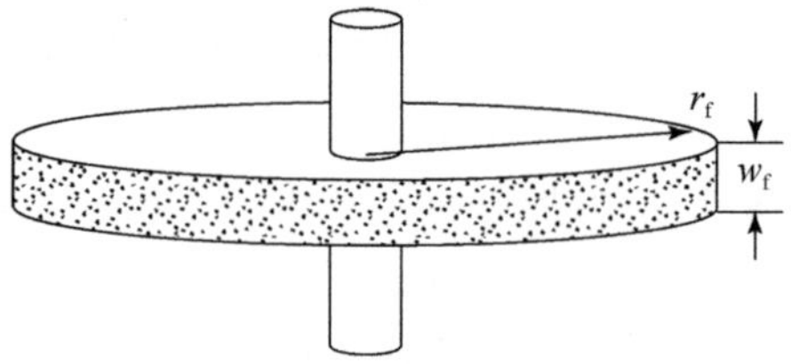

图 5.6　水平裂缝导流能力示意图

无量纲导流能力表示了裂缝传导能力与地层供给能力的对比。以带有垂直裂缝的生产井为例，将式（5.4）变形，可得到如下形式：

$$C_{fD} = \frac{\dfrac{k_f}{\mu} \cdot h w}{\dfrac{k}{\mu} \cdot h x_f} \tag{5.5}$$

根据 Darcy 定律可知，上式的分子是单位压力梯度下裂缝内流体流出的流量，而分母则是单位压力梯度下地层进入裂缝的流体流量（Gringarten *et al.*，1978）。

2. 表皮系数

通常采用表皮系数来评价储层的改造效果。因为在我国煤层气储层中大多数的井是经过压裂的，所以表皮系数可以被用来反映增产改造对煤层气井产量的影响。

表皮系数是一个重要的参数，它的大小能反映出钻井、完井、压裂增产改造对油气井

产能的影响情况。表皮系数可以通过无因次裂缝导流系数 C_{fD}，裂缝半长 x_f，表皮系数 s 及井径 r_w 的关系来计算。其相关性如图 5.7 所示，当裂缝导流能力大于 300 时，那么假设的径向表皮系数与裂缝导流系数无关。这种情况在图 5.7 可以看出，这时曲线值稳定值为 0.5（Cinco-Ley *et al.*，1981）。

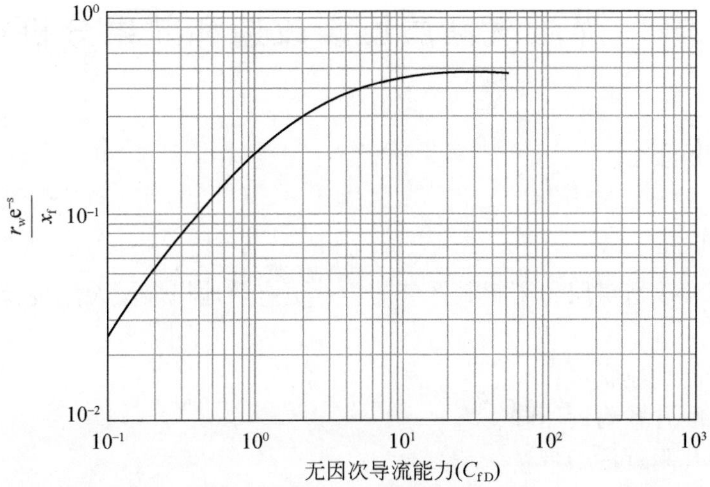

图 5.7　表皮系数作为导流能力与裂缝半长函数图版（据 Cinco-Ley *et al.*，1981）

表皮系数是一个无量纲的数，是衡量井底附近储层因受到损害而引起流体渗流阻力增加或者因储层得到改善而使得流体渗流阻力减小的尺度，它是评价储层损害或改善程度的一个最常用的参数，它的大小直接反映地层伤害和产能损失情况。在钻井或完井过程中，产层受完井液（如泥浆、水泥浆、射孔液和压井液等）侵入的影响，以及打开程度不完善、井轴与油层倾斜、气体在井壁附近的紊流因素的影响，形成与原地层特性不同的“表皮”区如图 5.8 所示，形成表皮效应，使实际井周围地层产生非理想流动。一般情况下，

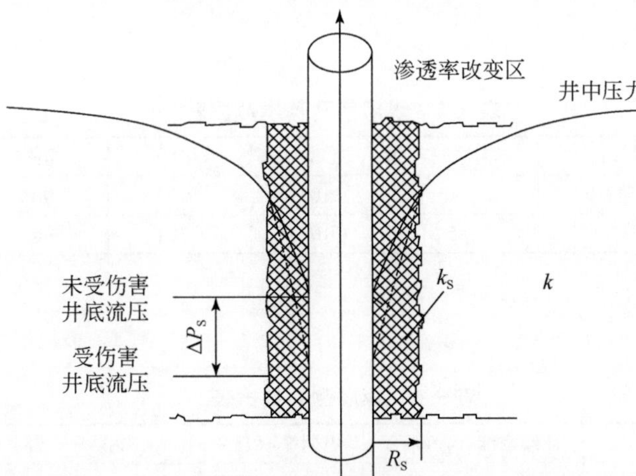

图 5.8　井中表皮效应图（据 Saulsberry *et al.*，1996）

ΔP_S. 表皮压降；R_W. 井筒半径；R_S. 受伤害带半径；k_S. 受伤害带渗透率；k. 储层渗透率

使流线偏离井点方向或限制流量的任何现象（如部分射开、不合理射孔数目、近井地带相变及湍流等）都会导致正表皮因子，表示有流阻或地层损害存在，渗透率低于先前自然裂缝的渗透率；相反如果通过改造煤层渗透率高于先前自然裂缝的渗透率，储层得到了改善，那么表皮系数就是负值。

第二节　煤层气储层压裂改造和效果分析实例

一、压裂地质设计

1. 压裂目的

（1）通过压裂改造煤层，了解其产气能力；更有效地将煤层天然裂缝系统与井孔连通起来；

（2）增加产能加速脱水；

（3）广泛分配井孔附近压降；

（4）解除井孔附近污染带；

（5）通过压裂后排采，重新描述煤储层特征。

压裂地质设计所需的有关数据如表 5.1 ~ 表 5.3 所示。

2. 煤层基本数据

表 5.1　煤层基本数据表

层位	煤层	深度/m	厚度/m
山西组	3#	542.0 ~ 547.9	5.9
太原组	15#	635.7 ~ 637.15	1.45

3. 煤层射孔基本数据

表 5.2　煤层射孔基本数据表

煤层	射孔井段/m	厚度/m	枪型	弹型	相位	孔密/(孔/m)
3#	542.0 ~ 547.9	5.9	Φ102	Φ102	90°	16
15#	635.7 ~ 637.15	1.45	Φ102	Φ102	90°	16

4. 地球物理测井解释数据

表 5.3　煤层测井数据表

煤层	深度/m	补偿密度/(g/cm^3)	电阻率/(Ω · m)	补偿中子/%	声波时差/(μs/m)
3#	542.0 ~ 547.9	1.1	600 ~ 1400	49	430
15#	635.7 ~ 637.15	1.15	500	45	420

5. 压裂方案

该井分两层压裂，首先射开15#煤压裂，压后抽吸排液，下丢手封隔器上返填砂；再射开3#煤压裂，压后抽排捞丢手，冲砂至井底下泵合采。

（1）施工前测静态井温曲线，井段：200m —井底，并软探人工井底。

（2）射孔采用电缆输送方式。

（3）压裂方式：环空注入。

（4）压裂液配方：清水+瓜胶+杀菌剂+破胶剂。

（5）支撑剂及加入量：因煤层流体的增产能力随加砂量的增加而增加，所以尽量加大了支撑量，并尾锥适量大直径支撑剂。

加砂顺序：粉砂（100目）→中砂（0.5~0.8mm）→粗砂（0.8~1.2mm）。

加砂要求：15#煤：不少于20m^3（粉砂1m^3，中砂20m^3，粗砂3m^3）；3#煤：不少于38m^3（粉砂2m^3，中砂32m^3，粗砂4m^3）。

二、施工工艺程序及技术要求

（1）测静态井温基线，并软探井底，测井井段：200~646m。

（2）通井至井底，试压合格；刮削至620m，洗井彻底。

（3）射孔：电缆输送102枪102弹射孔，孔密16孔/m，相位角90°，分别射开3#、15#煤层；压井液为清水。

（4）下炮眼冲洗器用3% KCl溶液清洗炮眼。

（5）阶梯排量测试压裂：注入排量由大到小，即7m^3/min、6m^3/min、5m^3/min、4m^3/min、3m^3/min、2m^3/min、1m^3/min，每个排量稳压1~2min，1m^3/min时作ISIP，测试压裂后测压降30min，而后测试压裂后井温曲线。

（6）压裂支撑剂优选：煤层埋藏较浅，闭合压力低，天然石英砂在其耐压范围内具有良好的导流能力，因此选用天然石英砂。

（7）加砂压裂：①注入方式：油套混进；排量：6~7.5m^3/min；②压裂液：3% KCl溶液；③压裂砂：15#煤Φ100目粉砂1m^3、Φ20~40目石英砂22m^3、Φ18~20目石英砂3m^3（备5m^3），3#煤Φ100目粉砂1m^3、Φ20~40目石英砂36m^3、Φ18~20目石英砂3m^3（备5m^3）；④根据要求设计加砂程序，在设计中附计算机输入、输出数据；⑤压后测压力降落；测压力降落时间不小于泵注时间两倍，同时进行大地电位裂缝方位监测；⑥测压后3、4小时两条井温曲线，井段：200~646m并软探砂面；⑦压后关井扩散压力6h后，装3mm油嘴放喷计量。

（8）下泵排采。

三、安全、环保及质量要求

1. 安全

（1）施工最高限压35MPa；

（2）压裂井口送往井场之前要装齐试压合格，施工前四角用钢丝绳固定绷紧，并用地锚固定；

（3）施工中一律听从现场指挥统一指挥；

（4）地面测试流程及压裂管线均要有放水斜坡。

2. 环保及质量

（1）井场要有排污坑，出井水要全部入坑；

（2）储液罐清洁无残存液体及杂物；

（3）防火、防爆、防污染。

四、压裂效果分析

通过对该井3#煤层压裂前后分析结果如表5.4所示，说明压裂改造起到应有的效果。

1. 煤层渗透率

压裂后测试3#煤层渗透率值为2.8mD，比压裂前测试的渗透率值2.05mD高，基本反映了煤层的渗透性，说明3#煤层的渗透率较高。

2. 煤层储层压力

压裂后测试3#煤层储层压力为694.6psi（1psi=6.895kPa=0.006895MPa），比压裂前测试的储层压力532.1psi高出162.5psi。分析大致原因可能是：①井组压裂后，大量的压裂液进入储层，无法在较短的时间内完全滤失，显示为储层压力升高；②由于压裂液进入到储层后占据相当大的体积，使煤受到压缩变形，从而使储层的地应力分布发生变化，造成储层压力暂时性升高；③压后压力扩散、平衡时间较短也是造成储层压力暂时性升高的原因之一。

表5.4　压裂前后3#煤层注入/压降试井分析结果表

储层参数	压裂前	压裂后
储层压力/MPa(psi)	3.67(532.1)	4.79(694.6)
压力梯度/(psi/ft)	0.32	0.42
渗透率/mD	1.75	2.8
表皮系数	6.25	-2
储层温度/°F	75.8	74.1
调查半径/m(ft)	46.8(153.6)	73(239.5)
裂缝导流能力/(mD·ft)	/	0.1
裂缝半长/m(ft)	/	68(223.1)

3. 表皮系数

压裂前测试3#煤层的表皮系数为正值（6.25），反映储层在钻探过程中受到一定程度的污染，压裂后测试3#煤层的表皮系数为负值（-2），反映了储层经过后期压裂增产措施改造，减轻了储层污染，储层条件得到了有效的改善。

4. 裂缝导流能力及裂缝半长

通过压裂后的试井测试分析，能够获取裂缝导流能力及裂缝半长参数值。此次裂缝半长的测试结果为223.1ft，针对煤层的压裂改造来说，裂缝半长相对较长，一方面反映压裂规模比较大，在煤层中产生了裂缝；另一方面也反映压裂效果比较好。压裂后裂缝具有了一定的导流能力。

第三节　煤储层压裂效果的主控地质因素

一、煤岩力学性质

1. 煤岩力学性质

煤岩的力学性质是指煤岩在外力作用下所表现出来的物理性质，主要包括强度和变形特征。强度特征由抗压强度、抗拉强度及抗剪强度等参数来反映；变形特征由杨氏模量、体积模量、剪切模量和泊松比等参数反映。抗压-抗拉强度为强度指标，两者越大，煤岩强度越大，杨氏模量是岩石弹性强弱的标志，煤岩的杨氏模量越大，弹性越强，泊松比则为塑性强弱的指标，泊松比越大，煤岩塑性越大，越容易变形。

不同类型岩石的力学参数存在明显的差异，而同一类岩石受成分和结构等因素的影响，各项力学参数也存在着较大的变化区间。表5.5为沁水盆地煤岩及顶底板力学性质，表5.6为云南恩洪和老厂煤层气区块煤岩力学性质测试结果。总体来看，煤岩具有低力学强度、低杨氏模量和高泊松比的特点，使得煤储层中常发育短宽形态的压裂缝。

表5.5　沁水盆地煤层及顶底板岩石力学性质测试结果（部分数据来源于冯晴等，2011）

岩性	抗压强度/MPa		抗拉强度/MPa		杨氏模量/GPa		泊松比	
	范围	均值	范围	均值	范围	均值	范围	均值
煤	10~16	13	1.5~2.5	2.0	2.59~5.14	3.65	0.19~0.32	0.26
砂岩	54.3	54.3	2.6~6.8	4.9	9.1~41.3	17.6	0.20~0.30	0.25
泥岩	6.0~55.7	30.2	1.3~6.5	3.1	1.2~57.1	13.2	0.19~0.36	0.24
灰岩	14.5~81.5	48	1.5~6.3	3.9	10.9	10.9	0.23	0.23

表5.6　云南恩洪和老厂煤层气区块煤岩力学性质测试结果

（数据来自中联公司和李勇，2017；王肖，2017）

地区	煤层	抗压强度/MPa		抗拉强度/MPa		杨氏模量/GPa		泊松比	
		范围	均值	范围	均值	范围	均值	范围	均值
恩洪	9#	10.2~20.0	16.2	/	/	2.6~3.9	3.2	0.23~0.29	0.25
	16#	10.4~27.5	16.9	/	/	4.3~4.9	4.7	0.18~0.25	0.22

续表

地区	煤层	抗压强度/MPa		抗拉强度/MPa		杨氏模量/GPa		泊松比	
		范围	均值	范围	均值	范围	均值	范围	均值
老厂	3#	13.8～48.7	30.2	0.6～1.1	0.9	5.7～5.9	5.8	0.15～0.17	0.16
	7#+8#	5.9～34.3	25.4	0.3～1.1	0.6	2.6～5.3	3.6	0.18～0.25	0.22
	9#	4.9～16.6	10.7		0.5	2.3～3.5	2.9	0.23～0.25	0.24
	13#	12.9～34.5	23.7	0.6～0.9	0.7	2.6～3.5	3.1	0.23～0.23	0.23
	19#	/	/	/	/	5.1～5.7	5.4	0.22～0.23	0.22

煤岩自身的力学性质对煤储层可压裂性的影响体现在两个方面（曹明亮等，2019）。在强度指标方面，强度与压裂缝的形成有着密切关系，较低的抗压和抗拉强度使得煤岩在外力作用下容易开裂。在弹性指标方面，根据兰姆-葛罗米柯（Lamb Тромеко）方程（简称兰姆方程）理论（蔡美峰等，2002），在相同的泵入排量和压裂液黏度条件下，岩石的杨氏模量越低，形成压裂缝的宽度就越大，延伸长度则越小。前人也研究表明（王永辉和张福祥，2008），压裂缝高度与杨氏模量存在如下关系：

$$h_f \propto \frac{E}{P_{net}}(\mu Q^{\frac{1}{2}} l_f)^{\frac{1}{3}} \tag{5.6}$$

式中，h_f为压裂缝高度，m；P_{net}为裂缝中的净压，MPa；E为杨氏模量，MPa；μ为压裂液黏度，mPa · s；l_f为压裂缝长度，m；Q为泵入排量，m^3/min。

因此，低杨氏模量、高泊松比的弹性特点使得煤岩开裂难度加大，且压裂缝延伸长度有限。强度指标和弹性指标的综合作用，使得一个地区煤岩破裂效果难以判断，需要具体问题具体分析。

2. 煤岩与顶底板岩石力学差异

煤层及其顶底板是一套具有成因联系的沉积岩系，煤岩的顶底板以砂岩、粉砂岩和泥岩等碎屑岩为主，成分为碎屑颗粒、胶结物和杂基。杂基含量较低的砂岩、粉砂岩以颗粒支撑结构为主，颗粒之间承受外力的能力及弹性较强，故表现出较高的抗压强度和杨氏模量，较低的泊松比；相反，杂基含量较高的泥岩则以杂基支撑为主，颗粒之间联结力较弱，抗压强度和杨氏模量低，而泊松比相对较高。如表5.5所示，煤层顶底板岩石的抗压强度和杨氏模量均要高于煤层数倍，抗拉强度和泊松比也有显著差异，煤岩与顶底板岩石力学性质的差异对压裂缝的延伸具有一定的影响。煤层与顶底板岩石力学性质差异明显，二者间存在一个力学意义上的弱面，当力学性质的差异越大时，压裂缝就越容易沿弱面横向延伸，形成“T型”或“工型”压裂缝，而非进入到顶底板中。至于这种差异的定量化标准，目前仍处于研究探索阶段。

二、地应力

1. 地应力强度和方向

破裂压力是指在开始注入压裂液使井壁发生开裂的瞬时压力；闭合压力是指裂缝刚刚

能够张开或恰好没有闭合的压力，在单层介质中可视为与最小水平主应力相等。破裂压力和闭合压力能够有效地反映煤储层压裂改造的难易程度。

表5.7和图5.9为寿阳和柿庄两个区块煤储层的破裂压力和闭合压力特征及二者随深度变化规律。无论是在整体上还是在同一煤储层埋深范围内，寿阳区块的破裂压力和闭合压力都要明显低于柿庄区块；两个区块煤储层的应力强度均随煤储层埋深的增大而增大，二者呈现线性关系，但寿阳区块的破裂压力梯度和闭合压力梯度相对更高。上述规律共同表明，寿阳和柿庄区块煤储层的可压裂性均随着埋深的增加而降低，寿阳区块煤储层的可压裂性相对更强，但是压裂效果更容易受到埋深的影响，在假定同样压裂规模的条件下，寿阳区块更易压裂。

表5.7　寿阳和柿庄区块煤储层应力强度参数统计表

地区	破裂压力/MPa		闭合压力/MPa		破裂压力梯度/(MPa/m)	闭合压力梯度/(MPa/m)
	范围	均值	范围	均值		
寿阳	3.68~28.62	12.32	4.65~28.53	11.05	0.027	0.021
柿庄	9.35~39.90	23.00	8.12~30.10	18.88	0.016	0.011

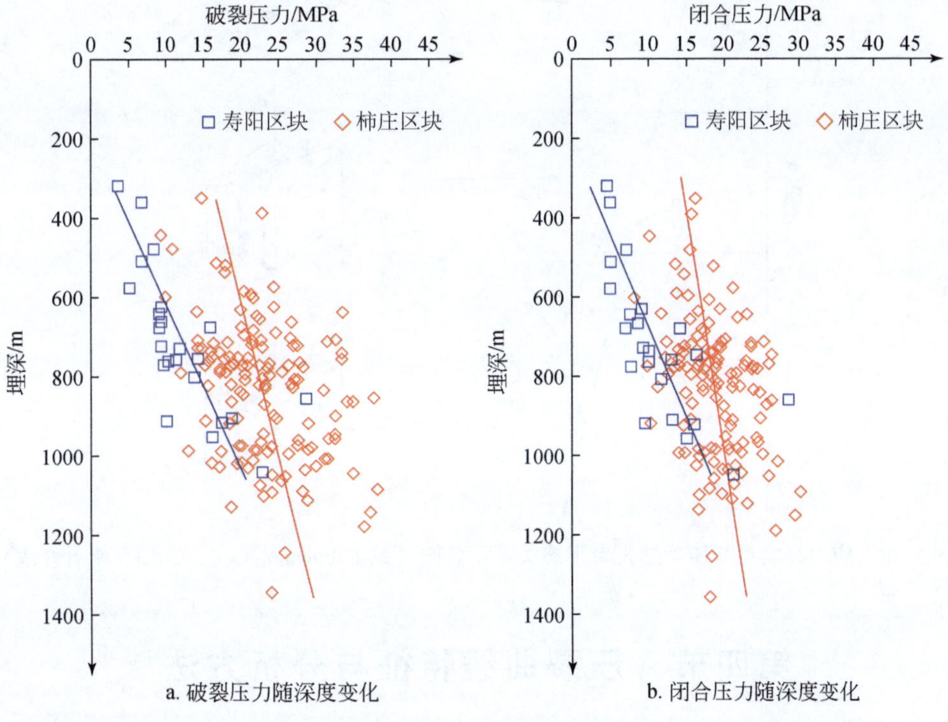

图5.9　沁水盆地寿阳区块和柿庄区块煤储层破裂压力和闭合压力随埋深变化图

此外，地应力大小也影响裂缝的扩展模式和复杂程度。在进行随机裂缝性储层压裂时，高水平主应力差条件下，容易产生较为平直的水力主缝；在低水平主应力差条件下，径向网状扩展模式占优势。另外，地应力的方向是控制煤层气井水力压裂裂缝起裂压力、起裂位置及裂缝形态的重要因素，水平井压裂由于其应力方向的不同可以产生纵向缝、斜交缝和横截缝，与地层最小主应力方位一致容易产生横截缝，从而取得更好的压裂改造效果。

2. 地应力场

从地应力对压裂缝的延伸规律影响来看，煤储层中发育的水力压裂缝为张性裂缝，在煤岩的抗拉强度很低且各向异性不明显的情况下，最小主应力的方向对压裂缝的起裂和延伸起决定作用（孟召平等，2010），即压裂缝垂直于三向主应力中的最小主应力方向发育。煤储层 3 种地应力场类型对应的压裂缝类型如图 5.10 所示（Flottmann *et al.*，2013），图中蓝色面代表压裂缝：当煤储层处于正常应力场（$\sigma_v>\sigma_H>\sigma_h$）和走滑应力场（$\sigma_H>\sigma_v>\sigma_h$）时，水平最小主应力 σ_h 最小，压裂形成垂直缝；当煤储层处于反转应力场（$\sigma_H>\sigma_h>\sigma_v$）时，垂向主应力 σ_v 最小，发育水平缝。

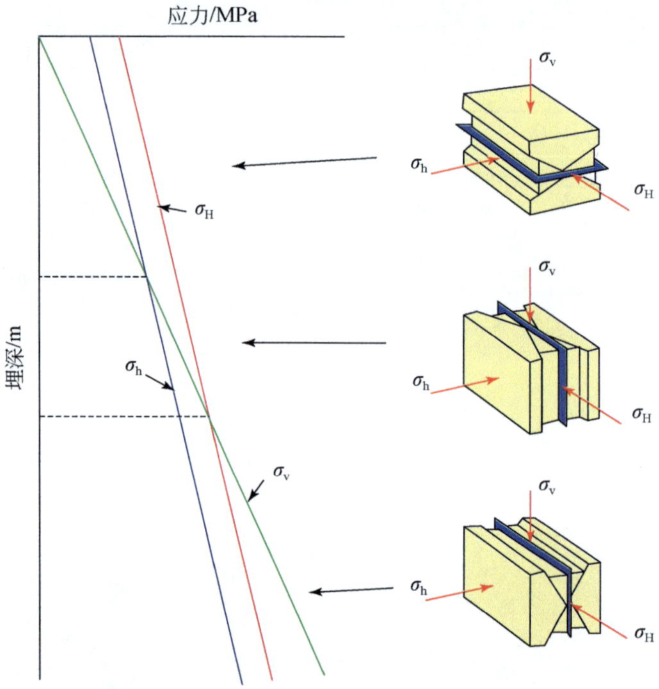

图 5.10　应力场类型与压裂缝发育形态关系示意图（据 Flottmann *et al.*，2013，略有修改）

第四节　压裂曲线特征与分析方法

目前，压裂效果的评价方法主要包括破裂-闭合压力法、压裂检测法、伽马示踪法和压裂曲线分析法（Palmer and Kutas，1991；Rodvelt，2014），其中压裂曲线因容易获得，而且能较为清晰地反映压裂液流动、裂缝扩展、支撑剂运移和煤储层的地质特征（黄月明，2002；黄月明和练以锋，2002；王玉海等，2011；李亭和杨琦，2012），故通过压裂曲线特征分析压裂改造效果成为当前最为简便快速且行之有效的方法。

一、压裂曲线概念和构成

压裂曲线是压裂过程中压力、排量、砂比随着施工时间变化的关系曲线图，主要由压力-时间、排量-时间和砂比-时间3条曲线构成。压力指井口压力，排量指单位时间内注入的压裂液体积，砂比指施工过程中加砂体积与加入压裂液的体积比。其中压力是监测的重点，它能直接反映施工过程中的地下动态；排量和砂比则反映了施工情况，可以通过压力曲线结合排量和砂比获取储层内裂缝扩展和流体运移等信息。根据施工过程中不同的目的和作用，可将压裂曲线分为试压、注前置液、注携砂液、注顶替液和测压降5个阶段（图5.11），每个阶段独立存在并连续进行。试压的作用是检查井口（总闸门以上部位）及高压管线系统连接部位受压情况，以保证正常施工；前置液的作用是破裂地层并造成一定几何尺寸的裂缝以备后面的携砂液进入，在温度较高的地层里，它还起到一定的降温作用；携砂液的作用是进一步扩伸裂缝，并将地面的支撑剂代入裂缝，建立起高导流能力的支撑裂缝；顶替液的作用是在打完携砂液后，用于将井筒中全部携砂液替入裂缝中；测压降的作用是压裂停泵后，判断压力在储层中的扩展情况以了解裂缝情况和确定压裂参数（肖中海等，2008）。

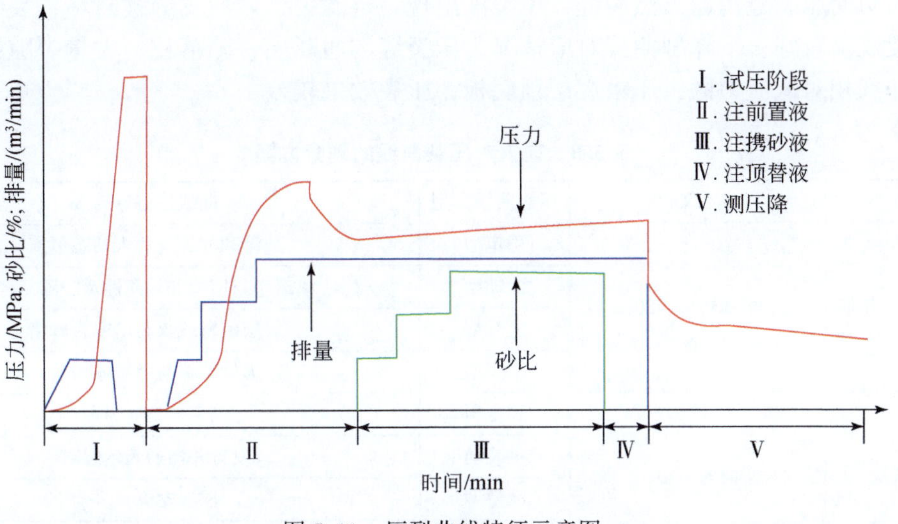

图5.11　压裂曲线特征示意图

根据前置液阶段、携砂液阶段、测压降阶段压力-时间曲线的不同形态特征可分别将压裂曲线划分为不同类型。前置液阶段是煤层破裂的阶段，该阶段曲线的形态特征可以反映煤层的弹塑性特征，压力下降明显，煤层破裂明显，表现出较强的脆性；压力变化不明显，煤层破裂不明显，表现出较强的塑性。测压降阶段是井底压力扩散、压裂缝产生一定程度闭合的阶段，该阶段曲线的形态特征可以反映煤层的物性特征，停泵后压力扩散较快，对应煤储层的物性好，渗透性好；停泵后压力扩散缓慢，对应煤储层的物性差，渗透性差。以上两个阶段的压裂曲线上所能提供的信息相对较少，曲线形态只能定性描述煤层静态特征，不能很好地反映压裂施工过程中的地下动态变化。相比之下，携砂液阶段是压裂缝扩展和延伸的阶段，所对应的压裂曲线能够在一定程度上反映出地下煤储层的地质特征、压裂液运移状况及压裂缝的动态变化等信息，根据携砂液阶段的形态特征进行压裂曲线类型的划分。

二、压裂曲线分类方案

目前，针对压裂曲线类型的划分方案，压裂曲线形态的成因等问题，前人研究尚存在一定的分歧和争议，可以基本达成一致的是可将压裂曲线划分为稳定、波动、上升和下降4种基本形态（表5.8）。其中，多数学者认为稳定型曲线是由压裂液的造缝和滤失与注入量达到平衡形成，压裂效果较好；波动型曲线是由于地层和应力的非均质性导致压裂缝形态复杂形成，压裂效果较差；上升型曲线反映了煤层致密或缝内发生砂堵，压裂效果也较差（李亭和杨琦，2012；冯虎和徐志强，2015；王绪性等，2016）。对于下降型曲线则存在较多争议，部分学者将下降型曲线进行进一步划分，冯虎和徐志强（2015）根据下降的程度将下降型曲线划分为明显下降型和逐渐下降型，认为明显下降型是斜井或井径扩大率过大形成，逐渐下降型是由煤层相对疏松形成（冯虎和徐志强，2015）。王绪性等（2016）将下降型曲线进一步划分为下降型和下降稳定型，认为下降稳定型曲线对应的地下状况为初期压裂缝沟通天然裂缝，压裂液出现一定滤失，之后支缝被封堵，裂缝正常延伸，压裂效果较好；下降型曲线对应情况为压裂缝沟通断层、陷落柱、大量裂隙系统或者裂缝延伸到相对低应力区，压窜煤层顶底板，压裂效果较差。

表5.8　前人对压裂曲线的划分方案

区块-地区	参考文献	压裂曲线类型	曲线形态原因
沁水盆地-南部	李亭和杨琦，2012	稳定型	造缝和滤失与注入动态平衡
		波动型	渗透率与应力非均质性及裂隙发育
		上升型	煤层致密或煤粉堵塞、砂堵
		下降型	天然裂隙与微裂隙沟通
郑庄区块	谢楠等，2016	稳定型	创造新裂缝为主
		稳定波动型	发育并沟通天然裂隙
		波动型	压裂支缝众多
		下降型	发育并沟通天然裂隙
郑庄区块	蔡路等，2015	稳定型（A）	压裂液直接沿天然裂缝滤失
		稳定型（B）	储层致密
		波动型（A）	压裂液沿天然裂缝渗滤
		波动型（B）	发育垂直缝与水平缝
		上升型（A）	裂缝被煤粉或支撑剂堵塞、形成复杂径向网状缝
		上升型（B）	应力条件和裂缝发育的非均质性
		下降型（A）	压裂液沿主缝渗滤、沟通天然裂隙
		下降型（B）	压裂液沿裂缝渗滤，饱和后形成新缝

续表

区块-地区	参考文献	压裂曲线类型	曲线形态原因
柿庄南区块	冯虎和徐志强，2015	平稳型	裂缝扩展规律，液体造缝和滤失与注入量平衡
		波动型	天然裂缝发育，地应力差小，裂缝开启与闭合
		逐渐上升型	煤层致密、裂缝堵塞
		明显下降型	斜井或井径扩大率大
		逐渐下降型	煤层相对疏松，易开启和延伸
沁水盆地-南部3#煤层	王绪性等，2016	稳定型	压裂液的造缝和滤失与注入动态平衡
		波动型	煤层非均质性强、裂缝复杂、裂缝的堵塞与开启反复
		上升型	地层端部脱砂或缝内砂堵
		下降型	沟通断层、天然裂隙、延伸到低应力区压穿顶底板
		下降稳定型	裂缝正常延伸

综合前人的划分方案，笔者采用将压裂曲线划分为稳定、下降、上升和波动四种类型的方案（图5.12）。从压力曲线形态来看（图5.12中的红色曲线），各曲线特征为：在排量基本保持稳定的条件下，随着注携砂液阶段砂比的稳定提高，下降型压力曲线（图5.12a）表现为井口压力前期下降，后期稳定，总体呈下降趋势；稳定型压力曲线（图5.12b）表现为井口压力基本保持稳定；上升型压力曲线（图5.12c）表现为井口压力总体上呈上升趋势；波动型压力曲线（图5.12d）表现为井口压力不稳定，出现明显的上下波动。

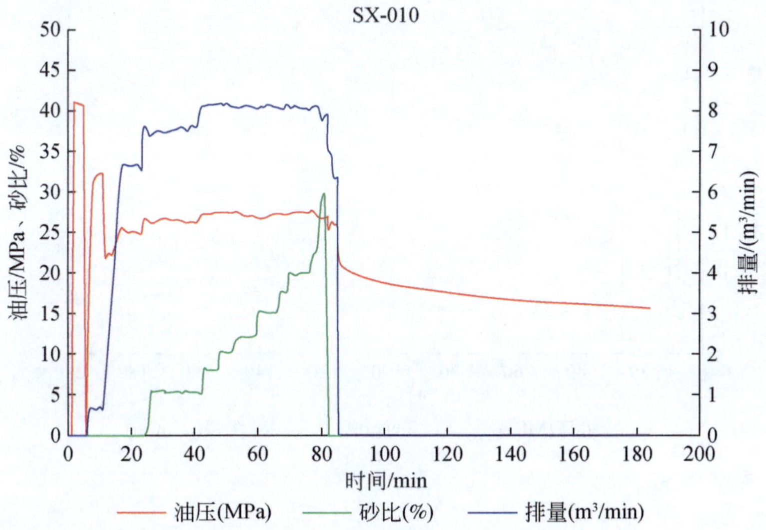

a. 稳定型

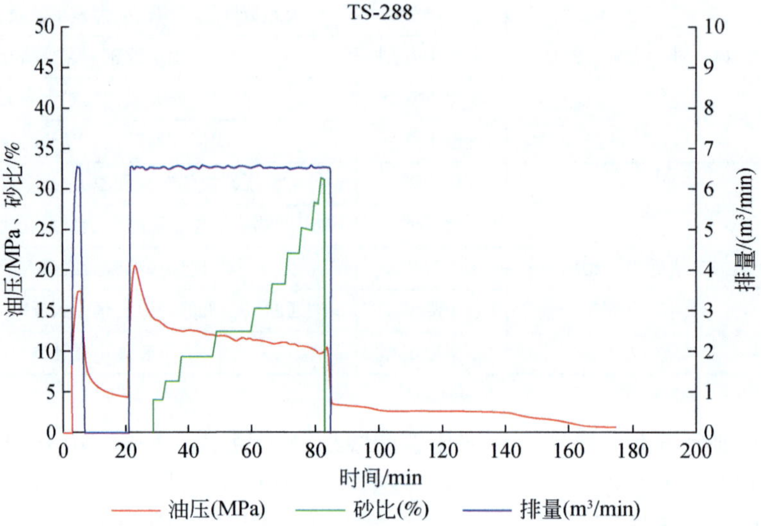
TS-288
油压/MPa、砂比/%
排量/(m³/min)
时间/min
油压(MPa)
砂比(%)
排量(m³/min)

b.下降型

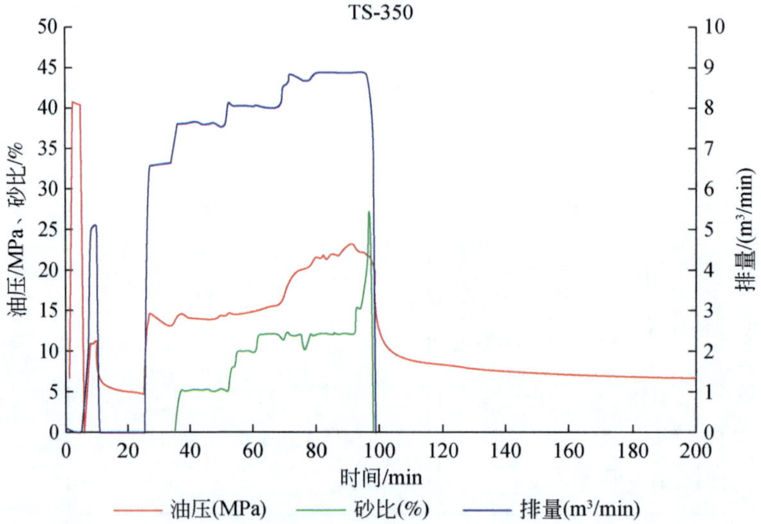
TS-350
油压/MPa、砂比/%
排量/(m³/min)
时间/min
油压(MPa)
砂比(%)
排量(m³/min)

c. 上升型

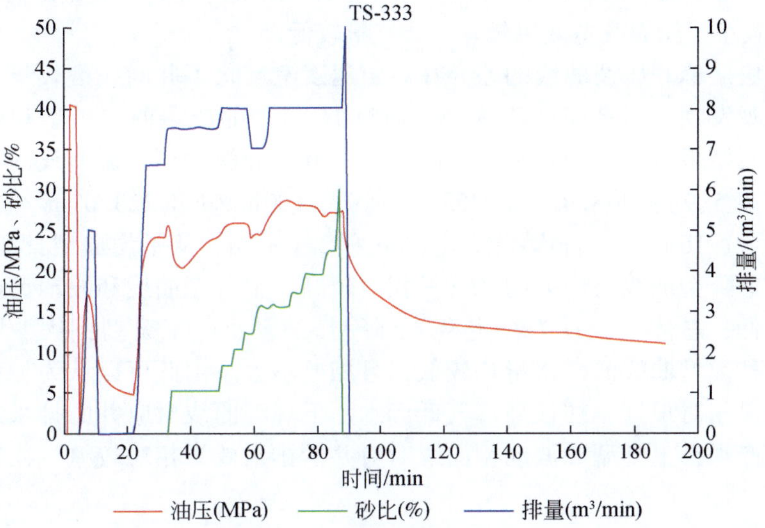

d. 波动型

图 5.12　沁水盆地柿庄区块 3#煤层典型压裂曲线类型

三、压裂曲线类型与压裂-排采效果对应关系

压裂改造和排采控制则是影响排采效果的关键工程因素。煤层气井一旦确定井位后，工程因素就成为影响气井产气量的最直接因素，而压裂改造作为煤层气井增产的主要技术手段，对气井排采效果的影响尤为重要。在不考虑其他因素情况下，排采效果可以反映压裂改造的效果。压裂曲线类型不同反映了地下压裂缝延伸扩展情况不同，压裂改造效果不同，由此造成了排采效果的差异（孙天竹等，2019；张晓娜等，2017）。

（1）稳定型曲线：携砂液阶段压力基本保持平稳，对应的压裂过程以创造新裂缝为主，压裂液的造缝和滤失与注入量达到动态平衡，压裂缝稳定向前延伸，扩展方式单一，基本无支缝产生，主缝长较长；

（2）下降型曲线：携砂液阶段压力前期下降，后期保持平稳，可能是压裂缝沟通了天然裂缝，前期压裂液出现一定程度的滤失，压力下降，后期支缝被封堵，压力保持稳定，裂缝正常延伸，对应裂缝延伸效果较好，主缝长较长，支缝较少；

（3）上升型曲线：携砂液阶段压力呈明显上升趋势，反映煤层压裂过程中主缝的扩展延伸受限或缝内发生砂堵，对应的主缝缝长较短，支缝较多，多为复杂的径向网状裂缝或“T 型”和“工型”裂缝系统；

（4）波动型曲线：携砂液阶段压力上下波动，可能是由于煤粉或支撑剂堵塞裂缝，压力上升，随后又被压裂液冲开，压力下降，这种情况往复进行，就形成压力上下波动的情况，反映压裂过程中的裂缝复杂（包括“T 型”和“工型”裂缝系统）、支缝众多且弯曲不规则（贡玉军等，2016）。

稳定型和下降型压裂曲线对应的压裂缝延伸较好，形态较单一，主缝较长，压裂改造效果较好，产气量一般较高；而上升型和波动型压裂曲线对应的压裂缝形态复杂，支缝较多，主缝缝长较小，压裂改造效果较差，产气量较低。

在单一区块，单井压裂曲线的差异在一定程度上反映了井间压裂效果差异，在排采效果上可以直观发现。以柿庄区块为例，通过16口井的压裂曲线类型和煤层气井排采效果的对比分析结果可知。稳定型、下降型、上升型和波动型压裂曲线的平均典型日产气量分别为（表5.9）：963.4m^3/d、534.5m^3/d、100m^3/d和223.67m^3/d，平均典型日产水量分别为：1.16m^3/d、1m^3/d、6.1m^3/d和2.1m^3/d。从平均典型日产气量上来看，稳定型曲线和下降型曲线对应井的产气量相对较高，上升型曲线和波动型曲线对应井的产气量相对较低，总体上表现为稳定型>下降型>波动型、上升型；从平均典型日产水量上来看，四种类型曲线的产水量均较低，且相差不大。由此可以认为，稳定型曲线对应井的排采效果相对最好，往往高产气低产水；下降型曲线对应井的排采效果次之，往往较高产气低产水；上升型和波动型曲线对应井的排采效果相对较差，往往较低产气较低产水。

表5.9　沁水盆地柿庄区块3#煤层排采见气井产气和产水情况

井号	压裂曲线类型	典型日产气量/(m^3/d)	典型日产水量/(m^3/d)
SX-125	稳定型	350	2.3
TS54-06		700	1.5
TS-401		300	1
TS-524		488	0.2
TS-635		2979	0.8
平均		963.4	1.16
SX-124	下降型	309	0.4
TS21-1D		85	2.7
TS-288		1344	0.7
TS-669		400	0.2
平均		534.5	1
TS-350	上升型	100	6.1
SN-006-2	波动型	70	2.2
TS44-06		293	3.9
TS-228		61	1.9
TS-282		423	1.6
TS-333		250	0.2
TS-523		245	2.8
平均		223.67	2.1

在不同区块，各类压裂曲线的占比也可以宏观反映区块的压裂效果。以柿庄区块和寿阳区块对比为例（表5.10、表5.11），寿阳区块下降型和稳定型压力曲线类型占比为

36%，低于柿庄区块的46%；寿阳区块上升型和波动型压力曲线类型占比为64%，高于柿庄区块的54%，且波动型压力曲线在寿阳区块占比高达48%。与柿庄区块相比，寿阳区块存在上升型和波动型压力曲线类型占比较高，且波动型占比更高的现象。同样也能说明上升型和波动型曲线对应井的排采效果相对较差。

表5.10　寿阳区块和柿庄区块煤层气排采效果对比

区块	典型日产气量和对应井数占比/%				典型日产水量和对应井数占比/%			
	0～100m³/d	100～500m³/d	500～1000m³/d	>1000m³/d	0～2m³/d	2～10m³/d	10～20m³/d	>20m³/d
寿阳	65.6	31.2	3.2	0	4.7	17.2	34.4	43.7
柿庄	52.5	40.7	3.4	3.4	30.5	44.1	6.8	18.6

表5.11　寿阳区块与柿庄区块压力曲线类型统计表

寿阳区块				柿庄区块			
压力曲线类型	井数/口	占比/%	合计/%	压力曲线类型	井数/口	占比/%	合计/%
下降型	16	8	36	下降型	6	13	46
稳定型	55	28		稳定型	15	33	
上升型	30	16	64	上升型	7	16	54
波动型	92	48		波动型	17	38	
累计	193	100	100	累计	45	100	100

参考文献

曹明亮，康永尚，邓泽，田博凡，赵群，王红岩. 2019. 煤阶和构造应力强度对煤岩力学性质的影响作用. 煤炭科学技术，47(12)：45～55.

蔡长宇. 2005. 水力压裂井产能研究. 北京：中国地质大学(北京)博士研究生学位论文.

蔡美峰，何满潮，刘东燕. 2002. 岩石力学与工程. 北京：科学出版社.

冯虎，徐志强. 2015. 沁水盆地煤层气压裂典型曲线分析及应用. 煤炭工程，(8)：116～118.

冯晴，吴财芳，雷波. 2011. 沁水盆地煤岩力学特征及其压裂裂缝的控制. 煤炭科学技术，39(3)：100～103.

冯三利，胡爱梅，叶建平. 2007. 中国煤层气勘探开发技术研究. 北京：石油工业出版社：175～189.

贡玉军，郭大立，李铁军等. 2012. 煤层气井压裂难易程度预测方法——以韩城区块为例. 煤田地质与勘探，40(2)：23～27.

黄月明. 2002. 水力压裂加砂施工曲线形态剖析. 河南石油，16(5)：51～53.

黄月明，练以锋. 2002. 压裂施工动态曲线及特征分析. 油气井测试，11(4)：52～55.

彭建新，李元斌，钱春江. 2004. 满东1井加砂压裂改造工艺简介. 油气井测试，13(3)：52～53.

秦勇，曾勇. 1996. 煤层甲烷储层评价及生产技术. 徐州：中国矿业大学出版社.

李亭，杨琦. 2012. 煤层气井压裂施工曲线特征分析及应用. 中国煤炭地质，(9)：20～24.

李勇. 2017. 滇东地区煤层气地质条件及选区评价. 徐州：中国矿业大学硕士研究生学位论文.

刘渝. 1994. 用水力压裂法开采煤层甲烷气. 特种油气藏，1(1)：60～62.

孟召平，田永东，李国富. 2010. 煤层气开发地质学理论与方法. 北京：科学出版社：253～260.

任海军. 2010. 美国能源部长朱棣文称美国天然气储量可能翻番. http://news.sohu.com/20100407/

n271349731. shtml,2010-04-07.

沈建国,石孝志,陆灯云. 2006. 八角场气田大型加砂压裂工艺实践. 天然气工业,26(8):90~92.

孙天竹,康永尚,张晓娜等. 2019. 寿阳和柿庄区块煤储层压裂效果及其影响机理分析. 煤炭学报,44(10):3125~3134.

王绪性,仲冠宇,郭布民等. 2016. 沁水盆地南部3号煤压裂曲线特征及施工建议. 煤田地质与勘探,(3):36~39,45.

王肖. 2017. 滇东老厂矿区煤层气地质特征及甜点区段优选. 徐州:中国矿业大学硕士研究生学位论文.

王永辉,张福祥. 2008. 水力压裂缝缝高控制技术及其成功应用. 油气井测试,15(4):55~56.

王玉海,夏克文,孙国库等. 2011. 根据压裂施工曲线判断煤层气井压后裂缝展布及产气效果方法研究. 油气井测试,(2):25~29,76.

肖中海,刘巨生,陈义国. 2008. 压裂施工曲线特征分析及应用. 石油地质与工程,(5):99~102.

杨陆武,孙茂远. 2002. 中国煤层气藏的特殊性及其开发技术要求. 天然气工业,21(6):17~19.

张晓娜,康永尚,姜杉钰等. 2017. 沁水盆地柿庄区块3号煤层压裂曲线类型及其成因机制. 煤炭学报,42(S2):441~451.

张亚蒲,杨正明,鲜保安. 2006. 煤层气增产技术. 特种油气藏,13(1):95~98.

朱天寿,徐永高. 2012. 超低渗油藏压裂改造技术. 北京:石油工业出版社.

Cinco-Ley H, Samaniego-V F, PEMEX, UNAM. 1981. Transient pressure analysis: finite conductivity fracture case versus damaged fracture case. SPE, 10179, 56th SPE Annual Technical Conference and Exhibition.

Flottmann T, Barnett S B, Trubshaw R, *et al*. 2013. Influence of in-situ stress on fracture stimulation in the Surat basin, southeast Queensland. SPE Unconventional Resource Conference and Exhibition-Asia Pacific, SPE, 167064.

Gringarten A C, *et al*. 1978. Unsteady-state pressure distributions created by a well with a single infinite-conductivity vertical fracture. SPE, 347~360.

Palmer I D, Kutas G M. 1991. Hydraulic fracture height growth in San Juan Basin coalbeds. SPE, 21811.

Prats M, *et al*. 1960. Effect of vertical fracture on reservoir behavior-incompressible fluid case. SPE, 1575, 35th Annual Fall Meeting of SPE.

Rodvelt G. 2014. Coal bed methane-from prospect to pipeline. Pramod Thakur, Steve Schatzel and Kashy Aminian, 101~135.

Saulsberry L, Schafer P S, Schraufnagel R A. 1996. A guide to coalbed methane reservoir engineering. Gas Institute Report, GRI-94/0397, Chicago.

第六章　煤层气井排采动态表征和诊断

第一节　煤层气井排采系统

世界上，只有少数煤层气田无须排水，可直接采气，属干煤（dry coal）气田，如艾伯塔盆地的煤层气；而绝大部分煤层气田属含水煤层（wet coal）气田，煤层气的开采必须先降低储层压力，从而使得煤层气从煤基质表面解吸，扩散进入到裂缝系统中，然后通过裂缝系统渗流至井筒采出。煤层气井排采系统主要由排采设备、地面动力系统设备和地面排采流程3个部分组成（赵庆波等，1999；王红岩等，2005）。

一、煤层气井井下排采工艺技术

1. 排水采气原理

与常规天然气开采最大的不同是，煤层气开采需要排水采气，煤层水从油管中排出以降低煤层压力，在煤层压力降到临界解吸压力之下后，煤层气经解吸–扩散–渗流过程流入井筒，从油套环空中采出（图6.1）。

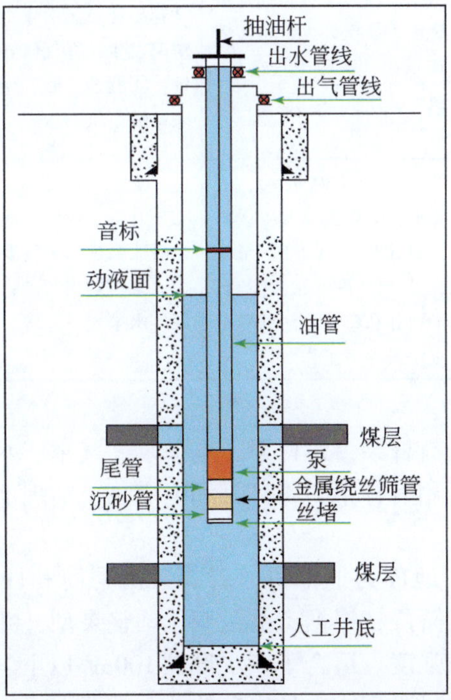

图6.1　煤层气井排采系统示意图

2. 井下排采设备

煤层气排采设备是保障煤层气井连续稳定排采的重要因素。所选用的排采设备必须成熟可靠、持久耐用、节能低耗、易于维修、较大范围的排液能力和控制排液、系统压力的能力（表6.1）。

表6.1　煤层气井排水采气工艺特点

技术名称	优点	缺点
气举排水采气技术	①气举工艺本身没有运动部件，结构非常简单；②不受固体颗粒影响；③受气体影响小；④排量可以灵活控制，最大排液量大，适应于煤层气井自动化工程；⑤适用于大斜度井等复杂井型	系统效率较低，工艺成本相对较高，由于地面设备要配置压缩机等装置，导致成本上升
有杆泵排水采气技术	①工艺比较配套，设备装置比较耐用，故障率低；②投资成本和运行成本较低；③抽深和排量能覆盖大多数气井，且通过调频电机调节冲程和冲次，容易实现排量的任意调节	①有杆抽油泵系统不能满足地层产出液量的急剧变化；②在煤层气井生产中后期，管式泵受气体影响比较严重，造成气井工况复杂，影响开发效率；③固体颗粒的产出易造成管式泵卡泵，增加作业成本
螺杆泵排水采气技术	①受固体颗粒影响小；②负载稳定，系统效率高；③设备结构简单、体积小，维护方便，费用低；④受气体影响小；⑤占地面积小	①定子寿命影响螺杆泵系统的使用效果；②现场用电不稳定，停井次数多，启抽困难，易造成杆柱扭断；③铠甲电缆腐烂易损坏；④泵下面万向节不能很好地消除偏心距造成的泵身振动，摩擦产生热量散失慢，致使泵体温度升高
电潜泵排水采气技术	①排量范围大、扬程高，无脉冲，运转平稳；②可形成较大的生产压差，理论上可将气井采至枯竭；③设备结构简单，易损件少，运转周期长，操作和维修工作量小；④调节性能好，运转可靠；⑤占地面积少，投资省；⑥适合斜井，水平井及海上油田	①电潜离心泵系统成本相对较高，一次性投入费用大；②容易烧泵。由于液面低，电机无法散热，导致烧泵情况发生；③气体含量高时，将会引起气体干扰或气锁；④腐蚀、砂、垢等对机组寿命影响较大；⑤对供电系统要求高
射流泵排水采气技术	①理论排量范围大，可达到10～500m^3/d，可以满足不同井的生产要求；②射流泵井下设备没有运动部件，能够抵抗出砂等因素的干扰。喷嘴和喉道材料特殊，井下设备可靠性能高，维修费用低；③可用于斜井和弯井；耐磨和抗腐蚀，能在高温高气液比条件下工作	①举升效率较低，通常小于25%；②为防止气蚀，水力射流泵排水采气要求较高的沉没度；③地面设备庞大，维护费用较高；④气水比太大也不适合水力射流泵排水采气

开采煤层气排水的方法有杆泵、螺杆泵、电潜泵、气举、水力喷射泵、泡沫法及优选管柱法等。我国目前主要采用有杆泵、螺杆泵和电潜泵，实现油管排水和套管采气。

1）有杆泵

有杆泵井下为管式泵，地面为抽油机。管式泵由泵筒和柱塞两大部分组成，适应性强，操作简单。在排采不同阶段，根据产水量变化调整泵型，并可通过调速电机调频，根据各井情况选择适当的排采强度。适合于产水量在100m^3以下，井斜不严重，出砂、煤粉较少的井上使用。对于产气量极高或大量出砂的井，需要进行特殊的井下设计。

目前，抽油机为浅层煤层气排水采气的主流设备，国内大部分煤层气井都在使用。抽油机设备结构简单，技术成熟，应用广泛，维修方便，适合低产液井工作。虽然抽油机本身系统效率较低，但是由于电机功率匹配较小，能耗并不突出。主要问题是大量煤粉进入抽油泵后，容易造成泵卡，不能正常工作。

2）螺杆泵

螺杆泵由定子和转子组成，结构简单，占地面积小、维护简单；配上调速电机可以在一个很宽的速度范围内工作，排量变化较大，最高日产水量可达到250m^3以上。适合产水量中等的排采井。

螺杆泵的地面设备简单，安装和管理方便。主要问题是供液不足容易烧泵，且杆柱易断脱。

3）电潜泵

电潜泵是潜没在被泵送介质中的离心泵。排量范围大，扬程高；可以根据产液变化要求进行变频调速；地面占用面积小和空间小、使用寿命长、便于管理。安装变频器后可以在10～50Hz范围内调整转速，达到控制排量的目的。适合井斜较大、产水量较高的排采井。

3. 排采过程中地层流体相态变化

在排水采气过程中，煤层气从煤基质进入生产井筒分为3个阶段（图6.2）：

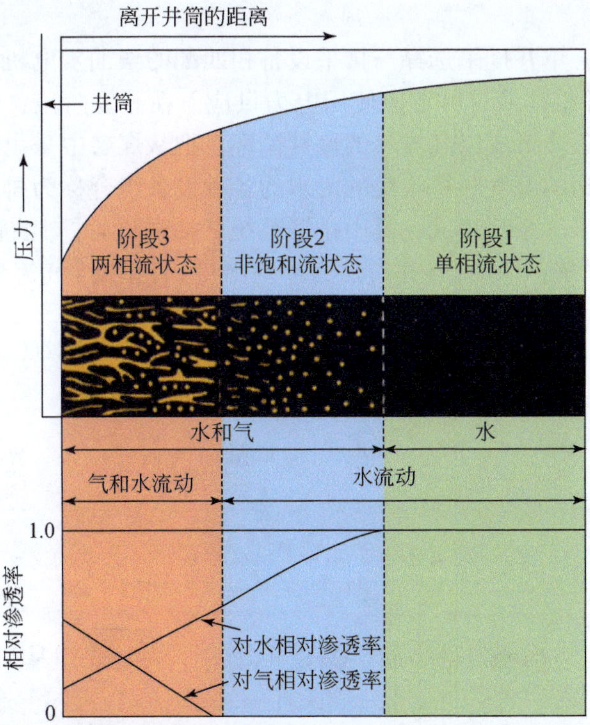

图6.2　煤层气产出的3个阶段示意图

1）单相流阶段

在储层压力未达到临界解吸压力之前，井筒附近压力不断下降，只有水产生；由于此时压降不大，故井筒周围只有单向流。

2）非饱和单相流阶段

当储层压力进一步下降到临界解吸压力之后，在井筒附近有一定数量的煤层气从基质块的微孔隙表面解吸，在浓度梯度的驱动下向裂缝系统扩散，在裂缝系统中形成互不连续的气泡并阻碍水的流动，因而水的相对渗透率下降。此时虽已存在气、水两相，但水中的含气量尚未达到饱和程度，因此尚未形成气相的连续流动。

3）气-水两相流阶段

当储层压力降至临界压力之后，随着排水降压的不断进行，有更多的气体解吸出来。在水中含气量达到饱和状态以后，便形成了气相的连续流动，气的相对渗透率大于零；随着储层压力下降和水饱和度降低，水的相对渗透率不断下降，气的相对渗透率逐渐上升，气产量亦随之增加，达到了开采中的两相流阶段。就同一煤层区域而言，在压力下降过程中，这 3 个阶段是随时间连续发生的。就整个煤层而言，某一阶段是由井筒附近开始，逐渐向周围煤层中推进的，这是一个递进的过程，而且脱水降压时间越长，受影响的面积就越大，随之煤层气解吸和排泄的面积也越大。

二、地面动力系统和排采流程

在勘探评价阶段，单井排采选择与排采设备相匹配的柴油发电机组作为动力供应，一般为 35～50kW；在井组排采时可考虑使用电力供应。在开发阶段，储层连续产气后，则采用燃气发电机组，逐步形成以气养气的良性循环。把从煤层中采出的煤层气和煤层水进行初步分离并变成输送的湿气和待收集的污水的各种设备组合称为排采地面流程。排采地面流程由排液系统和采气系统组成，其中排液系统：抽油机+井口油管出口+排水管线+计量池+蒸发池。采气系统：抽油机+井口油套环空出口+针型阀+气流量计+输气管线+点火装置（图 6.3）。

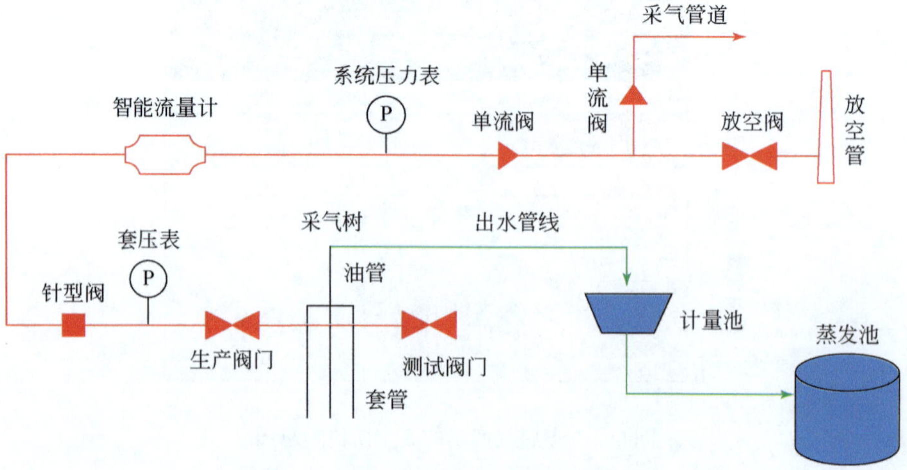

图 6.3　煤层气单井地面排采一般流程

第二节　煤层气井排采动态定量表征

影响煤层气井排采动态的因素很多，如煤储层的厚度、含气量、渗透率、储层压力、地解压差、构造等地质因素和排采工作制度等工程因素。同时，煤储层因其压力敏感性引起在排采过程中渗透率发生动态变化（邓泽等，2009）。因此，煤层气井的排采动态曲线多呈现跳跃和多变的形态，变化剧烈复杂，仅从表面上看，规律性不强，但其背后蕴含着能够揭示影响生产动态的地质和工程信息。也就是说，煤层气井排采动态曲线是地质信息和工程信息的有效载体，因此，从煤层气井排采动态曲线中挖掘典型指标，对煤层气井排采动态的表征具有重要的意义。

一、排采动态典型指标的定义和提取方法

煤层气主要是以吸附状态（75%～90%以上）附着于煤的内表面上，煤层气的产出是一个“排水-降压-解吸-扩散-渗流”过程（张群等，2001），煤层气井在排采初期产出单一水相，经过一段时间后，开始产气，呈现气、水同时产出的状态。因此，以见气前、后两个阶段划分排采动态对排采动态分析具有实用性和可操作性。另外，煤层气的产出伴随着煤层水的产出，煤层水与煤层气是一对孪生兄弟，煤层水是煤层气开发中不可回避的问题（高洪烈，1998；马凤山等，1998；周志成等，1999），因此，在煤层气井排采动态分析中，不仅要关注产气动态，也要关注产水动态，这是煤层气井与常规天然气井最大的不同之处。

基于以上分析，将煤层气井排采动态划分为见气前和见气后两个重要阶段，分别称为初始排水阶段和气水同产阶段，按两个阶段对产水动态、液面动态、产气动态进行典型指标的提取。

1. *初始排水阶段排采动态典型指标的提取*

在该阶段，煤层气井为单一产水相，日产水量受煤层渗透率、煤层厚度、生产压差（动液面）等因素影响，波动大，对单日数据的分析没有意义，从排采动态曲线中，可提取初始见气时间、初始累计排水量、初始降液幅度等典型指标，从这些指标中，又可进一步提取初始排水速度。初始排水阶段各典型指标定义如下：

（1）初始见气时间，为煤层气井开抽后到出现15d以上较连续产气量之前的单一排水阶段的延续时间，单位为d；

（2）初始累计产水量，为从煤层气井开抽后到初始见气时间之间煤层气井的累计产水量，单位为m^3；

（3）初始降液幅度，为煤层气井原始液面与初始见气时动液面的差值，单位为m；

（4）初始排水速度，为初始降液幅度与初始见气时间的比值，单位为m/d。

根据以上定义，××区块×井在2009年5月3日投产，于2009年10月16日开始连续产气，该井初始见气时间为169d，初始累计产水量为1468.91m^3，初始降液幅度为236m（图6.4），初始排水速度为1.41m/d。

2. 气–水同产阶段典型指标提取

在该阶段，伴随着动液面的波动递降，日产水量和日产气量出现波动现象，动液面稳定期对应的平均日产水量相对较好地反映煤层气井的产水能力，而日产气量相对稳定期的平均日产气量相对较好地反映煤层气井的产气能力，因此，典型日产水量和典型日产气量是两个可直接提取的典型指标，同时，为了在不同井之间开展对比分析，需要将典型日产水量和典型日产气量折算成典型米产水指数和典型米产气指数。

（1）典型日产水量，为煤层气井在气–水同产阶段动液面较稳定期间的平均日产水量，单位为 m^3/d；

（2）典型日产气量，为煤层气井在气–水同产阶段日产气量连续 15d 以上较稳定期间的平均日产气量，单位为 m^3/d。

（3）典型米产水指数，为典型日产水量对应期间的单位平均动液面降幅、单位射孔段长度下的典型日产水量，单位为 $m^3/(d \cdot m \cdot m)$，计算公式如下：

$$I_w = \frac{Q_w}{l_{w1} h} \tag{6.1}$$

（4）典型米产气指数，为典型产气量对应期间单位平均动液面降幅、单位射孔段长度下的典型日产气量，单位为 $m^3/(d \cdot m \cdot m)$，计算公式如下：

$$I_g = \frac{Q_g}{l_{w2} h} \tag{6.2}$$

式中，I_w为典型米产水指数，$m^3/(d \cdot m \cdot m)$；I_g为典型米产气指数，$m^3/(d \cdot m \cdot m)$；Q_w为典型日产水量，m^3/d；Q_g为典型日产气量，m^3/d；l_{w1}为典型日产水量对应期间的平均动液面降幅，m；l_{w2}为典型日产气量对应期间的平均动液面降幅，m。

典型米产水指数和典型米产气指数是反映煤储层性质、渗透率、流体参数、完井条件，以及泄水、气面积等与产量之间关系的综合指标。

根据以上定义，××区块×井的典型日产水量为 $6m^3/d$，稳定低产气阶段的典型日产气量为 $1700m^3/d$，稳定高产气阶段的典型日产气量为 $3600m^3/d$（图 6.4），典型米产水指数为 $0.004m^3/(d \cdot m \cdot m)$，典型米产气指数低值为 $1.173m^3/(d \cdot m \cdot m)$，典型米产气指数高值为 $2.484m^3/(d \cdot m \cdot m)$。

二、排采动态典型指标提取的意义

从煤层气井复杂的排采动态曲线中提取典型指标，分析典型指标之间及其与地质因素和工程因素之间相互关系分析，从而可以建立煤层气井排采动态典型指标分析方法体系，丰富了煤层气井排采动态分析的内涵，为指导煤层气井的部署和工程措施设计和加快高效开发煤层气具有重要意义（康永尚等，2013）。

在煤层气井单井排采典型动态指标提取的基础上，通过分析多口井排采动态典型指标之间的相互关系和这些指标与地质变量之间及其与排采制度之间的关系，揭示影响煤层气井排采动态的主控地质因素和主控工程因素，是排采动态分析的目的所在，从单井排采动态典型指标提取到多井排采动态指标的提取，从分析典型动态指标之间的相互关系和这些

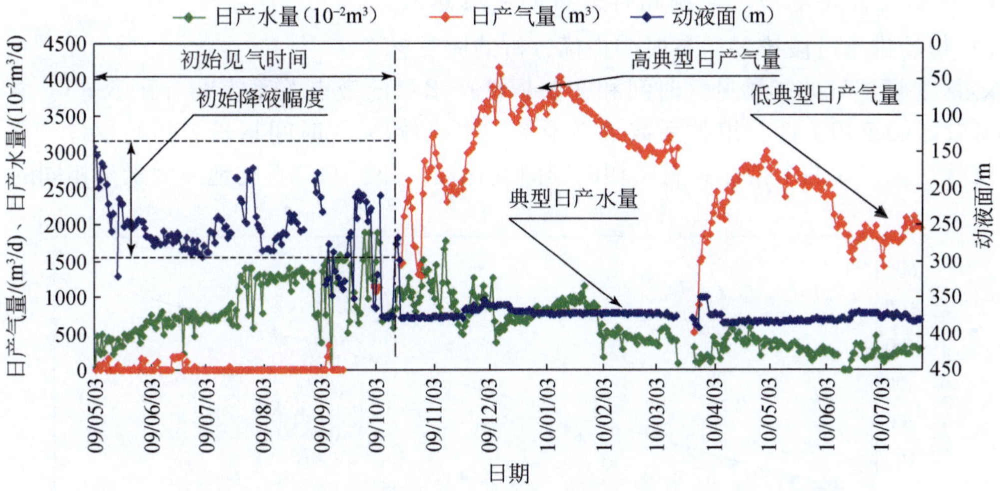

图 6.4　××区块×井单井排采动态曲线和典型指标提取示意图

指标与地质变量之间及其与排采制度之间的关系，到揭示排采动态背后蕴含的地质和工程信息，进而指导排采井位的优选和排采工作制度的优化，构成了煤层气井排采动态典型指标分析方法体系（图 6.5）。

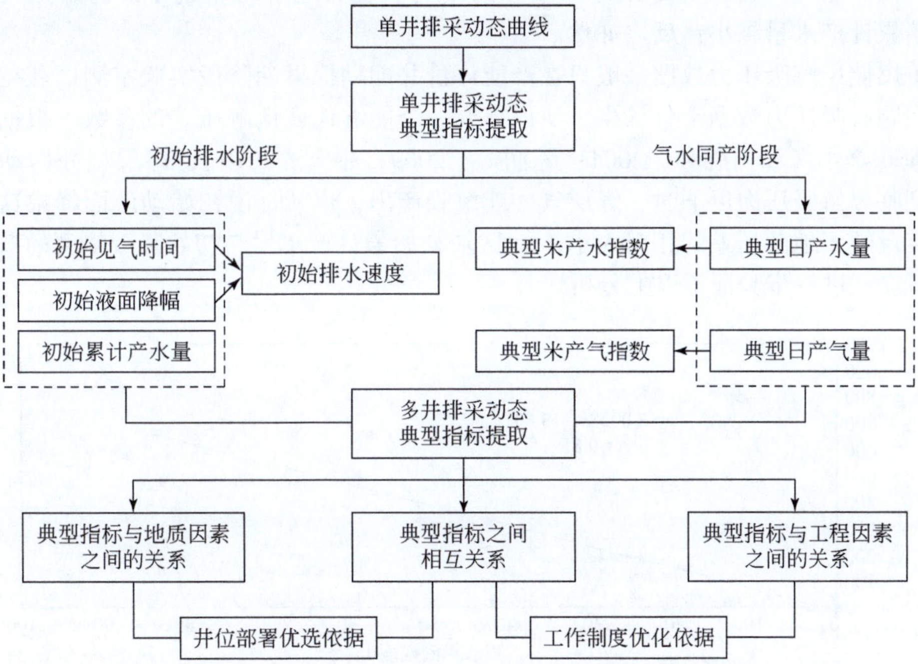

图 6.5　煤层气井排采动态典型指标分析方法体系框架图

1. 煤层气井排采动态典型指标分析的地质意义

1）初始排水阶段排采动态典型指标分析的地质意义

××区块煤层气井初始见气时间和初始累计产水量的散点关系表明（图 6.6），它们之间具有较好的正相关性，相关系数 R 为 0.86，即初始见气时间越长，初始累计产水量越大。也就是说，这两个指标具有密切的同向变化性，即影响二者的地质因素是相同的。

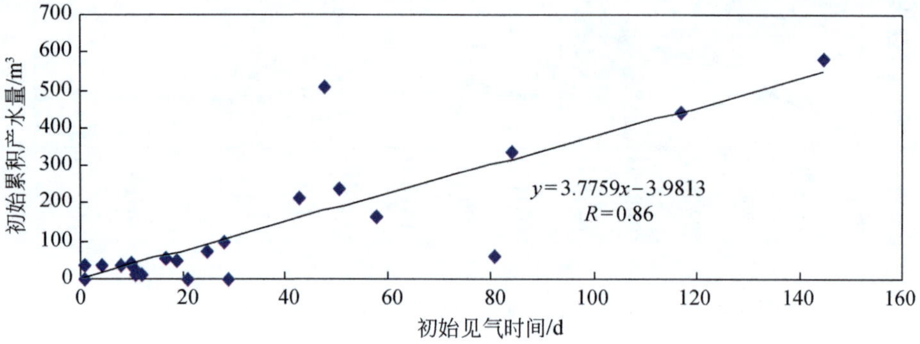

图 6.6 ××区块初始累计产水量与初始见气时间散点关系图

根据煤层气排采的机理，从理论上来看，这两个指标的关键影响因素为地解压差，地解压差对初始见气时间和初始累计产水量的影响表现为地解压差越小，初始见气时间越短，初始累计产水量越小；反之亦然。

由于煤储层解吸压力数据一般只在产能评价井即勘探早期阶段实验室测试获得，且由于成本问题解吸压力数据十分稀少。所以需要一个能够代表地解压差的参数。根据煤储层解吸机理（李小彦和司胜利，2004；陈润等，2009；牛雪，2010），煤层气井内动液面必须在降到临界解吸压力以下时，煤层气才能解吸产出，也就是说初始动液面降幅这一典型指标间接反映了地解压差的相对大小。××区块初始累计产水量与初始降液幅度的散点关系图（图 6.7）进一步验证了以上分析。

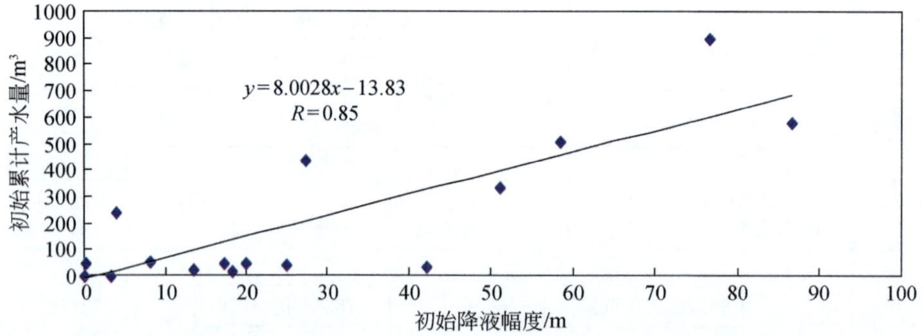

图 6.7 ××区块初始累计产水量与初始降液幅度散点关系图

2）气-水同产阶段排采动态典型指标的地质意义

典型日产水量和典型日产气量是反映煤层气井在气-水同产阶段排采动态特征的两个

典型指标，它们共同的关键地质影响因素为地层能量，同时，典型日产气量还受煤层厚度、含气量和煤层渗透率等静态地质因素的影响。

（1）典型日产水量和典型日产气量与地层能量的关系。

地层能量的大小可以用原始压力水头的高低来反映。在地层富水性、地下水补给条件及地层渗透率条件相近的情况下，原始压力水头越高，驱动压力越大，则产水量就越大；产水量越大，则降压波及范围越广，最终累计产气量越大。××区块煤层气井典型日产水量与原始压力水头散点关系图（图6.8），表明两者之间的相关系数 R 为0.78，正相关性好，说明原始压力水头对煤层气井典型日产水量影响很大。

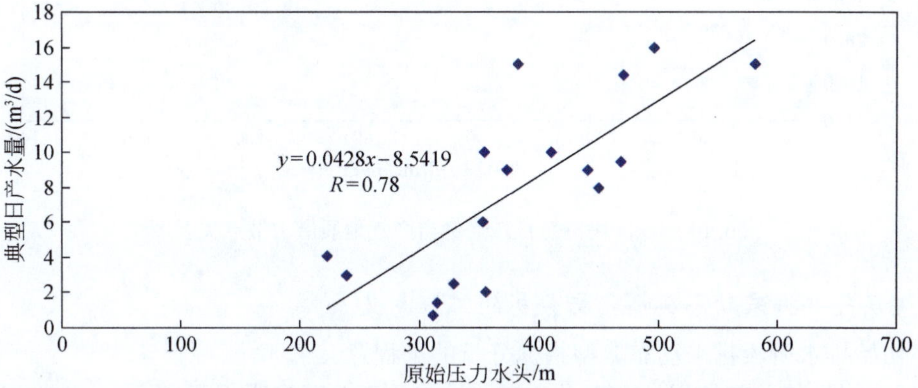

图6.8　××区块典型日产水量与原始压力水头散点关系图

从典型日产气量与原始压力水头的散点关系图（图6.9）可见，二者之间没有明显的相关关系，说明典型日产气量受到的影响因素更复杂。下面，从静态地质条件方面探讨典型日产气量的影响因素。

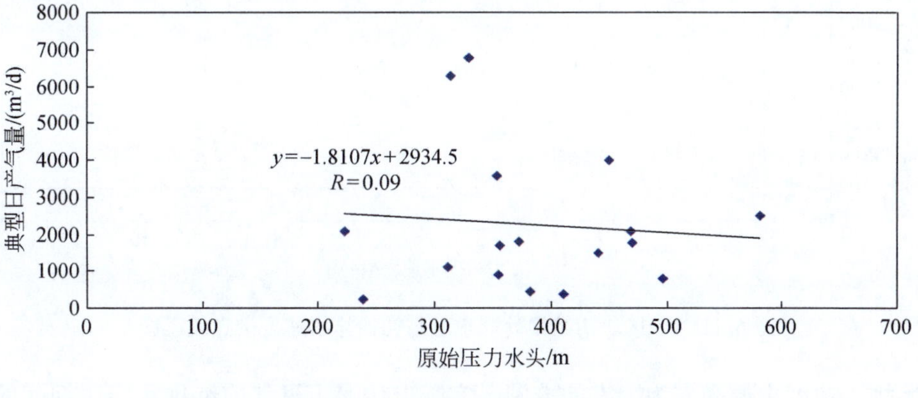

图6.9　××区块典型日产气量与原始压力水头散点关系图

（2）典型日产气量与静态地质因素的关系。

煤储层的厚度、含气量和渗透率等静态地质变量共同决定了煤层气井的产气地质潜力，煤层气井的产气地质潜力是由煤储层的储气地质潜力和排液能力共同决定的，前者是后者的基础，后者代表气体排出的难易程度，因此，我们用井点处煤储层的厚度、含气量和渗透率的乘积代表煤层气井的产气地质潜力，××区块日产气量与产气地质潜力散点关系图表明（图6.10），两者之间具有较好的线性正相关性，说明产气量的大小主要受控于煤层厚度、含气量和渗透率等因素。

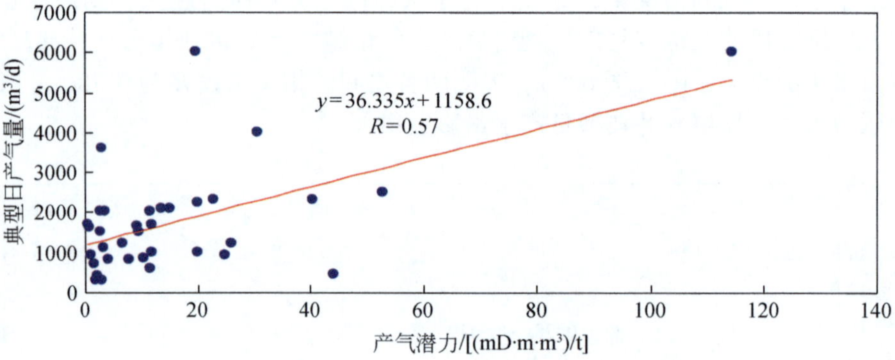

图6.10　××区块典型日产气量与产气地质潜力散点关系图

2. 煤层气井排采动态典型指标分析的工程意义

1）初始排水阶段排采动态典型指标分析的工程意义

××区块煤层气井初始累计产水量与初始排水速度关系表明（图6.11），初始排水速度在0.9m/d时出现不同的表现：初始排水速度小于0.9m/d时，一半井初始累计产水量大于500m^3，另一半小于500m^3；初始排水速度大于0.9m/d时，初始累积产水量则低于500m^3。而初始累计产水量越小，代表排出的煤层水越少，则降压解吸范围越小，对采气是不利的。

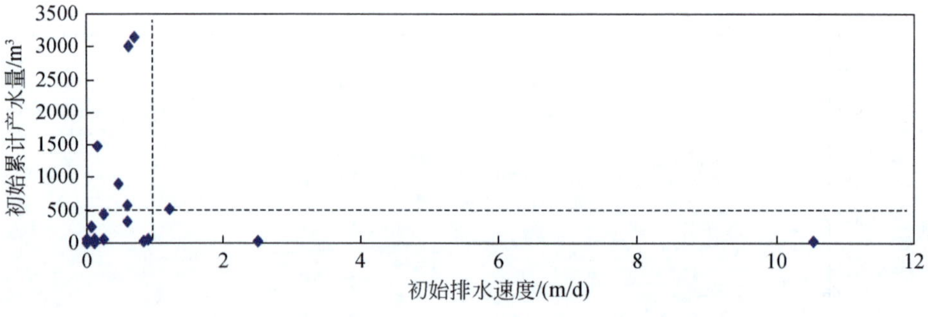

图6.11　××区块初始累计产水量与初始排水速度散点关系图

初始排水速度主要受人为因素的控制，实际上代表了见气前纯排水降压期间的排采工作制度。初始排水速度太快不利于压力敏感性煤储层的保护和有效降压，初始排水速度太慢则延长了初始排水的时间或滞后了气井见气的时间，加大了排水的时间和成本的投入。针对不同地区的煤储层，如果在一个合理的排水速度下排采，将是有利的。

2）气-水同产阶段排采动态典型指标分析的工程意义

倪小明等（2007）指出确定气井排采初期液面降低速度的思路是：首先确定饱和水单相流阶段始末时间，其次是求得初始产气时的影响半径和时间。动液面高度是井底流压的直接反应，应用等温吸附曲线理论、微分几何理论、达西定律、数值分析等方法，求取动液面变化量及影响半径和时间，最终可以求得气井排采初期的液面降低速度（倪小明等，2007）。

从××区块煤层气井实际动态资料出发，提取初始排水速度、典型米产水指数、典型米产气指数等指标，分析个典型指标之间的相关关系并揭示其背后所隐藏的工程意义，针对研究区实际情况确定有利于煤层气井排采的初始排水速度。

典型米产水、气指数与初始排水速度的散点图表明（图 6. 12、图 6. 13），它们都在初始排水速度为 0. 9m/d 时出现相反的现象：初始排水速度在 0. 9m/d 以下，典型米产水、气指数有随排水速度的增大而增大的趋势；初始排水速度在 0. 9m/d 以上，典型日产水、气指数有随排水速度的增大而减小的趋势。

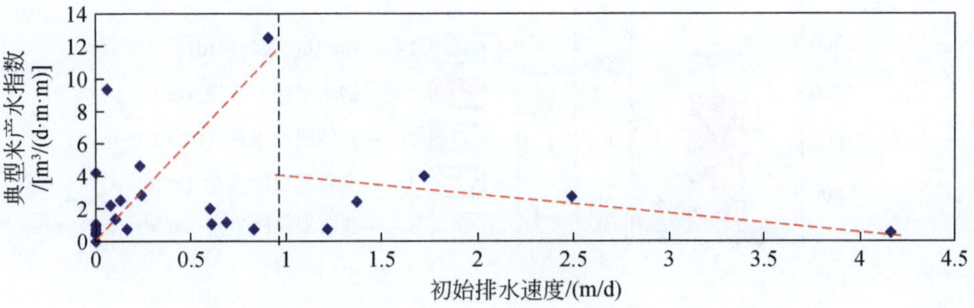

图 6. 12　××区块典型米产水指数与初始排水速度散点关系图

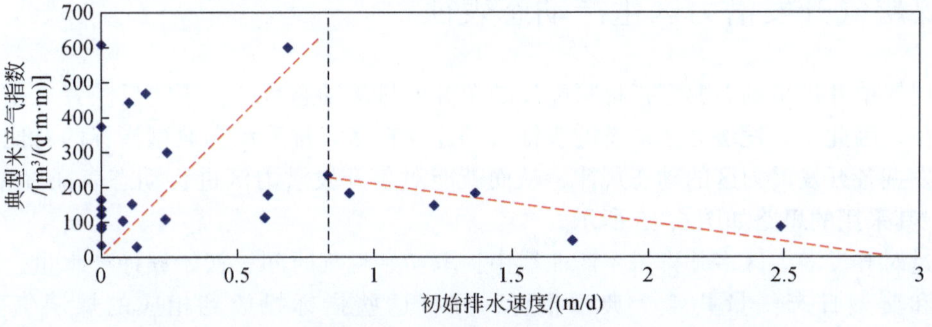

图 6. 13　××区块典型米产气指数与初始排水速度散点关系图

××区块煤层气井排采动态典型指标的提取及分析，以及初始累计产水量、典型米产水指数和典型米产气指数与初始排水速度之间的相关关系散点图都表明研究区内合理的初始排水速度应为 0. 9m/d，故初期排采工作制度应控制在动液面每天下降 0. 9m 为宜；地解压差可以折算为初始降液幅度，结合初始排水速度可以预测气井的初始见气时间，这样就可以在见气前根据需要及时调整工作制度，可见排采动态典型指标分析对排采工作制度的优化具有重要的指导意义。

三、煤层气井生产动态表征

从煤层气单井排采生产曲线中提取的4个典型动态指标，代表着单井排采动态的特征，从而可以把4个典型动态指标通过直方图来直观表征单井排采动态。例如，××井单井排采动态可以通过图6.14表征。从表征图可以看出，该煤层气井的初始见气时间很短，初始累计产水量一般，典型日产水量小，而典型日产气量高，表明该井具有较好的排采潜力。

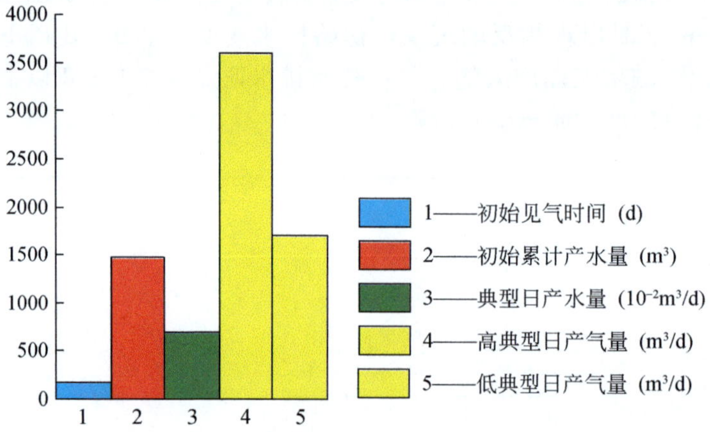

图6.14　××单井排采动态表征示意图

四、煤层气开发潜力区生产动态表征

煤层气单井排采动态典型指标只能反映单井的排采动态特征，不能反映背后蕴含着的动态规律。因此，开发潜力区动态的表征必须建立在多井排采动态典型指标的对比分析基础上，发掘各开发潜力区的动态规律，从而就能对各开发潜力区进行动态表征（秦绍锋，2012），其采用的思路如图6.15所示。

通过对开发潜力区多井排采生产曲线中提取初始见气时间、初始累计产水量、典型日产水量和典型日产气量共4个典型指标，并将这些指标投放到相应的煤层气井位上（图6.16），寻找规律性认识。从图6.16中可以看出，××区块4个典型指标具有一定的规律性，初始见气时间和初始累计产水量两个指标在VI型区（断裂附近区）呈现相对高值，其次为III型区（低势局部向斜区）和IV型区（低势平缓构造区），而I型区（高势局部背斜区）、II型区（高势平缓构造区）和V型区（高低水势过渡构造平缓区）呈现相对低值；而典型日产水量在VI型区（断裂附近区）、III型区（低势局部向斜区）和IV型区（低势平缓构造区）都呈现出相对高值，其次为V型区（高低水势过渡构造平缓区），而I型区（高势局部背斜区）和II型区（高势平缓构造区）最小；典型日产气量在I型

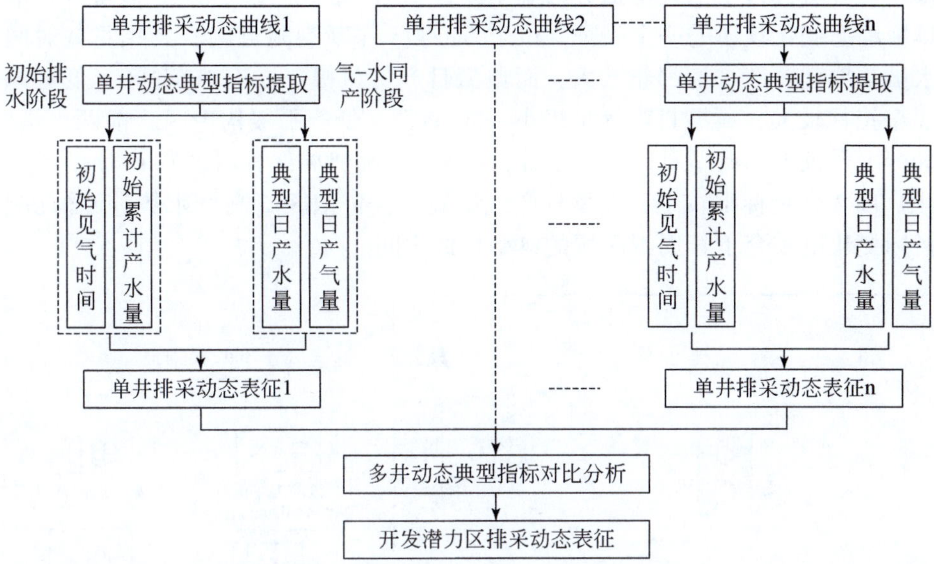

图 6.15　煤层气排采动态表征方法框架图

区（高势局部背斜区）、II 型区（高势平缓构造区）和 V 型区（高低水势过渡构造平缓区）呈现相对高值，III 型区（低势局部向斜区）和 VI 型区（断裂附近区）都基本为最低值。

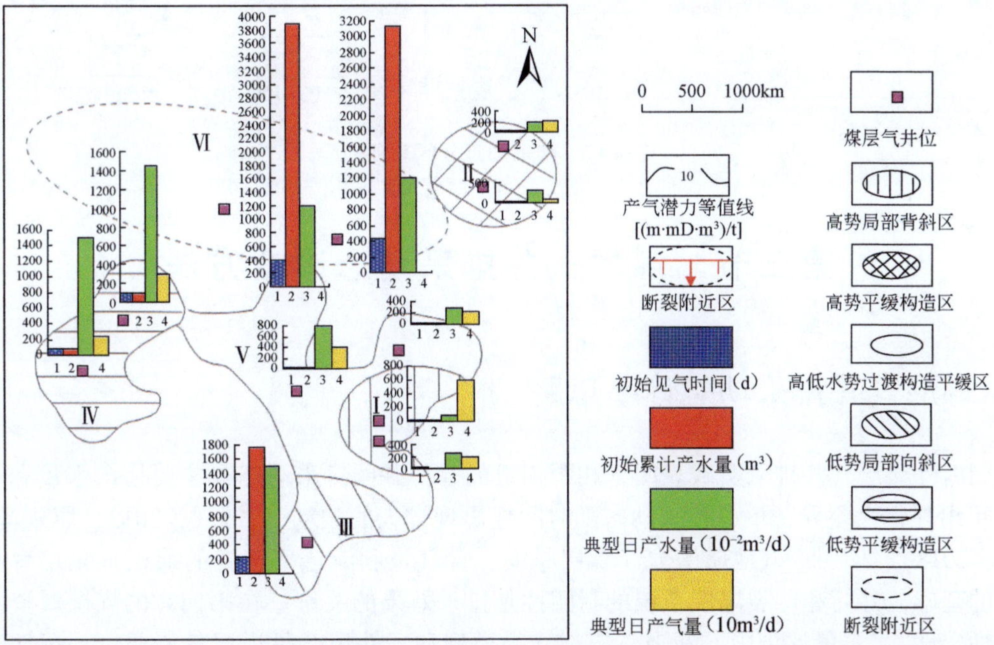

图 6.16　排采动态典型指标分布图

根据以上分析，将4个典型指标的规律进行归纳（图6.17），即××区块开发潜力区煤层气井排采动态变化规律的一个表征。位于VI型区（断裂附近区）初始见气时间、初始累计产水量及典型日产水量都非常大，而典型日产气量极小；而III型区（低势局部向斜区）前3个指标较大，典型日产气量极小；IV型区（低势平缓构造区）前两个指标中等，但典型日产水量较大，典型日产气量中等；I型区（高势局部背斜区）和II型区（高势平缓构造区）前3个指标都较小，典型日产气量较大；V型区（高低水势过渡构造平缓区）的4个指标变化范围介于其周围区域的典型指标之间。

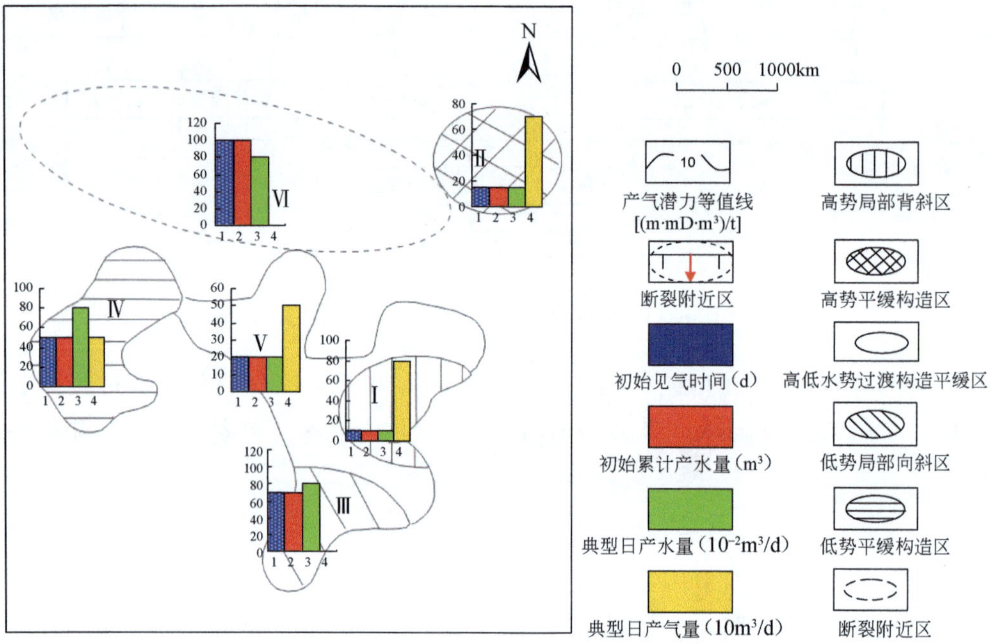

图6.17　排采动态分区表征图

第三节　煤层气井排采动态诊断方法

一、煤层气井排采动态诊断思路

国内外煤层气井排采实践表明，相距很近的井，井间排采动态（主要指产水量和产气量）可出现很大差异，单井排采动态随时间也出现较大的波动（Moore，2012；康永尚等，2013，2018）。储层产气地质潜力（煤层厚度、含气量和渗透率三者的乘积）是培育高产气井的基础，井筒和压裂煤层系统的封闭性是排采效果的关键。在第四章的煤层气资源可动用性定性-半定量评价中，断裂、压裂缝的类型和岩性组合是煤层气资源可动用性的关键。故在对某口井开展排采动态诊断时，首先要考虑断裂的作用，其次，要看压裂缝的类型和岩性组合，这三个因素决定了一个井层能否在规避外源水的条件下有效降压解吸，是煤层气井产水和产气的重要影响因素，是煤层气井排采动态诊断的重要方面（康永尚等，2017）。因此，本书提出了“一看断裂、二看压裂缝类型、三看岩性组合”的单井排采动态层次诊断方法（图6.18）。

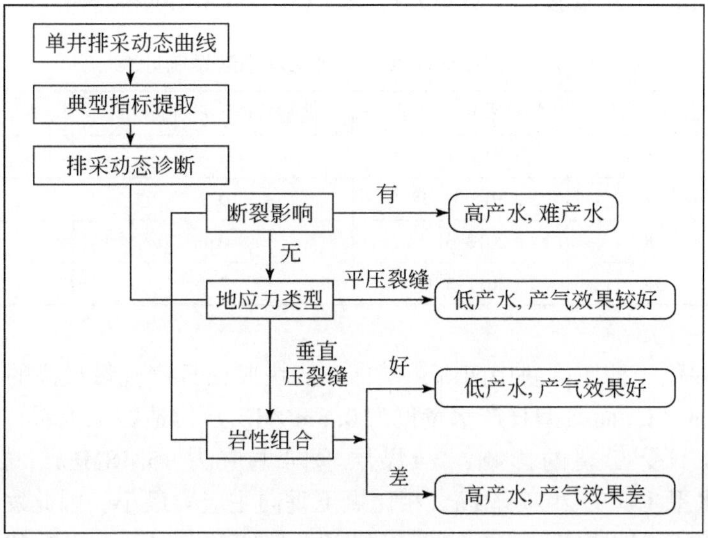

图6.18　煤层气井单井排采动态层次诊断方法流程图

单井排采动态层次诊断方法的具体实施步骤为：①首先分析诊断井所处的位置是否在断裂构造带影响的范围内，若在断裂影响范围内，则易受断层沟通煤层含水层的影响，出现高产水和难产气的情况；②若诊断井所处位置构造稳定，无断裂影响，则分析区域地应力类型并据此判断压裂缝类型，其中水平或低角度压裂缝多在煤层中延伸扩展，不易沟通含水层；③若煤层发育垂直或高角度压裂缝则需进一步深入分析煤层顶底板岩性组合，如果隔水层厚度大，岩性组合好则产水量小、产气量高或上升空间大，反之，则会出现高产水、低产气或不产气的排采动态特征。另外，在排采工程实施过程中，考虑煤储层应力敏感性的排采工作制度是提高排采效果的重要环节，排采制度不合理（李国富和侯泉林，2012）和煤粉产出控制不当（魏迎春等，2014）等方面也会导致产气效果差。

需要强调的是，煤层气井排采动态的控制因素十分复杂，通过主控因素分析，抓住排采动态的核心问题，不失为一条解决单井排采动态诊断问题的有效途径（田博凡等，2018）。故仅围绕断裂构造、水力压裂缝类型和岩性组合3个主控因素，定性地对煤层气井的排采动态进行诊断。在目前的资料和认识水平下，尚难以提出研究区的定量诊断参数，需要今后随资料的积累，逐渐深化这方面的研究工作。

二、煤层气井排采动态诊断实例

柿庄区块煤层气井排采吸收了我国煤层气勘探开发早期采用快速排水导致压降漏斗无

法向远处扩展的教训，采用了控制性排水措施，因此，煤层气井的排采动态主要受控于地质因素和储层改造因素。根据上述煤层气井排采动态诊断步骤，本书选取柿庄区块4口典型煤层气井（表6.2，图6.19），深入剖析和合理地解释了其排采动态差异的原因，说明上述诊断方法是可行的，能够实现对单井排采动态的系统诊断和分析。

表6.2　柿庄区块典型井排采动态数据统计表

井名	排采煤层	排采起始时间	典型日产水量/(m^3/d)	典型日产气量/(m^3/d)
×-006	3#	2010-10-7	0.8	2979
×-003	3#	2012-11-17	0.2	250
×-029	3#	2013-6-15	19	50
×-025	3#	2012-5-16	7.1	157

（1）×-006井位于柿庄区块中南部，是柿庄区块典型日产气量最高的煤层气井，典型日产气高达2979m^3/d，而典型日产水量仅为0.8m^3/d。从构造特征上看，该井远离断裂构造带，排采基本不受断裂的影响；3#煤层垂向主应力15.18MPa，最小水平主应力21.1MPa，最大水平主应力29.78MPa，相比之下垂向主应力最小，因此发育水平或低角度压裂缝；3#煤层顶板泥岩厚度为12.35m，底板泥岩厚度为9.6m（图6.19a），这一方面为煤层气的富集和保存创造了良好的条件，同时良好的顶底板岩性和厚度使得煤层外含水层中的水很难进入煤层干扰煤层气井排采，因此该井表现出典型的低产水、高产气特征。

（2）×-003井位于柿庄区块南部，该井典型日产水量极低，仅为0.2m^3/d，典型日产气量相对较高为250m^3/d。该井所处区域构造稳定，不受断裂影响；3#煤层垂向主应力为20.36MPa，最小水平主应力22.4MPa，最大水平主应力31.28MPa，垂向主应力最小，发育水平或低角度压裂缝；3#煤层顶板为3.39m厚的泥岩，底板为1.12m厚的泥岩（图6.19b），尽管砂岩含水层具煤层较近，但因其发育水平或低角度压裂缝，不易沟通含水层，使得煤层气井产水量低。

（3）×-029井位于柿庄区块东部，典型日产水量高达19m^3/d，而典型日产气量仅为50m^3/d，为典型的高产水、低产气井。该井位于研究区中部NE向寺头正断层伴生的小型断裂影响范围内；3#煤层垂向主应力为22.98MPa，最小水平主应力24.5MPa，最大水平主应力38.78MPa，垂向主应力最小，发育水平或低角度压裂缝；其顶板为4.3m厚的泥岩，底板为3m厚的泥岩，隔水层厚度相对较小（图6.19c）。综合分析认为，该煤层气井高产水、低产气的原因主要是由该井附近的小型断裂沟通含水层所导致。

（4）×-025井位于柿庄区块东部，典型日产水量较高，达7.1m^3/d，而典型日产气量为157m^3/d。该井远离断裂构造，排采动态基本不受断裂影响；3#煤层垂向主应力为28.86MPa，最小水平主应力16.60MPa，最大水平主应力19.59MPa，垂向主应力最大，发育垂直或高角度压裂缝，3#煤层顶板泥岩仅为1.39m，砂岩含水层达到4.52m，底板隔水层仅为1.13m，含水层为1.61m（图6.19d），顶底板隔水层厚度小而相邻含水层厚度相对较大，因此该井较高的产水量是由于垂直或高角度压裂缝沟通含水层所致。

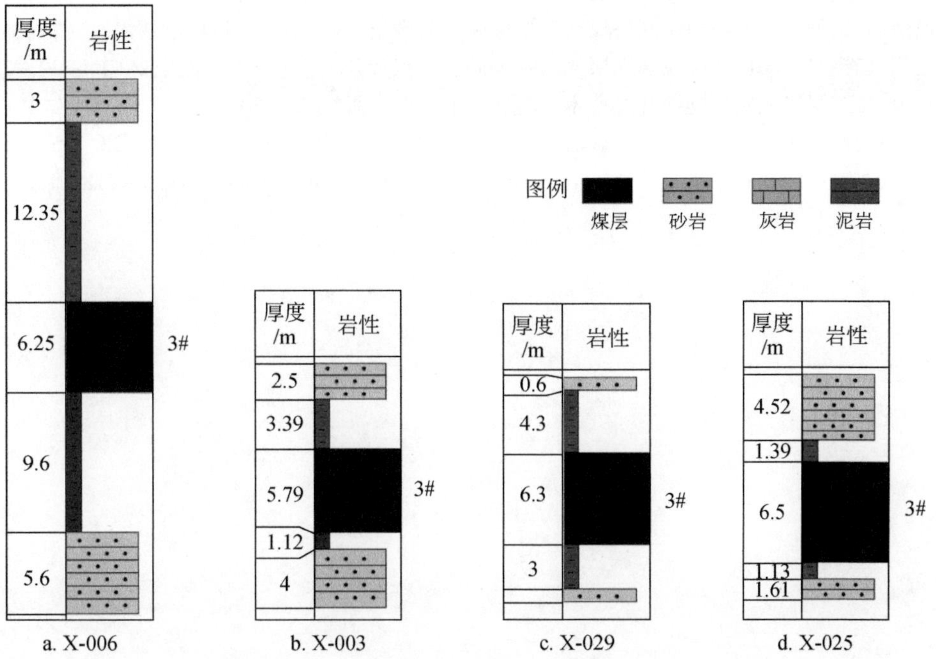

图 6.19　柿庄区块单采 3#煤层典型煤层气井岩性柱状图

参 考 文 献

陈润,秦勇,杨兆彪等. 2009. 煤层气吸附及其地质意义. 煤炭科学技术,37(8):103～107.

邓泽,康永尚,刘洪林,李贵中,王勃. 2009. 开发过程中煤储层渗透率动态变化特征. 煤炭学报,34(7):947～951.

高洪烈. 1998. 论煤层气与地下水. 中国煤田地质,10(4):45～48.

康永尚,姜杉钰,李生杰,王金,叶建平,张守仁,张兵,秦绍锋,吴见. 2017. 沁水盆地柿庄区块煤层气井排采动态诊断方法. 煤炭学报,42(6):1496～1505.

康永尚,李喆,刘娜,邓泽,王伟洪. 2018. 滇东恩洪和老厂煤层气可动性及对产气动态的影响. 煤炭科学技术,46(9):217～226.

康永尚,秦绍锋,韩军,毛得雷,窦凤珂. 2013. 煤层气井排采动态典型指标分析方法体系. 煤炭学报,38(10):1825～1830.

李国富,侯泉林. 2012. 沁水盆地南部煤层气井排采动态过程与差异性. 煤炭学报,37(5):798～803.

李小彦,司胜利. 2004. 我国煤储层煤层气解吸特征. 煤田地质与勘探,32(3):27～29.

马凤山,李尚儒,蔡祖煌. 1998. 煤层气开发的水文地质问题. 水文地质工程地质,(3):20～22.

倪小明,王延斌,接铭训,吴建光. 2007. 煤层气井排采初期合理排采强度的确定方法. 西南石油大学学报,29(6):101～104.

牛雪. 2010. 煤层气吸附解吸性能评价及渗流实验研究. 北京:中国石油大学(北京).

秦绍锋. 2012. 韩城煤层气田单井排采效果评价. 北京:中国石油大学(北京).

田博凡,康永尚,刘娜,孙良忠,顾娇杨,孙晗森. 2018. 滇东-黔西煤层气井排采动态影响因素及初始排水速度优化步骤. 煤炭学报,43(6):1716～1727.

王红岩,刘洪林,赵庆波等.2005.煤层气富集成藏规律.北京:石油工业出版社:5~7.
魏迎春,张傲翔,姚征等.2014.韩城区块煤层气排采中煤粉产出规律研究.煤炭科学技术,42(2):85~89.
张群,冯三利,杨锡禄.2001.试论我国煤层气的基本储层特点及开发策略.煤炭学报,26(3):230~235.
赵庆波等.1999.煤层气地质与勘探开发技术.北京:石油工业出版社:57~61.
周志成,王念喜,段春生.1999.煤层水在煤层气勘探开发中的作用.天然气工业,19(4):23~25.
Moore T A. 2012. Coalbed methane: a review. International Journal of Coal Geology, 101: 36~81.

第七章　煤层气井排采工作制度优化

煤层气作为一种非常规天然气，其“非常规”性主要表现在其赋存状态与开发方式上，其勘探开发与常规天然气藏有显著的差别。由于煤层气的90%以上以吸附状态附着于煤的内表面上，煤层气采出的关键是对煤层气的解吸排出，煤层气的产出具有“排水-降压-解吸-扩散-渗流”过程。

由于煤储层本身较软，排采过程中易被压实，储层的应力敏感性极强，受到有效应力效应、基质收缩效应和克林肯贝格（Klinkenberg）效应的综合影响。我国煤层气单井产量不高，除了渗透率低这个客观因素外，一个很重要的原因就是生产制度的不合理，即未重视或未搞清煤储层开发物性（特别是渗透率）随储层压力变化规律的重要性，缺少对生产制度进行优化或模拟的理论基础。也正是这一特点，决定了煤层气开发储层物性随储层压力的变化规律定量研究是煤层气勘探开发过程中的一个极其重要的环节，是煤层气井制订合理工作制度的基础。

本章首先讨论煤储层物性变化规律，在此基础上，利用数值模拟方法，讨论了煤层气井排采工作制度优化问题。

第一节　煤储层渗透率动态变化规律

关于开发中煤储层物性的动态变化规律目前仍是一个难点问题，对其规律是否认识清楚将直接决定数值模拟是否合理可靠、排采制度是否合理乃至一次开发方案的成与败。

一、渗透率动态变化机理

煤体本身抗压能力弱，易被压实，因此更需关注有效应力对其物性影响；煤层气降压开发中会发生解吸现象，这提醒我们需关注其特有的基质收缩现象；煤储层渗透率较低，这提醒我们需关注克林肯贝格效应的影响。

可见，煤层气开发排采过程中受多方面因素的影响，煤储层物性是动态变化的。概括起来主要受有效应力效应、基质收缩效应和克林肯贝格效应3种效应制约（Mavor and Vaughn，1998；Pan and Connell，2007）。

有效应力效应是指由于排采降压导致煤体承受的有效应力增加，煤体被压实而降低物性的效应；基质收缩效应是指，当储层压力小于临界解吸压力后，吸附的煤层气发生解吸导致煤储层物性改善的效应，是解吸过程所特有的效应；克林肯贝格效应是指，在渗透率较低，气体分子自由流动的平局展布与通道展布一致时，气体分子会与通道壁发生碰撞，而促进达西流动的效应。

1. 有效应力效应

太沙基（K. Terzaghi）早在1923年就提出了有效应力原理的基本概念，阐明了碎散颗粒材料与连续固体材料在应力—应变关系上的重大区别，从而使土力学成为一门独立学科的重要标志。太沙基提出的饱和土体有效应力原理可阐述为：作用于饱和土体内某截面上总的正应力 σ_T 由两部分组成：一部分为孔隙水压力 P，另一部分为有效应力 σ，饱和土中总应力与孔隙水压力、有效应力之间存在如下关系：$\sigma_T = P + \sigma$。1960年Cook将其进行了修正并应用于岩石类材料中，煤体骨架所受有效应力可用数学张量表示，即

$$\sigma = \sigma_T - aP \tag{7.1}$$

式中，σ 为煤体骨架所受有效应力，MPa；σ_T 为煤体骨架所受总应力，MPa；a 为与煤体有关的系数，$0 \leq a \leq 1$；P 为煤体骨架所受孔隙压力，MPa。

煤储层物性随有效应力变化的现象已被很多学者研究（Harpalani and Schraufnagel, 1990；赵阳升和胡耀青，1995；姜德义等，1997；孙培德等，1999），研究成果表明，尤其是在低渗的煤层中，由于有效应力的增加导致渗透率会降低两个及以上数量级。

有效应力对渗透率变化的负效应主要表现在，煤层气的开发过程中，随排水降压的进行，流体压力减小，煤体本身所受有效应力增加，导致渗透率降低。

2. 基质收缩作用

Gray（1987）首次提出，基质收缩影响煤层割理的渗透率。煤层气井的产量有时会出现第二次增加，这是由于甲烷解吸后引起的煤基质体积收缩，裂缝宽度增加，相应的煤储层绝对渗透率增大引起的。煤层气解吸后引起的煤储层绝对渗透率的增大是很重要的，要准确的储层模拟和生产预测，都需要对渗透率的瞬时变化有一透彻的了解。

当煤基质中不含瓦斯气体时，孔隙表面暴露，煤基质孔隙周围的表面层分子（或原子）失去引力平衡，只受到相对孔隙表面的长程力作用，与本体相中的分子相比存在势能差，即为表面自由能（简称表面能）。从而使得经过足够长时间后，煤基质孔隙表面层分子（或原子）重新达到其平衡位置，距本体相中相邻分子的距离 r_1 小于本体相中的分子间距 r（图7.1），从理论上解释了煤化作用过程中煤层割理形成的机理。当煤基质吸附瓦斯后，煤基质的表面能降低，一方面，表面层附近气体分子对煤分子产生引力，当表面层中的煤分子重新达到引力平衡后，表面层中的煤分子距相邻煤分子的距离从 r_1 增加到 r_2（r_2>

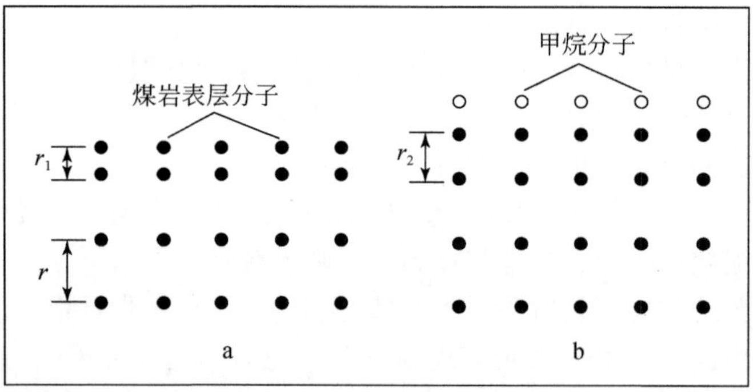

图7.1　煤基质吸附瓦斯前（a）和吸附瓦斯后（b）表面层结构

r_1)。一般情况下，固体分子间作用力大于固体与气体之间的作用力，所以 $r_2<r$，也就是说，在吸附了瓦斯气后，煤基质体积增大，煤层的割理宽度变窄，但割理不会消失。反之，吸附气体解吸后煤基质发生收缩变形（图 7.1）。

煤层吸附气量随压力的变化服从朗缪尔曲线，当压力增大时，吸附气体量增加，煤基质的表面能降低，煤表层分子间距增大，煤基质体积增大；反之，随着压力降低，煤基质体积减小。煤基质体积随压力变化的应变规律，与朗缪尔曲线反映的吸附-解吸规律具有类似的形式：

$$\varepsilon_s = \varepsilon_{max}\frac{P}{P+P_{50}} \tag{7.2}$$

式中，ε_s 为体积应变，无量纲；ε_{max} 为最大应变量，无量纲；P_{50} 为达到一半最大应变量时对应的压力，MPa；P 为储层压力，MPa。

在煤层气刚开始排采时，有效应力效应处于主导地位，随有效应力增加，割理宽度变小，导致渗透率降低；随着煤层气的解吸，基质收缩效应开始渐渐处于主导地位，导致割理宽度增加，煤储层的渗透率也相应地增加（图 7.2）。

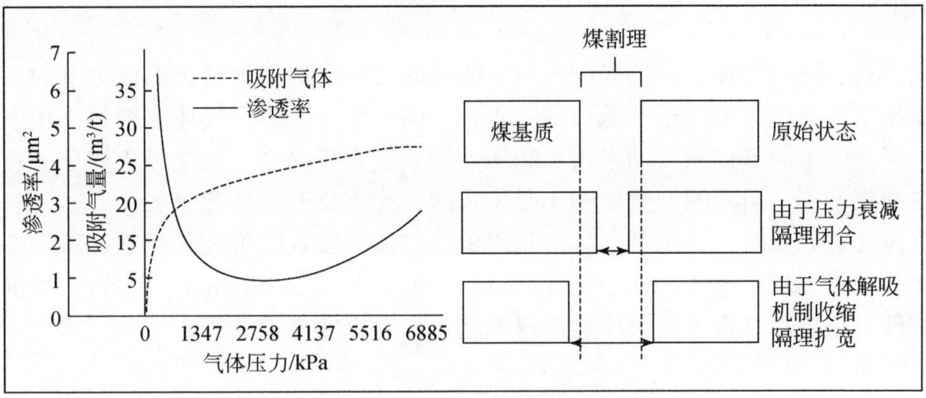

图 7.2 煤层气生产过程中渗透率的变化图

3. 克林肯贝格效应

假设当流体流经估计表面时，最外层流体分子的流动速度为零，因此，渗透率不受流体压力的限制。但是这种假设不适合于气体。Klinkenberg 于 1941 年证明，在渗透率较低和气体分子自由流动的平局展布与通道展布一直时，气体分子会与通道壁发生碰撞，这种碰撞对气体的达西流有促进作用，即 Klinkenberg 效应（姜汉桥等，2000）。给出如下公式表述带有 Klinkenberg 效应的渗透率变化规律：

$$k = k_0\left(1+\frac{b}{P_m}\right) \tag{7.3}$$

式中，k_0 为介质绝对渗透率，mD；P_m 为气体平均压力，MPa；b 为 Klinkenberg 系数，MPa。

达西流渗透率 k 由介质绝对渗透率 k_0 和流经气体的性质及平均压力 P_m 共同决定。k_0 取决于多孔介质本身的结构，与流经气体性质无关。Klinkenberg 系数 b 值反映流经气体的性质。当气体平均压力达到极大值时，达西流渗透率 k 即为该孔隙介质的绝对渗透率 k_0。

如图 7.3 所示，横坐标为 $1/P_m$，纵坐标为所测达西流渗透率。k 与 $1/P_m$ 之间呈现很强的线性关系。

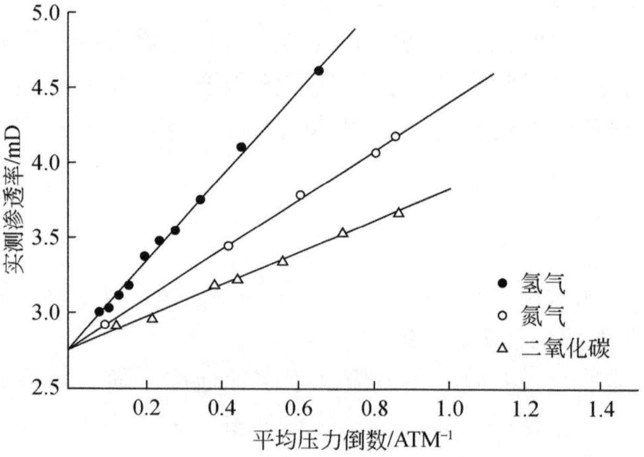

图 7.3　不同气体的克林肯贝格效应图

ATM 为标准大气压

同一岩石，同一气体，在不同的压力下测得的气体渗透率不同，低压力下的气测渗透率高，而高压力下的气测渗透率低；同一岩石，同一压力，不同气体测得的气相渗透率不同；同一岩石，不同气体测得的渗透率和压力倒数呈直线关系，且交纵坐标于一点，该点的气测渗透率与同一岩石的液测渗透率是一致的，称等价液体渗透率。

在气体流速较低时，会出现气体滑脱现象。气体滑脱效应可改善煤储层渗透率，对渗透率变化起到正贡献率（Harpalani and Chen，1997；Ates and Barron，1998）。根据克林肯贝格公式即可得到克林肯贝格效应对渗透率变化正效应的公式：

$$\Delta k_k = k - k_0 = k_0\left(1 + \frac{b_{Me}}{P_m}\right) - k_0 = k_0 \frac{b_{Me}}{P_m} \tag{7.4}$$

式中，Δk_k 为由克林肯贝格效应引起的渗透率增量，mD；b_{Me} 为甲烷气体对应的可林肯贝格系数，MPa；k_0 为样品的绝对渗透率，mD；P_m 为气体平均压力。

二、煤储层渗透率变化代表性模型

国外学者提出了多种反映煤储层物性变化模型，比较有代表性的有 Seidle 等火柴棒模型、Levine 模型，以及 Shi 和 Durucan 的模型。

1. Seidle 等火柴棒模型

Seidle 等（1992）利用火柴棒模型（图 7.4）渗透率与割理间距和孔隙度之间的关系，推导出有效应力对渗透率变化负效应的近似表达式：

$$\frac{k}{k_0} = \exp[-3c_f(\sigma - \sigma_0)] \tag{7.5}$$

式中，k_0 为初始渗透率，mD；k 为渗透率，mD；c_f 为孔隙压缩系数，MPa^{-1}；σ_0 为初始有

效应力，MPa；σ 为有效应力，MPa。

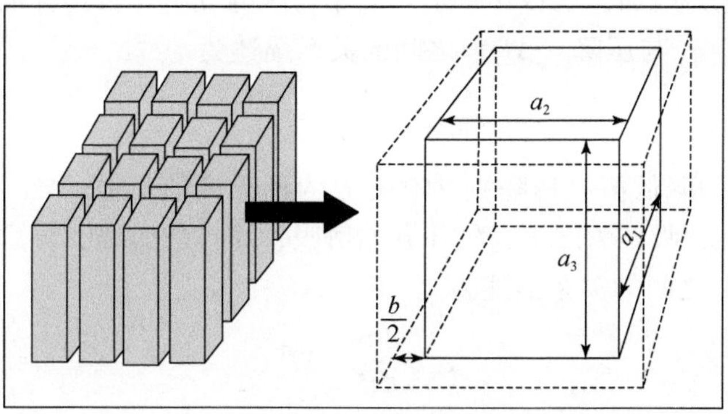

图 7.4　火柴棒模型示意图（据 Gray，1987）

2. Levine 模型

从等温吸附曲线可以看出，存在着这样一条曲线：在压力较小时，曲线陡峭，即变化急剧；随着压力增大，曲线趋向平缓，斜率变小。Moffat 和 Weale（1955）通过大量实验总结出吸附膨胀的应变与吸附的气体量呈线性关系，该关系类似于朗缪尔的表述关系，Levine（1996）通过大量的实验数据点拟合得到类似于朗缪尔方程的煤储层应变特征方程。

Levine 的煤储层裂缝模型（图 7.5），不考虑构造应力的影响，煤层在垂向上受上覆地层荷载的作用，在水平方向上处于平衡状态，利用泊松比可将重力产生的垂向应力转成水平应力：

$$\sigma_h = \frac{\nu}{1-\nu} \cdot \sigma_v \tag{7.6}$$

式中，σ_h 为水平应力，MPa；σ_v 为垂向应力，MPa；ν 为泊松比，无量纲。

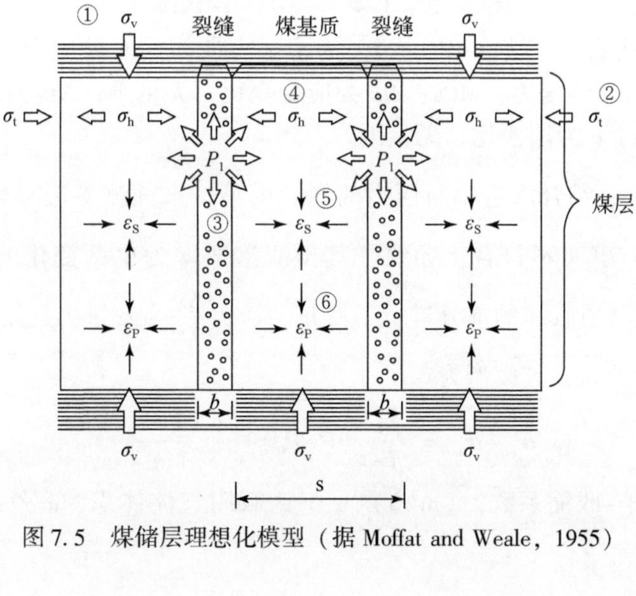

图 7.5　煤储层理想化模型（据 Moffat and Weale，1955）

煤层开发后，孔隙流体压力降低，原来的力学平衡破坏，由于上覆地层压力不变，故煤层骨架所受有效应力增加，这将导致垂向展布的裂缝变窄。根据标准弹性力学可以将应变（裂缝闭合程度）ε_p 与压降（ΔP）之间的关系描述为

$$\varepsilon_p=\frac{(1-2\nu)\cdot\Delta P}{E}\tag{7.7}$$

式中，ΔP 为地层压力降低值（压降），MPa；E 为杨氏模量，MPa。

当压力将至临界解吸压力之下，气体开始解吸，煤基质收缩，导致裂缝变宽。基质收缩程度 ε_s 与压降 ΔP 之间的关系描述为

$$\varepsilon_s=\frac{d\varepsilon_s}{dP}\cdot\Delta P\tag{7.8}$$

$\frac{d\varepsilon_s}{dP}$可通过解吸应变式（5.2）求取。

因此在地层压力降低 ΔP 后，裂缝宽度 b 可表述为

$$b=b_0-\frac{(1-2\nu)}{E}\Delta P\cdot s+\frac{\varepsilon_{max}\cdot P}{(P_{50}+P)^2}\cdot\Delta P\cdot s\tag{7.9}$$

式中，P 为压力，MPa；ε_{max}为最大应变量，无量纲；b_0 为变化前的裂缝宽度，mm；b 为变化后的裂缝宽度，mm；s 为裂缝间距，mm。

进而可以计算裂缝系统的渗透率：

$$k=\frac{(1.013\times10^9)\cdot b^3}{12\cdot s}\tag{7.10}$$

3. Shi 和 Durucan 模型

Shi 和 Durucan（2005）模型是在 Gray 模型的基础上建立的。Gray（1987）首次提出基质收缩现象会引起渗透率的变化，并建立了数学模型：

$$\sigma_{he}-\sigma_{he0}=-\frac{\nu}{1-\nu}(P-P_0)+\frac{E}{1-\nu}\frac{\Delta\varepsilon}{\Delta P}\Delta P\tag{7.11}$$

式中，σ_{he}为水平方向有效应力，MPa；σ_{he0}为水平方向初始有效应力，MPa；P 为流体压力，MPa；P_0 为初始流体压力，MPa；$\Delta\varepsilon$ 为应变变化，无量纲；ΔP 为流体压力差，MPa；E 为杨氏模量，MPa；ν 为泊松比，无量纲。

在上式的基础上，结合渗透率与压力的经验模型，来预测渗透率变化。Gray 认为$\frac{\Delta\varepsilon}{\Delta P}$是一个常量，显然与事实不符合，导致了其预测渗透率为单调变化的错误认识。Shi 和 Durucan 则对其描述基质收缩的部分进行了修正，认为$\frac{\Delta\varepsilon}{\Delta P}$为变量，且用应变—体积关系间接的表示应变-压力关系，其模型为

$$\sigma_{he}-\sigma_{he0}=-\frac{\nu}{1-\nu}(P-P_0)+\frac{Ea_s(V-V_0)}{3(1-\nu)}\tag{7.12}$$

式中，a_s 为应变膨胀-收缩系数，$(m^3/t)^{-1}$；V 为吸附气体体积，m^3/t；V_0 为初始吸附气体体积，m^3/t。

将 $V=\dfrac{V_L P}{P+P_L}$代入上式得

$$\sigma_{he}-\sigma_{he0}=-\frac{\nu}{1-\nu}(P-P_0)+\frac{Ea_s V_L}{3(1-\nu)}\left(\frac{P}{P+P_L}-\frac{P_0}{P_0+P_L}\right) \tag{7.13}$$

结合 Seidle 火柴棒模型：$k=k_0 e^{-3c_f(\sigma-\sigma_0)}$即可建立渗透率动态模型。此外 Shi 和 Durucan 还将其应用到煤层气的注气采气工程及二氧化碳封存中。

第二节　煤层气井工作制度优化数值模拟

我国煤储层渗透率普遍偏低、中高煤阶和渗透率随地层压力降低而明显降低的特点决定了我国煤层气勘探开发遇到了与国外明显不同的问题，偏低的渗透率和压力敏感的物性表现出明显的流-固耦合效应（Clarksona and Bustin，1999；曾勇等，2000；同登科和刘珊，2005），导致煤层气井试气试采或开采难度的加大。在煤层气井试气试采或开采的过程中，若井筒降压控制不当，则最终导致无法通过试气和试采合理地评价煤层气的可采资源，也无法有效地采出煤层气，这是我国目前出现煤层气储量大而可采储量难以评价、出气点多而开采效益上不去困境的症结所在。针对这一问题，建立基于流-固耦合效应的煤层气井流模型，通过模拟算例的分析，提出较为合理的煤层气井排采制度。

近年来，国内外学者在煤层气井的工作制度方面做了大量研究，但是鉴于我国煤储层渗透率普遍偏低、中高煤阶和渗透率随地层压力降低而明显降低的特点，目前仍没有适合我国低渗-特低渗煤储层特征的工作制度。本节重点介绍煤层气逐级降压试气试采的排采工作制度，并利用数值模拟的方法对该制度进行验证。

一、基本思路

根据煤储层物性变化规律，煤储层物性具有极强的压力敏感性及塑性，决定煤层气井在排水降压开采时，随着储层流体压力的降低，在有效应力的作用下其渗透率急剧降低，并且这种变化通常是不完全可逆的。因此，在煤层气井开采时如何通过控制井筒内液面高度变化使煤储层卸压达到最佳状态亟待研究。

考虑到煤层气的开采首先要通过排水降压使煤基质内的煤层气解吸，排水降压同时煤层有效应力增大促使了其渗透率的降低，影响了煤储层降压过程中压力波的扩展。通过建立煤层气井排采的流-固耦合数学模型，通过模拟分析不同排采制度条件下煤储层排水降压的效果，提出一套适合我国中高煤阶煤层的特点的煤层气逐级降压试气试采制度。给出了逐级降压试气试采制度数学模型的相关条件，建立了完整的数学模型及研究了数学模型的求解方法。在此基础上分析了模型计算所需参数的获取方法，通过模拟算例的分析，得到优化后的煤层气井排采方案。最后，根据逐级压降排采制度的特点，研究了气井生产时通过产水量的数据对储层物性特征进行解释的方法。

二、渗流微分方程的建立

根据煤储层的双重孔隙介质特征和煤储层的吸附特征及介质的变形特征，建立变形双重介质的渗流微分方程。

1. 基本假设

（1）煤层的厚度在流体流动的范围内保持不变；

（2）煤基质中仅含气相，且气体的扩散过程为非平衡拟稳态过程，服从 Fick 定律；

（3）储层流体温度恒定；

（4）在流动过程中，气体之间，气体和水之间及气体和其他物质之间不发生任何化学反应；

（5）自由气作为真实气体；水是可压缩的流体。在微孔隙系统中，各种气体组分不存在选择性吸附和扩散现象；

（6）忽略重力的影响，流体的流动是严格的径向流动。

2. 连续性方程

设在充满流体的煤层中，以 P（x，y，z）点为中心取一个无限小的平行六面体（其各边长度分别为 Δx，Δy，Δz，且和坐标轴平行）作为均衡单元体，并且这个无限小的平行六面体中包括足够多的水分子和气体分子（图 7.6）。

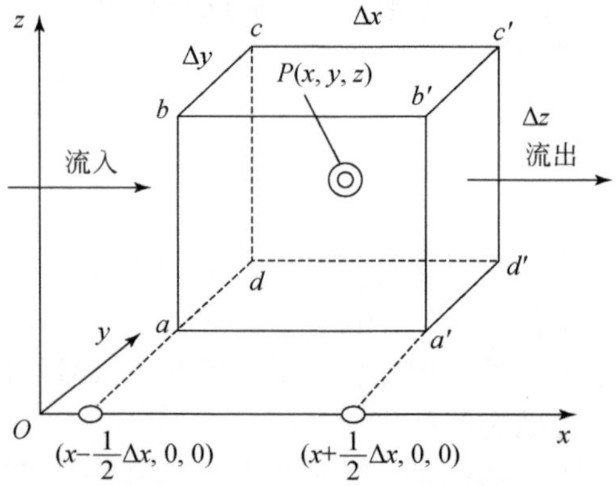

图 7.6　煤层中微小单元体

为了简便选取 x 方向进行研究，在该方向上，流入单元体的水和气的量与流出单元体的量之差再加上单元体内由于存在源或汇而产生的水和气量的变化，等于水和气分子在单元体内积累的量（Manik，1999；Kohler，1999；John，2000）：

$$\text{流入(mol)} - \text{流出(mol)} + \text{源或汇(mol)} = \text{单元体内的积累(mol)} \tag{7.14}$$

单位时间内物质 m 在 x 方向上的流量为

$$N_{\mathrm{m}} = 10^{6} X \frac{\rho_{\mathrm{m}}}{M_{\mathrm{m}}} v_{\mathrm{m}} \Delta y \Delta z \tag{7.15}$$

式中，N_{m}为单位时间物质 m 在 x 方向上的流量，mol/d；X 为 x 方向单位矢量；ρ_{m}为物质

m 的密度，g/cm^3；M_m为物质 m 的分子量，g/mol；v_m为物质 m 的流速，m/d；$\Delta x\ \Delta y$ 为单元体在 x 方向的截面积，m^2；

在Δt 时间内，在单元体中产生的水、气流入与流出的差为

$$(N_w+N_g)_{x-\frac{1}{2}\Delta x}\Delta t-(N_w+N_g)_{x+\frac{1}{2}\Delta x}\Delta t \tag{7.16}$$

在Δt 时间内，在单元体中源或汇而产生的水、气量为

$$Q_w\Delta t+Q_g\Delta t \tag{7.17}$$

式中，Q_w、Q_g 为水、气产生的速度，mol/d。

扩展到 3 个方向，在Δt 时间内，总的流入与流出之差与源或汇产生的量之和为

$$\begin{aligned}&[(N_w+N_g)_{x-\frac{1}{2}\Delta x}\Delta t+(N_w+N_g)_{y-\frac{1}{2}\Delta t}\Delta t+(N_w+N_g)_{z-\frac{1}{2}\Delta z}\Delta t]-[(N_w+N_g)_{x+\Delta x}\Delta t\\&+(N_w+N_g)_{y+\frac{1}{2}\Delta y}\Delta t+(N_w+N_g)_{z+\frac{1}{2}\Delta z}\Delta t]+Q_w\Delta t+Q_g\Delta t\end{aligned} \tag{7.18}$$

在Δt 时间内，水和气在单元体内的积累量为

$$10^6\phi V_b\ (S_wC_w+S_gC_g)_{t+\Delta t}-10^6\phi V_b\ (S_wC_w+S_gC_g)_t \tag{7.19}$$

式中，ϕ 为单元体的孔隙度；V_b 为单元体体积，m^3；S_w 为水的饱和度；S_g 为气体的饱和度；$C_w=\dfrac{\rho_w}{M_w}$；$C_g=\dfrac{\rho_g}{M_g}$。

根据物质守恒定律有

$$\begin{aligned}&[(N_w+N_g)_{x-\frac{1}{2}\Delta x}\Delta t+(N_w+N_g)_{y-\frac{1}{2}\Delta t}\Delta t+(N_w+N_g)_{z-\frac{1}{2}\Delta y}\Delta t]-[(N_w+N_g)_{x+\frac{1}{2}\Delta x}\Delta t+(N_w+N_g)_{y+\frac{1}{2}\Delta y}\Delta t\\&+(N_w+N_g)_{z+\frac{1}{2}\Delta z}\Delta t]+Q_w\Delta t+Q_g\Delta t=10^6[\phi\Delta x\Delta y\Delta z(S_wC_w+S_gC_g)_{t+\Delta t}-\phi\Delta x\Delta y\Delta z(SwC_w+S_gC_g)]_t\end{aligned} \tag{7.20}$$

将式（5.15）代入式（7.20）得

$$\begin{aligned}&\left(X_w\frac{\rho_w}{M_w}v_w\Delta y\Delta z+X_g\frac{\rho_g}{M_g}v_g\Delta y\Delta z\right)\bigg|_{x-\frac{1}{2}\Delta x}\Delta t\\&-\left(X_w\frac{\rho_w}{M_w}v_w\Delta y\Delta z+X_g\frac{\rho_g}{M_g}v_g\Delta y\Delta z\right)\bigg|_{x+\frac{1}{2}\Delta x}\Delta t\\&+Q_w\Delta t+Q_g\Delta t=[\phi V_b\ (S_wC_w+S_gC_g)_{t+\Delta t}-\phi V_b\ (S_wC_w+S_gC_g)_t]\end{aligned} \tag{7.21}$$

将左边乘以 $\Delta x/\Delta x$，并两边同时乘以 $1/\Delta t$ 得

$$\begin{aligned}&\sum_{m=w,g}\frac{\Delta x}{\Delta x}\left\{\left[\left(X_m\frac{\rho_m}{M_m}v_m\right)\bigg|_{x-\frac{1}{2}\Delta x}\right]A_x-\left[\left(X_m\frac{\rho_m}{M_m}v_m\right)\bigg|_{x+\frac{1}{2}\Delta x}\right]A_x\right\}+\sum_{m=w,g}Q_m\\&=\left[\phi V_b\frac{1}{\Delta t}(S_wC_w+S_gC_g)\right]_{t+\Delta t}-\left[\phi V_b\frac{1}{\Delta t}(S_wC_w+S_gC_g)\right]_t\end{aligned} \tag{7.22}$$

当 Δx，Δy，Δz，Δt 趋近于 0 时有

$$\frac{\partial}{\partial x}\left(X_w\frac{\rho_w}{M_w}v_wA_x+X_g\frac{\rho_g}{M_g}v_gA_x\right)\Delta x+Q_w^*+Q_g^*=\frac{\partial}{\partial t}\left[\phi V_b\left(S_wX_w\frac{\rho_w}{M_w}+S_gX_g\frac{\rho_g}{M_g}\right)\right] \tag{7.23}$$

考虑到 x，y，z 3 个方向有：

$$\begin{aligned}&\frac{\partial}{\partial x}\left(X_w\frac{\rho_w}{M_w}v_wA_x+X_g\frac{\rho_g}{M_g}v_gA_x\right)\Delta x+\frac{\partial}{\partial y}\left(Y_w\frac{\rho_w}{M_w}v_wA_y+Y_g\frac{\rho_g}{M_g}v_gA_y\right)\Delta y\\&+\frac{\partial}{\partial z}\left(Z_w\frac{\rho_w}{M_w}v_wA_z+Z_g\frac{\rho_g}{M_g}v_gA_z\right)\Delta z+Q_w^*+Q_g^*\end{aligned}$$

$$=\frac{\partial}{\partial t}\left[\phi V_{\mathrm{b}}\left(S_{\mathrm{w}}\frac{\rho_{\mathrm{w}}}{M_{\mathrm{w}}}+S_{\mathrm{g}}\frac{\rho_{\mathrm{g}}}{M_{\mathrm{g}}}\right)\right] \tag{7.24}$$

将 $r=\sqrt{x^2+y^2}$，$x=r\frac{x}{\sqrt{x^2+y^2}}$，$y=r\frac{y}{\sqrt{x^2+y^2}}$代入上面方程转化为径向流方程，得到连续性方程：

$$\frac{\partial}{\partial r}\left(R_{\mathrm{w}}\frac{\rho_{\mathrm{w}}}{M_{\mathrm{w}}}v_{\mathrm{w}}A_{\mathrm{r}}+R_{\mathrm{g}}\frac{\rho_{\mathrm{g}}}{M_{\mathrm{g}}}v_{\mathrm{g}}A_{\mathrm{r}}\right)\Delta r+Q_{\mathrm{w}}^{*}+Q_{\mathrm{g}}^{*}=\frac{\partial}{\partial t}\left[\phi V_{\mathrm{b}}\left(S_{\mathrm{w}}\frac{\rho_{\mathrm{w}}}{M_{\mathrm{w}}}+S_{\mathrm{g}}\frac{\rho_{\mathrm{g}}}{M_{\mathrm{g}}}\right)\right] \tag{7.25}$$

式中，R 为指向中心的单位向量；$V_{\mathrm{b}}=\theta rh\Delta r$，$A_{\mathrm{r}}=\theta rh$，当θ为 2 π就是在全方向上。

3. 水相流动方程

3 个基本假设：

（1）视为单一的液相；

（2）液相只有水；

（3）液体在煤层裂缝系统内的流动符合 Darcy 定律：

$$v_{\mathrm{w}}=-8.5268\frac{kk_{\mathrm{rw}}}{\mu}\frac{\partial\Phi}{\partial r} \tag{7.26}$$

$$\Phi=P+\gamma z \tag{7.27}$$

式中，ν_{w} 为水的渗流速度，m/d；k 为绝对渗透率，mD；k_{rw} 为水相相对渗透率，小数；μ 为流体的动力黏度，cP($1\mathrm{cP}=10^{-3}\mathrm{Pa\cdot s}$)；$P$ 为压力，MPa；γ 为重度，MPa/m。

将该式代入连续性方程式（5.25）得

$$\frac{\partial}{\partial r}\left(8.5268\frac{\rho_{\mathrm{w}}}{M_{\mathrm{w}}}\frac{kk_{\mathrm{rw}}A_{\mathrm{r}}}{\mu_{\mathrm{w}}}\frac{\partial\Phi}{\partial r}\right)\Delta r+Q_{\mathrm{w}}^{*}=V_{\mathrm{b}}\frac{\partial}{\partial t}\left(\frac{S_{\mathrm{w}}\rho_{\mathrm{w}}\phi}{M_{\mathrm{w}}}\right) \tag{7.28}$$

用$\frac{\rho_{\mathrm{wstc}}}{B_{\mathrm{w}}}$代替 ρ_{w}，并且两边同时乘以$\frac{M_{\mathrm{w}}}{\rho_{\mathrm{wstc}}}$得

$$\frac{\partial}{\partial r}\left(8.5268\frac{kk_{\mathrm{rw}}A_{\mathrm{r}}}{B_{\mathrm{w}}\mu_{\mathrm{w}}}\frac{\partial\Phi}{\partial r}\right)\Delta r+\frac{M_{\mathrm{w}}}{\rho_{\mathrm{wstc}}}Q_{\mathrm{w}}^{*}=V_{\mathrm{b}}\frac{\partial}{\partial t}\left(\frac{S_{\mathrm{w}}\phi}{B_{\mathrm{w}}}\right) \tag{7.29}$$

式中，B_{w} 为水的体积系数；ρ_{wstc}为水在地面条件（或标准条件）下的密度，$\mathrm{g/cm^3}$。

4. 气相流动方程

煤层通常可以被视为孔隙–裂缝双重介质，在原始状态下，裂缝中充满水和含少量的游离气，大量气体则以吸附形式存在于基质中。在一般情况下，煤层气开采时气体的流动包括两种形式：一种是纯气体的形式；另一种是气体溶于水的形式在水中流动。

纯气体运动速度视为宏观渗流速度和遵从 Fick 定律的气体扩散速度之和。

Fick 定律适合于浓度场，Ertekin 等给出其数学表达式为

$$v_{\mathrm{g}}^{\mathrm{F}}=-8.64D\frac{z}{P_{\mathrm{g}}}\frac{\partial}{\partial r}\left(\frac{P_{\mathrm{g}}}{z}S_{\mathrm{g}}\right) \tag{7.30}$$

式中，$v_{\mathrm{g}}^{\mathrm{F}}$ 为气体扩散速度，m/d；D 为扩散系数，与气体成分和扩散介质有关，$\mathrm{cm^2/s}$；z 为气体的修正因子；P_{g} 为气体的压力，MPa；S_{g} 为气体饱和度，小数。

气体在地下的运移速度为浓度场速度和压力场速度之和：

$$v_{\mathrm{g}}=-8.64D\frac{z}{P_{\mathrm{g}}}\frac{\partial}{\partial r}\left(\frac{P_{\mathrm{g}}}{z}S_{\mathrm{g}}\right)-8.5268\frac{kk_{\mathrm{rg}}}{\mu_{\mathrm{g}}}\frac{\partial \Phi}{\partial r} \tag{7.31}$$

气体溶于水而运移的速度为溶于水的气量/水量之比与水相流速的乘积：

$$v_{\mathrm{wg}}=\frac{V_{\mathrm{b}}\phi S_{\mathrm{w}}\dfrac{1}{B_{\mathrm{w}}}R_{\mathrm{sw}}\dfrac{\rho_{\mathrm{gstc}}}{M_{\mathrm{g}}}}{V_{\mathrm{b}}\phi S_{\mathrm{w}}\dfrac{1}{B_{\mathrm{w}}}\dfrac{\rho_{\mathrm{wstc}}}{M_{\mathrm{w}}}}v_{\mathrm{w}}=\frac{R_{\mathrm{sw}}M_{\mathrm{w}}\rho_{\mathrm{gstc}}}{M_{\mathrm{g}}\rho_{\mathrm{wstc}}}v_{\mathrm{w}} \tag{7.32}$$

式中，R_{sw}为溶解气水比，即$\left(\dfrac{V_{\mathrm{sg}}}{V_{\mathrm{w}}}\right)_{\mathrm{stc}}$；$\rho_{\mathrm{gstc}}$为气在地面条件（或标准条件）下的密度，g/cm^3；V_{sg}为溶解在水中的气体的体积，cm^3。

将式（5.31）和式（5.32）代入气相的连续方程式（5.25）得

$$\frac{\partial}{\partial r}\left\{\frac{\rho_{\mathrm{w}}}{M_{\mathrm{w}}}\frac{R_{\mathrm{sw}}M_{\mathrm{w}}\rho_{\mathrm{gstc}}}{M_{\mathrm{g}}\rho_{\mathrm{wstc}}}\frac{8.5268kk_{\mathrm{rw}}}{\mu_{\mathrm{w}}}\frac{\partial \Phi}{\partial r}A_{\mathrm{r}}+\frac{\rho_{\mathrm{g}}}{M_{\mathrm{g}}}\left[8.64D\frac{z}{P_{\mathrm{g}}}\frac{\partial}{\partial r}\left(\frac{P_{\mathrm{g}}}{z}S_{\mathrm{g}}\right)+8.5268\frac{kk_{\mathrm{rg}}}{\mu_{\mathrm{g}}}\frac{\partial \Phi}{\partial r}\right]A_{\mathrm{r}}\right\}\Delta r$$
$$+Q_{\mathrm{w}}^{*}\frac{R_{\mathrm{sw}}M_{\mathrm{w}}\rho_{\mathrm{gstc}}}{M_{\mathrm{g}}\rho_{\mathrm{wstc}}}+Q_{\mathrm{g}}^{*}=\frac{\partial}{\partial t}\left[\phi V_{\mathrm{b}}\left(S_{\mathrm{w}}\frac{R_{\mathrm{sw}}M_{\mathrm{w}}\rho_{\mathrm{gstc}}}{M_{\mathrm{g}}\rho_{\mathrm{wstc}}}\frac{\rho_{\mathrm{w}}}{M_{\mathrm{w}}}+S_{\mathrm{g}}\frac{\rho_{\mathrm{g}}}{M_{\mathrm{g}}}\right)\right] \tag{7.33}$$

由于非溶解气部分具有相对的独立性，用$\dfrac{\rho_{\mathrm{gstc}}}{B_{\mathrm{g}}}$代替$\rho_{\mathrm{g}}$，并且式（5.33）两边同时乘以$\dfrac{M_{\mathrm{g}}}{\rho_{\mathrm{gstc}}}$得

$$\frac{\partial}{\partial r}\left\{\frac{\rho_{\mathrm{w}}}{M_{\mathrm{w}}}\frac{R_{\mathrm{sw}}M_{\mathrm{w}}\rho_{\mathrm{gstc}}}{M_{\mathrm{g}}\rho_{\mathrm{wstc}}}\frac{8.5268kk_{\mathrm{rw}}}{\mu_{\mathrm{w}}}\frac{\partial \Phi}{\partial r}A_{\mathrm{r}}+\frac{1}{B_{\mathrm{g}}}\left[8.64D\frac{z}{P_{\mathrm{g}}}\frac{\partial}{\partial r}\left(\frac{P_{\mathrm{g}}}{z}S_{\mathrm{g}}\right)+8.5268\frac{kk_{\mathrm{rg}}}{\mu_{\mathrm{g}}}\frac{\partial \Phi}{\partial r}\right]A_{\mathrm{r}}\right\}\Delta r$$
$$+Q_{\mathrm{w}}^{*}R_{\mathrm{sw}}\frac{M_{\mathrm{w}}\rho_{\mathrm{gstc}}}{M_{\mathrm{g}}\rho_{\mathrm{wstc}}}+Q_{\mathrm{g}}^{*}\frac{M_{\mathrm{g}}}{\rho_{\mathrm{gstc}}}=\frac{\partial}{\partial t}\left[\phi V_{\mathrm{b}}\left(R_{\mathrm{sw}}S_{\mathrm{w}}\frac{M_{\mathrm{w}}\rho_{\mathrm{gstc}}}{M_{\mathrm{g}}\rho_{\mathrm{wstc}}}\frac{\rho_{\mathrm{w}}}{M_{\mathrm{w}}}+\frac{S_{\mathrm{g}}}{B_{\mathrm{g}}}\right)\right] \tag{7.34}$$

考虑到与溶解气有关部分的相对独立性，可以将溶解气相关的部分用$\dfrac{\rho_{\mathrm{wstc}}}{B_{\mathrm{w}}}$代替$\rho_{\mathrm{w}}$，并且式（7.33）两边同时乘以$\dfrac{M_{\mathrm{w}}}{\rho_{\mathrm{wstc}}}$得

$$\frac{\partial}{\partial r}\left\{\frac{R_{\mathrm{sw}}}{B_{\mathrm{w}}}\frac{8.5268kk_{\mathrm{rw}}}{\mu}\frac{\partial \Phi}{\partial r}A_{\mathrm{r}}+\frac{1}{B_{\mathrm{g}}}\left[8.64D\frac{z}{P_{\mathrm{g}}}\frac{\partial}{\partial r}\left(\frac{P_{\mathrm{g}}}{z}S_{\mathrm{g}}\right)+8.5268\frac{kk_{\mathrm{rg}}}{\mu_{\mathrm{g}}}\frac{\partial \Phi}{\partial r}\right]A_{\mathrm{r}}\right\}\Delta r$$
$$+Q_{\mathrm{iw}}^{*}R_{\mathrm{sw}}\frac{M_{\mathrm{w}}}{\rho_{\mathrm{wstc}}}+Q_{\mathrm{g}}^{*}\frac{M_{\mathrm{g}}}{\rho_{\mathrm{gstc}}}=\frac{\partial}{\partial t}\left[\phi V_{\mathrm{b}}\left(R_{\mathrm{sw}}\frac{S_{\mathrm{w}}}{B_{\mathrm{w}}}+\frac{S_{\mathrm{g}}}{B_{\mathrm{g}}}\right)\right] \tag{7.35}$$

5. 微分方程中的主要参数

1）孔隙度

由于岩石的压缩性，当压力变化时，岩石的固体骨架体积会压缩或者膨胀，这同时也反映在岩石孔隙体积发生变化上。因而可以把煤的压缩性看成孔隙度随压力发生变化（Clarksona and Bustin，1999；同登科和刘珊，2005）。

$$C_{\phi}=\frac{\Delta \phi}{\Delta P} \tag{7.36}$$

式中，$\Delta\phi$ 为当压力变化 ΔP 时孔隙度的改变量。

如上式写成微分形式：

$$C_{\phi}=\frac{\mathrm{d}\phi}{\mathrm{d}P} \tag{7.37}$$

上式分离变量，并在 $P=P_0$，$\phi=\phi_0$；$P=P$，$\phi=\phi$ 条件下积分得

$$\phi=\phi_0+C_{\phi}(P-P_0) \tag{7.38}$$

式中，P_0为大气压力；ϕ_0 为大气压力下的孔隙度；ϕ 为压力 P 时的孔隙度。

2）渗透率

根据有效应力原理，煤层气藏排水采气时煤层流体压力降低，而上覆地层的压力保持不变，那么煤层基质上所承担的压力就增大，并且其大小等于流体压力的减小量。由于煤基质上承受的力增大，煤储层基质产生压密的相应，进而使煤层的渗透率降低（张群等，2001）。Walsh 提出了下面关于有效应力 σ 与总应力 σ_1 及流体压力 P 的关系式：

$$\sigma=\sigma_{\mathrm{t}}-\mathrm{s}P \tag{7.39}$$

对于线性弹性变化的物质，也包括煤，s 是一个常数。上式对应力积分得

$$\Delta\sigma=\mathrm{s}\Delta P \tag{7.40}$$

式中，ΔP 为压力降；$\Delta\sigma$ 为有效应力的增加。

因为上覆压力总应力被认为是一个常数。得到理想流体压力下的渗透率和压力关系式：

$$k=k_0\frac{\mathrm{e}^{-3sC_{\mathrm{P}}\Delta P}}{1-\phi(1-\mathrm{e}^{-3sC_{\mathrm{P}}\Delta P})} \tag{7.41}$$

简化后：

$$k=k_0\mathrm{e}^{-a(P_0-P)} \tag{7.42}$$

3）相对渗透率

Corey（1954）通过试验得出了油气在岩石中的相对渗透率关系式。

气体的相对渗透率：

$$k_{\mathrm{rg}}=k_{\mathrm{rgc}}(1-S_{\mathrm{wc}})[1-(S_{\mathrm{g}}^0)^2](1-S_{\mathrm{g}}^0)^2 \tag{7.43}$$

其中，

$$S_{\mathrm{g}}^0=\frac{1-S_{\mathrm{g}}-S_{\mathrm{wc}}}{1-S_{\mathrm{gc}}-S_{\mathrm{wc}}} \tag{7.44}$$

水的相对渗透率：

$$k_{\mathrm{rw}}=k_{\mathrm{rwc}}(1-S_{\mathrm{gc}})(S_{\mathrm{g}}^0)^4 \tag{7.45}$$

式中，S_{wc}为水的残余饱和度；S_{gc}为气的残余饱和度。

4）体积系数

水的体积系数由下式定义：

$$B_{\mathrm{w}}=\frac{V_{\mathrm{wr}}}{V_{\mathrm{wstc}}} \tag{7.46}$$

式中，V_{wr}为水在储层条件下的体积，m^3；V_{wstc}为水在地面条件（或标准条件）下的体积，m^3。

由于水是微可压缩流体，则水的压缩系数公式如下：

$$B_{w}=e^{-C_{w}(P-P_{ref})} \tag{7.47}$$

式中，C_w 为水的压缩系数，MPa^{-1}；P_{ref}为参考压力，MPa。

气体的体积系数定义为

$$B_{g}=\frac{V_{gr}}{V_{gstc}} \tag{7.48}$$

式中，V_{gr}为气体在储层条件下的体积，m^3；V_{gstc}为气体在地面条件（或标准条件）下的体积，m^3。

气体的体积系数与气体的温度和地层压力有关，根据气体的状态方程：

$$PV=nRT \tag{7.49}$$

$$V=\frac{nRT}{P} \tag{7.50}$$

将上式代入气体的体积系数定义式中并考虑气体的 z 系数得出：

$$B_{g}=\frac{\frac{znRT}{P}}{\frac{nRT_{stc}}{P_{stc}}}=\frac{P_{stc}}{(t_{stc}+273.15)}\frac{(t+273.15)z}{P} \tag{7.51}$$

式中，P_{stc}为标准状态的压力，MPa；t_{stc}为标准状态的温度，℃。

三、逐级降压排采工作制度

1. 基本原理

我国中高煤阶煤层渗透率偏低、压力敏感性大的特点，必然影响我国煤层气的开发，这已经被众多实例所证实。如山西宁武盆地的武试-1井，生产井段埋深为896.5～907.5m和909.2～912.2m两层，煤层总厚度14m。割理密度3～6条/cm；含气量12～18m^3/t；孔隙度2%～5%；煤阶为肥煤，R_o值在1.0左右；试井解释煤层渗透率0.86mD，地层压力8.71MPa。该井排采时间56d，在排采过程中没有考虑井筒周围煤层的压力敏感性，在排采过程中动液面下降很快，最快时大约在20d内下降了600m。从武试-1井排采动态曲线（图7.7）可以看出，在排采35d内该井气产量突然升高到产气高峰3112m^3/d。当气产量达到高峰后，又很快降低，大约在15d气内产量由3112m^3/d降低到1000m^3/d，平均每天动液面下降30m。

经分析认为，武试-1井煤层气产量急剧下降的原因是由于在排采过程中动液面下降过快使井筒附近本来渗透率就很低的煤层发生了压实，使降压漏斗得不到充分的扩展，只有井筒附近很小范围内的煤层得到了有效降压使少部分煤层气解吸出来，气井的供气源受到了严重的限制。所以该井产气量在达到高峰后，由于气的供应不足，产气量很快下降。由于压力变化而产生的压实，应该通过控制压力变化的方法来解决或缓解。结合煤层气井排水降压的生产实践，通过控制使不同阶段保持恒定井筒液面高度的方法易于操作，并可以实现对排水降压速度的管控作用。依此，提出逐级降压排采工作制度，其原理为根据我国煤层气藏普遍未饱和的特点，在煤层气排采时，分级控制降低煤层气井的井底流压，使每一级降压都持续到一定的时间，使降压漏斗得到充分的扩展。在每一级降压时，虽然割理、裂缝同样也会有一定的闭合，但是由于降压的幅度很小，割理、裂缝的闭合也很小，煤层的渗透率也不至于降低很大，延长渗透率相对较高时的降压时间将更有利于降压漏斗的扩展。这样控制煤层气井的降压制度，使压力波传播的尽可能远，降压漏斗充分扩展，最大限度地提高泄压体积，也就可以使煤层气的解吸范围增大，从而使更多的煤层气从煤层中解吸出来，获得持续时间更长的煤层气单井产量，提高煤层气单井控制面积和控制可采资源量。

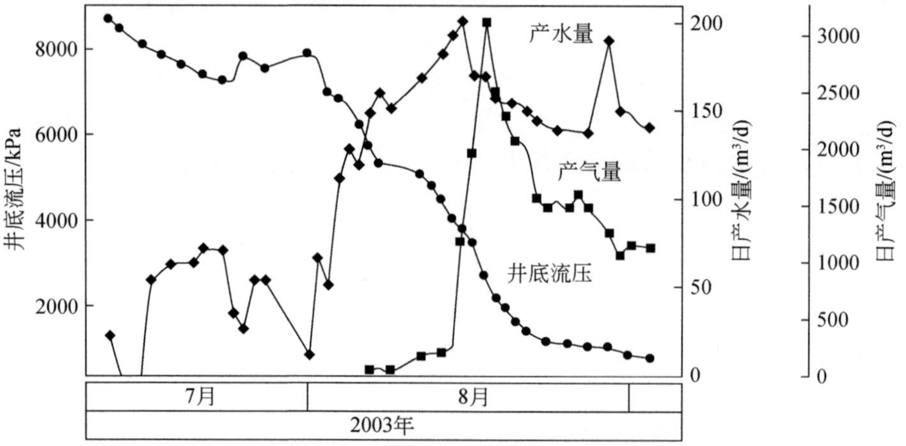

图 7.7　宁武盆地武试-1 井煤层气排采动态曲线（据中石油廊坊分院）

2. 数学模型

针对上文推导出的煤层气井的渗流微分方程，给出相应的定解条件，建立完整的逐级降压排采工作制度数学模型。

1）边界条件

（1）内边界条件。

a. 解吸内边界。

气体以吸附的状态存在于煤中。当煤层排水时，储层压力降低，气体开始从煤层中解吸出来。King 等基于动力学模型提出了非平衡的吸附速率方程（双孔隙模型）（张群等，2001）：

$$\frac{\partial V}{\partial t}=-Da\left[V-V_{\mathrm{E}}(P_{\mathrm{g}})\right] \tag{7.52}$$

式中，D 为气体在基质中的扩散系数，cm^2/s；a 为基质的形状因子，cm^{-2}；V 为在当前时间和压力下吸附的气体体积，m^3/t；V_{E}为在压力 P_{g} 条件下气体的吸附能力，m^3/t。

同年 King 等还指出，Da 通常用 $1/\tau$ 来表示，其中 τ 是拟稳定时间系数（Manik，1999；Kohler，1999），非平衡的吸附速率方程写为

$$\frac{\partial V}{\partial t}=-\frac{1}{\tau}\left[V-V_{\mathrm{E}}(P_{\mathrm{g}})\right] \tag{7.53}$$

b. 井筒内边界条件。

煤层气逐级降压试气方法，主要是在煤层气每一级排水过程中保持煤层气井的井底压力恒定。在理想状况下，直井的井筒内边界条件为

$$P(r_w,t)=P_{wf} \tag{7.54}$$

但考虑到井筒附近可能受到伤害，这种伤害有可能来自于钻井时钻井液对煤层的伤害，和钻井时对煤层的物理扰动而导致的储层伤害等。因此，把直井井筒的内边界条件表示成井底流压和表皮压力之和：

$$P(r_w,t)=P_{wf}+S\left(r\frac{\partial P}{\partial r}\right)_{r=r_w^+} \tag{7.55}$$

式中，S 为表皮系数，无量纲。

作为逐级降压试气试采制度，井筒内边界条件，在不同的降压级次之间是不同的。用 $\Delta\ (P_{wf})_i$ 来表示第 i 次降压相对第 $i-1$ 次井底流降压低的大小，则第 i 次降压的井筒内边界条件可以表示为

$$P(r_w,t)=P_e-\sum_{k=1}^{i}\Delta\ (P_{wf})_k+S\left(r\frac{\partial P}{\partial r}\right)_{r=r_w^+} \tag{7.56}$$

（2）外边界条件。

外边界条件通常有定压边界和定流量边界两种类型。

定压边界即知道边界上每一点每一时刻的压力分布，也叫第一类边界条件，用数学表达式表示为：

$$P(r_e,t)=f(r_e,t) \tag{7.57}$$

煤储层的压力在一个适当大范围内可以认为是恒定的，所以这个外边界条件可以简化为

$$P(r_e,t)=P_e \tag{7.58}$$

定流量边界：外边界 E 上有流量流过边界，而且每一点在每一时刻的值都是已知的，在数学上也称第二类边界条件，或称 Neumann 边界条件，表示为

$$\left.\frac{\partial P}{\partial n}\right|_{E2}=f_2(x,y,z,t) \tag{7.59}$$

式中，$\left.\frac{\partial P}{\partial n}\right|_{E2}$ 为边界 E 上压力关于边界外法线方向导数。

实际上，最简单、最常见的定流量边界是封闭边界，也叫不渗透边界，如尖灭或断层遮挡，即在此边界上无流量通过。

$$\left.\frac{\partial P}{\partial n}\right|_{E2}=f_2(x,y,z,t)=0 \tag{7.60}$$

2）初始条件

设 t_0 为计算的初始时刻，此时煤层气藏中气、水的压力和饱和度值即为煤层甲烷气藏的初始条件。

（1）饱和度初值。

a. 煤层初次降压。

模型的初始气-水饱和度为煤层原始气-水饱和度值。当原始煤层裂缝系统有游离气存

在时，煤层气藏的初始水的饱和度不为零，如加拿大艾伯塔省的 Horseshoe Canyon 组煤层，气地层的原始煤层气饱和度很大。

$$S_{w0}=\xi \tag{7.61}$$

$$S_{g0}=1-\xi \tag{7.62}$$

但是对于大多数煤层，特别是对于我国渗透率低的高煤阶煤层气藏，煤层气藏的含气饱和度相对较低。煤层气藏处于未饱和状态。这样就使该类型的煤层气藏的原始状态都是水饱和的。在煤层甲烷气藏在排水降压初期，煤层割理中为水所充满，故水和甲烷的饱和度分别为

$$S_{w0}=1.0 \tag{7.63}$$

$$S_{g0}=0 \tag{7.64}$$

b. 非初次降压。

初次降压之后，煤层气藏原始压力受到破坏，煤层压力不再是原始压力，当煤层压力降到临界解吸压力以下，煤层气就会从煤层中解吸出来。因此在初次降压之后的每一个级次降压的气-水饱和度值都取上一降压之后所得出的饱和度值。

$$S_{w0}^{k+1}(r,t_0^+)=S_w^k(r,t_0^-) \tag{7.65}$$

$$S_{g0}^{k+1}(r,t_0^+)=S_g^k(r,t_0^-)=1-S_{w0}^{k+1}(r,t_0^+) \tag{7.66}$$

但是在煤层压力降到煤层的临界解吸压力之前，水的饱和度不变仍然保持为 1.0。

（2）压力初值。

a. 煤层初次降压。

对于煤层倾角不是很大的煤层，可以认为在单井范围内煤层的原始地层压力是恒定的。煤层气藏在初次降压时，模型可以选取地层压力作为计算的压力初值。

$$P(r,t_0)=P_i \tag{7.67}$$

b. 非初次降压。

初次降压煤层气藏原始压力受到破坏。因此在初次降压之后的每一个级次降压，压力初值都取上一级降压之后所得的压力值。

$$P_0^{k+1}(r,t_0^+)=P^k(r,t_0^-) \tag{7.68}$$

3）气、水相压力关系

通过对地下气、水的渗流情况进行分析，容易得出 P_g 和 P_w 之间的关系，由下式给出：

$$P_g=P_w+P_{cgw}(S_w) \tag{7.69}$$

式中，P_{cgw}（S_w）为毛细管压力，它与气、水的相对饱和度及其性质有关。根据 Corey（1954）给出表达式如：

$$P_{cgw}(S_w)=25.32\,(S_w-S_{wc})^{1/2}\times10^{-3} \tag{7.70}$$

式中，P_{cgw}（S_w）为毛细管压力，MPa；S_w 为气的相对饱和度；S_{wc}为束缚水饱和度，即水开始流动时的饱和度。

另外，为毛细管压力 P_{cgw} 与 S_w 之间的关系也可以通过实验的方法获取。

3. 求解程序

在对煤层气井渗流微分方程求解程序的编写时，考虑了常规降压制度和逐级降压制度

的需要，程序具体流程如图 7.8 所示。

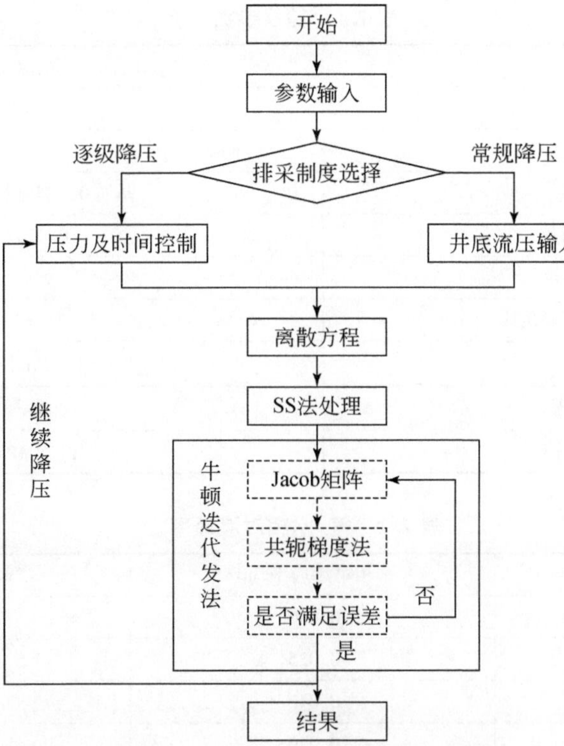

图 7.8　程序流程图

在程序开始后，首先向程序输入储层参数、流体参数和井相关的参数。接下来选择降压制度，在此处降压制度分为两种，一种是常规降压制度；另一种是逐级降压制度。如果选择常规降压制度选项，则开始输入相关的井底流压数据，程序将以该数据作为井筒内边界条件进行计算。然后利用程序将方程离散，再后采用联立求解法对方程进行处理。这时得到一个方程组，但是这个方程组仍然是非线性的，在把非线性方程组线性化的过程中采用了牛顿迭代法，将方程转化为线性方程组，在此过程中又采用了共轭梯度法对这个线性方程组进行求解。求解后最终得出常规降压制度的近似解。如果选择逐级降压制度，则输入此一级次降压的压力间隔值和降压持续的时间。在对微分方程的离散到求出解的流程与常规降压方法相同。只是在该级降压结果计算完后，程序将进入下一级次进行计算，这种循环直到井底流压达到允许的最小为止。

第三节　煤层气井排采工作制度分析

一、基本参数

采用山西宁武盆地某煤层气井进行数值模拟分析，本次模拟所选煤层气井排采的目的层为太原组中的9#煤层，其各种参数如表7.1～表7.4所示：

表7.1　储层参数

参数	数值
初始气藏压力	8.71MPa
气藏深度	900m
渗透率	基质0，裂缝0.86mD
渗透率系数	0.4202
裂缝孔隙度	1%
煤储层有效厚度	11m
含气量	13.76m^3/t
Langmuir压力	18.3m^3/t
Langmuir体积	2.22MPa

表7.2　气-水相对渗透率

水饱和度	水相对渗透率/mD	气相对渗透率/mD
0.0	0.000	0.711
0.1	0.025	0.465
0.2	0.040	0.300
0.3	0.070	0.270
0.4	0.095	0.205
0.5	0.125	0.149
0.6	0.170	0.101
0.7	0.230	0.070
0.8	0.300	0.040
0.9	0.420	0.006
1.0	1.000	0.000

表7.3　流体参数

名称	数值
气体比重	0.57
地面水密度	1.0
在基准压力下水的地层体积系数	1.05
水的黏度	0.5mPa·s
水的压缩系数	4.35×10^{-4} MPa^{-1}
气体扩散系数	0.00186m^2/d
临界解吸压力	5.5MPa

表 7.4　井的有关数据

名称	数值
井筒半径	0.07m
表皮因子	0
井底流压	最低 0.35MPa

二、常规排水降压效果分析

本数值模拟计算时，只对非压裂井的压力变化进行模拟。取××煤层气井实际排采的井底压力曲线（图 7.9）和相关参数进行数值模拟，并将影响半径设定为距离井筒 100m 处。

当井底压力降低到临界解吸压力 5.5MPa 之前，井控范围内没有煤层气解吸出来，此时为单相水渗流状态。图 7.10 为单相流阶段数值模拟的降压漏斗扩展曲线，此时煤层的卸压指数为 463.3947MPa · m^3。

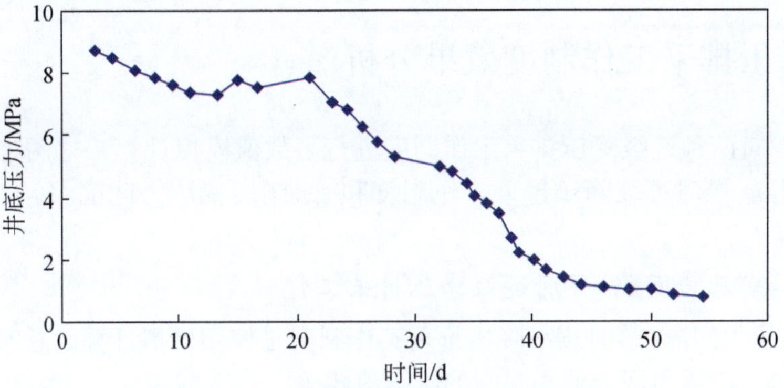

图 7.9　××煤层气井井底压力曲线

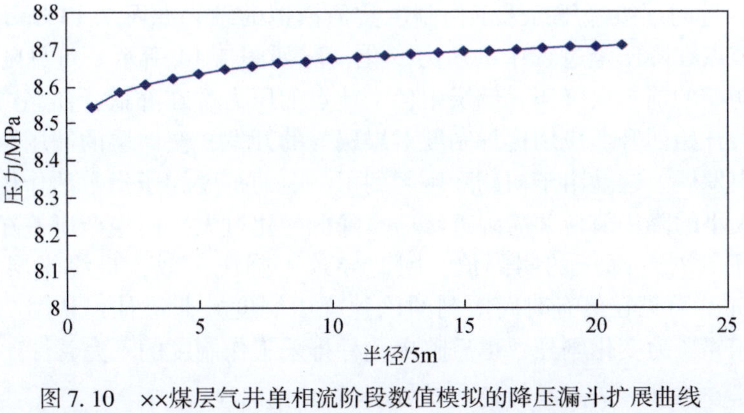

图 7.10　××煤层气井单相流阶段数值模拟的降压漏斗扩展曲线

模拟完单相流阶段煤层降压漏斗的扩展情况，软件读取单相流就算得压力结果，以此作为两相流数值计算的初始条件。井底压力如图7.9所示进行设定，其降压漏斗扩展曲线如图7.11所示，此时煤层的卸压指数为1876.54MPa·m³，卸压指数定义为降压漏斗体积与降压值的乘积。

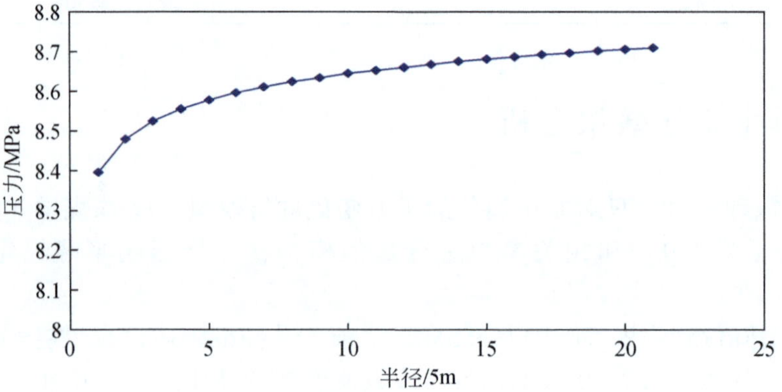

图7.11　××煤层气井两相流阶段数值模拟的降压漏斗扩展曲线

三、逐级降压排采工作制度效果分析

本部分主要对两种逐级降压排采工作制度进行了数值模拟计算，这两种制度分别为有时限–定压力间隔–等时逐级降压排采工作制度和有时限–变压力间隔–等时逐级降压排采工作制度。

1. 有时限–定压力间隔–等时逐级降压排采工作制度

有时限–定压力间隔–等时逐级降压排采工作制度是控制模拟计算的总时间，并在逐级降压过程中的每一级压力间隔值和时间的延续值相等。

在有时限–定压力间隔–等时逐级降压排采工作制度的模拟时，设定总的模拟时间为52d，每一级降压值定为0.3215MPa，持续时间为2d，共计降压26级（图7.12）。有时限–定压力间隔–等时逐级降压排采工作制度数值模拟的结果如图7.13所示，在该种降压制度下每一个节点在降压全过程中的压力变化情况如图7.14所示。可见随着井底压力的降低，在降压初期的前5次降压，储层中各个节点的压力都在降低，而当继续降压时，储层中各节点压力开始回升。应用这种制度对煤层气的开发，使储层的卸压指数由初期大向后期减小的方向发展。这是由于初期降压起到了一定的扩展卸压指数的作用，但是由于中后期保持同样大小的降压值使井筒附近渗透率降低变化过大，使生产压差在井筒周围的损失过大，超过了其对应降压的间隔值，因此导致了降压失效，最终煤层的卸压指数为1535.67MPa·m³。可见在具有时间限制的该种降压制度并非最佳，从图7.15也可开出，前5次降压中相邻压力变化剧烈，也反映出此种排采工作制度的不完善性。

2. 有时限–变压力间隔–等时逐级降压排采工作制度

有时限–变压力间隔–等时逐级降压排采工作制度是控制模拟计算的总时间，并在逐级降压过程中的每一级压力间隔值和时间的延续值相等。

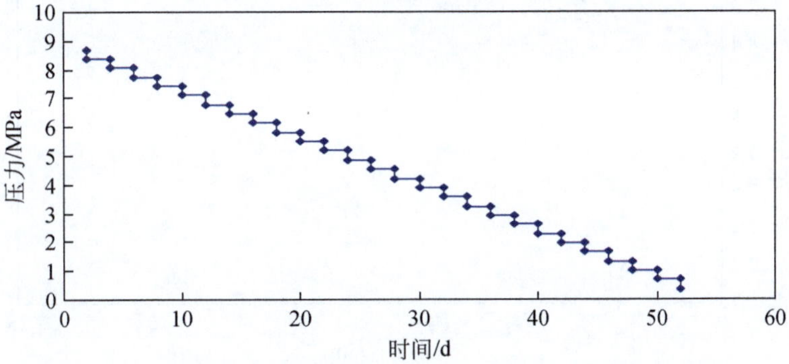

图 7.12　有时限-定压力间隔-等时逐级降压排采工作制度井底压力变化图

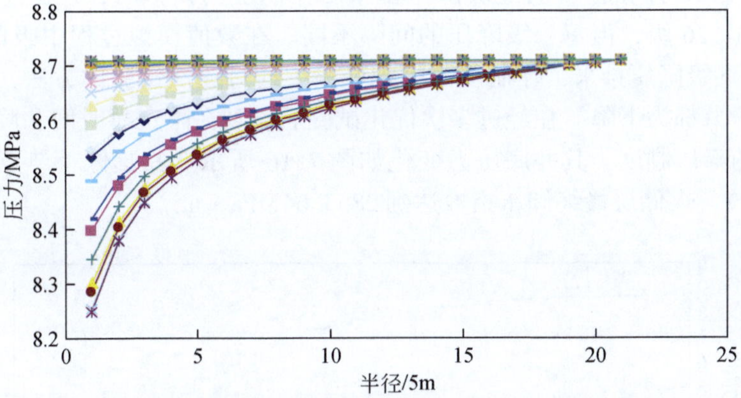

图 7.13　有时限-定压力间隔-等时逐级降压排采工作制度下降压漏斗扩展曲线

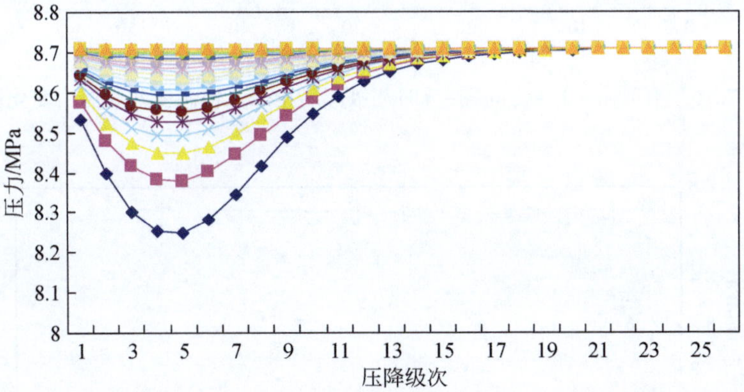

图 7.14　有时限-定压力间隔-等时逐级降压排采工作制度下各节点压力变化曲线

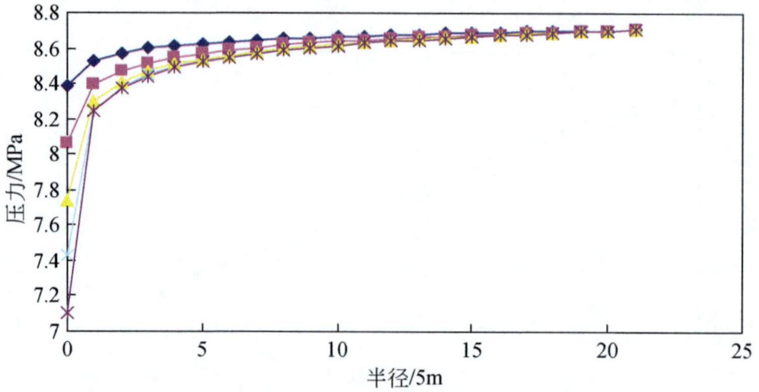

图 7.15　有时限-定压力间隔-等时逐级降压排采工作制度下前 5 次压力变化曲线

在有时限-变压力间隔-等时逐级降压排采工作制度的模拟时，设定总的模拟时间为 54d，总降压级次 26 级，但每一级降压的间隔不同。在数值模拟过程中吸取了有时限-定压力间隔-等时逐级降压排采工作制度的模拟经验，通过逐次试验的方法，保证在每一级降压时地层中压力都为下降。在经过多次优化试验后得到在限定总时间和降压次数的条件下，较为合理的降压制度，其井底压力变化如图 7.16 所示。其具体个节点在储层中的降压情况见图 7.17，煤储层最终卸压指数达到 2853.64MPa · m^3。

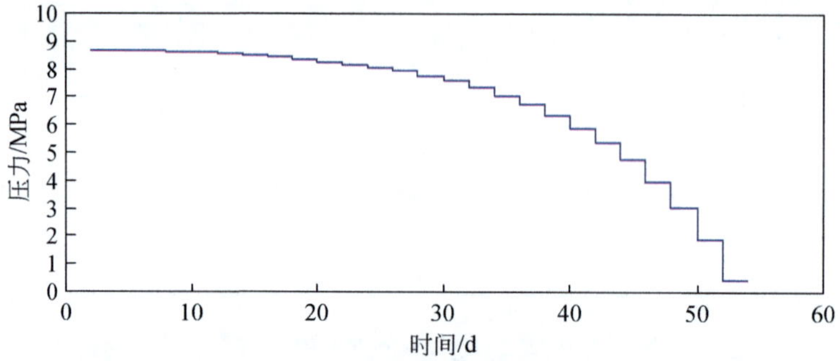

图 7.16　有时限-变压力间隔-等时逐级降压排采工作制度井底压力变化图

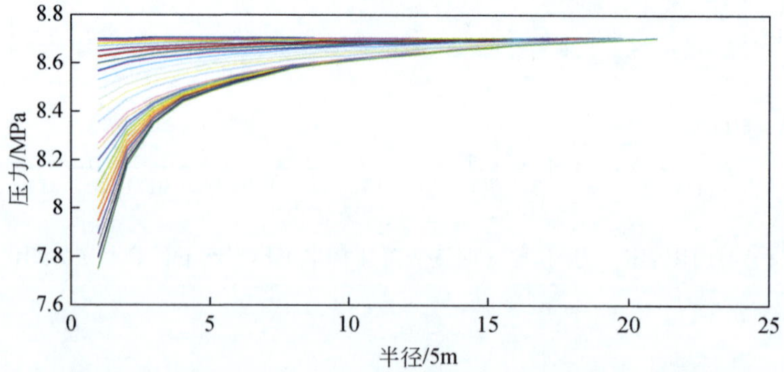

图 7.17　有时限-变压力间隔-等时逐级降压排采工作制度下降压漏斗扩展曲线

四、不同排采工作制度效果对比

常规制度对煤层气经的排水采气主要是采取控制流量的方法进行的。这种制度是来自于美国的煤层气开发经验。但是我国煤层气储层的渗透率低，在煤层气井早期的过快排水水使井筒附近储层压密渗透率降低，而导致煤层气储层无法大范围卸压。如图 7. 18 所示，根据模拟的结果相对比可以看出常规以控制水产量为主的生产制度并不合理。

有时限-定压力间隔-等时逐级降压排采工作制度模拟结果显示，在排采早期，该方法起到了一定的作用（图 7. 16），煤层得到了一定的卸压。但是随着继续降压，井筒压力损失超过了降压值是煤层气井的实际生产压差变小，导致了煤层中流体压力恢复的现象，因此该降压排采工作制度降压效果差。

有时限-变压力间隔-等时逐级降压排采工作制度模拟结果显示，排采总时间限定的条件下，在排采早期减小降压间隔值，使井筒附近渗透率降低较小，在同样的时间内压力波及的范围相对较大，更能发挥出时间的价值，在有时间限制的煤层气开采中，此种降压排采工作制度较为合理（图 7. 18）。

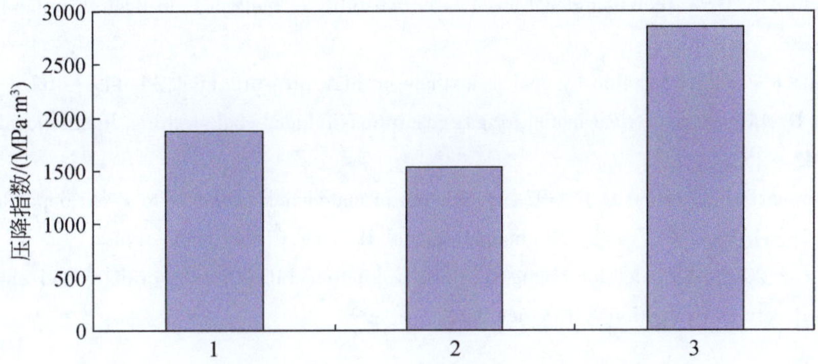

图 7. 18　不同排采工作制度下煤储层最终卸压指数对比图

1. 常规制度；2. 有时限-定压力间隔-等时逐级降压排采工作制度；3. 有时限-变压力间隔-等时逐级降压排采工作制度

参 考 文 献

姜德义，张广洋，胡耀华等. 1997. 有效应力对煤层气渗透率影响的研究. 重庆大学学报（自然科学版），20（5）：22～25.

姜汉桥，姚军等. 2000. 油藏工程原理与方法. 徐州：中国石油大学出版社.

孙培德，鲜学福，钱耀敏. 1999. 煤体有效应力规律的试验研究. 矿业安全与环保，（2）：353～355.

同登科，刘珊. 2005. 变形介质煤层气不稳定渗流问题，天然气工业，25（1）：19～20，105～107.

赵阳升，胡耀青. 1995. 孔隙瓦斯作用下煤体有效应力规律的试验研究. 岩土工程学报，17（3）：26～31.

曾勇，屈永华，宋金宝. 2000. 煤层裂缝系统及其对煤层气产出的影响. 江苏地质，24（2）：91.

张群，冯三利，杨锡禄. 2001. 试论我国煤层气的基本储层特点及开发策略. 煤炭学报，26（3）：230～235.

Ates Y, Barron K. 1988. The effect of gas sorption on the strength of coal. Mining Science & Technology, 6(3): 291～300.

Clarksona C R, Bustin R M. 1999. The effect of pore structure and gas pressure upon the transport properties of coal: a laboratory and modeling study. Fuel, 78: 1345 ~ 1362.

Corey A T. 1954. The Inter-relation Between Gas and Oil Relative Permeabilities. Producers Monthly, 38 ~ 41.

Gray I. 1987. Reservoir engineering in coal seams: Part I-The physical process of gas storage and movement in coal seams. SPE Reservoir Engineering, 28 ~ 34.

Harpalani C, Chen G. 1997. Influence of gas production induced volumetric strain on permeability of coal. Geotechnical and Geological Engineering, 15(4): 303 ~ 325.

Harpalani C, Schraufnagel R A. 1990. Influence of matrix shrinkage and compressibility on gas production from coalbed methane reservoirs. SPE Proceedings-SPE Annual Technical Conference and Exhibition, Sigma, Reservoir Engineering. Richardson: Soc of Petroleum Engineers, 171 ~ 179.

John R F. 2000. Principles of Applied Reservoir Simulation, Second Edition. Oxford: Gulf Professional Publishing.

Kohler T E. 1999. Development and application of a compositional coalbed methane production model. The Pennsylvania State University The Graduate School Department of Energy and Geo-environmental Engineering.

Levine J R. 1996. Model study of the influence of matrix shrinkage on absolute permeability of coalbed reservoirs. Geological Society Publication, (199): 197 ~ 212.

Manik J. 1999. Compositional modeling of enhanced coalbed methane recovery. Pennsylvania State University, The Graduate School Department of Energy and Geo-environmental Engineering.

Mavor M J, Vaughn J E. 1998. Increasing coal absolute permeability in the San Juan Basin Fruitland Formation. SPE REE, 6: 201 ~ 206.

Moffat D H, Weale K E. 1955. Sorption by coal of methane at high pressure. Fuel, 34: 449 ~ 462.

Pan Z, Connell L D. 2007. A theoretical model for gas adsorption-induced coal swelling. International Journal of Coal Geology, 69: 243 ~ 252.

Seidle J P, Jeansonne D J, Erickson D J. 1992. Application of matchstick geometry to stress dependent permeability in coals. SPE, 24361, Proc SPE Rocky Mountain Regional Meeting, Casper, 433 ~ 444.

Shi J Q, Durucan S. 2005. A model for changes in coalbed permeability during primary and enhanced methane recovery. SPE Reservoir Evaluation & Engineering, 291 ~ 299.

第八章　煤层气井产量预测和经济评价

合理预测煤层气井的产气量对于提高煤层气开发经济效益具有重要的意义。

常规天然气以游离态赋存于储集层中，天然气井的产量主要受气层厚度、渗透率、供给半径、供给边界压力和井底流压等因素的影响，在稳定流状态下，气井产量可以用解析法预测。

由于煤层气的特殊赋存方式，与常规天然气藏不同，煤层气的产出过程涉及解吸、扩散和渗流3种机制，其中解吸遵循Langmuir理论，扩散遵循菲克（Fick）定律，渗流遵循Darcy定律（杜志敏等，2007），因此煤层气井的产量预测难以用解析方法。

目前，国内外常用数值模拟法和递减曲线法预测煤层气井的产量，本章首先讨论了这些方法。针对中国煤层气开发历史短、递减特征不明显等特点，提出了煤层气井产量预测的动态统计方法，该方法基于煤储层产气地质潜力和解吸程度系数（释放程度）决定煤层气井产量的基本原理，在静态地质条件分析的基础上，根据煤层气井早—中期排采动态资料，建立煤层气井产量与储层产气地质潜力和解吸程度系数之间的统计模型，进而对煤层气井达到产气峰值之前的产量进行预测。

本章第四节讨论煤层气井经济评价方法。

第一节　产能预测数值模拟法

一、煤层气数值模拟基本原理及软件介绍

数值模拟法是利用数值模拟软件，通过钻井、地震等数据建立地质模型，输入已知的储层参数、含气量数据，与已有的实际生产数据进行拟合，获取准确的储层和煤层含气量参数，在拟合成功的基础上预测煤层气井的产量（Paul，1996）。

数值模拟方法要求有合适的数值模拟软件、准确的地质模型、较准确的储层参数和尽量长时间的生产期。数值模拟方法的优点是能够重复进行，但是其精度主要依靠输入的储层参数的精度和生产动态，预测产量受到地质模型、输入的储层参数和资料的准确性等因素的影响，各种参数的调整与模拟人员的经验有很大关系，产量预测结果存在多解性；拟合产量的生产时间也会影响预测储层参数的准确性，前期生产时间越长，拟合后预测的储层物性越准确，预测的产量也会越准确；同时，模型本身具有一定的假设条件，存在一定误差。

数值模拟软件从基于简单的理论模型，逐步发展到基于单井双孔隙、多井和水平井模型。经过长时间的发展，煤层气数值模拟已经和常规油气模拟一样，成为煤层气勘探开发中必不可少的工作。

煤储层特性决定了模拟软件需要能够表征煤储层的双孔隙、煤层气解吸、扩散、渗流特征和气、水两相流体特征。目前比较常用的煤层气数值模拟软件有 Eclipse、CMG、COMET3D 和 CoalGAS SIMED 等。

煤层气是一种以吸附态为主的天然气。一般条件下，煤层气的吸附符合朗缪尔(Langmuir) 定律［见式 (1.1)］。

煤层气吸附在煤层的表面，随着储层压力的增加吸附量增加。煤层表面的吸附气与煤层裂隙（含割理）系统中的游离气存在一种吸附与解吸的动态平衡过程，这个过程可用扩散方程［见式 (1.2)］进行描述。

以上两个模型是各种数值模拟软件的基本模型，多组分的模型可以使用扩展的模型，气体流动模型根据 Darcy 定律及其他方程联立。

因为各种软件的基本模型相同，因此模拟的结果也相差不大。David 等（2002）采用 CMG、Eclipse、SIMED、COMET 和 GCOMP 软件进行了同一模型的模拟。主流的模拟软件都已经具备了双孔隙模型、吸附模型、扩散模型、储层物性应力敏感性、基质的收缩与膨胀效应。通过联合模拟发现，多组分模型、储层物性应力敏感性、基质的收缩与膨胀效应不是影响数值模拟的关键因素。虽然 Eclipse 不具有这些模型，但是模拟结果相差不大。

二、关键参数取值方法

煤层气数值模拟与常规油气模拟相似，需要建立地质模型，将相关属性（参数）赋值于模型并建立数值模型。数值模型的赋值合适与否，关系下一步拟合的好坏与快慢。主要包括井的相关参数：井径、井型。储层改造参数：压裂裂缝导流能力和缝长、表皮系数。煤层含气性：煤层的含气量、Langmuir 参数、扩散系数。煤储层参数：温度、地层水物性、储层压力。煤特性：煤密度和煤的压缩性参数。需要输入和调整的参数之多，比常规油气历史拟合更加复杂。

1）静态参数

地质参数：大多数地质静态数据需要在建立地质模型时候就已经赋予模型。煤层厚度和煤层埋深或者标高可以通过煤层气井的钻完井数据中获取。煤层含气量，Langmuir 系数和煤参数可以从煤层气参数井的取心化验分析中获得，如果模拟的井不是参数井，可以根据已有数据进行外推。煤储层温度和压力可以根据试井数据。

井参数：可以在地质模型建立时候进行输入，也可以在数值模型建立过程中赋值。主要包括：井身结构、井径、完井类型、油管直井等实际参数可以从钻井数据中获得。压裂裂缝长度和高度、压裂裂缝方位这些数据一般不宜获得，有些区域做了压裂的裂缝监测，可以将裂缝监测结果作为参考。这也是后续历史拟合过程中需要调整的数据。

2）动态数据

包括产水量、产气量、井底压力、井口压力等参数，这些主要从生产日报中获得。如果没有井底压力，可根据每天的液面高度和井口的压力计算煤层中部的压力数据。需要注意的是产水量这个参数，因为煤层气井大多经过压裂，压裂液的大量注入会影响煤层气井初期产水量。同时，压裂后的裂缝高度一般大于煤层厚度，因此产出水同样不只是来自于煤层。

三、主要地质与工程参数的敏感性分析

在进行数值模拟的拟合工作之前，需要对各个参数进行敏感性分析，在了解敏感参数的基础上，才能够有效的快速进行相关参数历史拟合。主要对静态数据中不能够准确获取的数据进行敏感性分析，包括储层孔隙度、渗透率、压裂裂缝长度和导流能力。

本书以一个 CO_2-ECBM 数值模拟实例，针对孔隙度的变化和水平井长度的变化来进行地质与工程因素的分析。本书根据太原组和山西组地层的特点，建立地质模型应用到 SIMED 软件中，储层模型以山西组和太原组地层为基础，模拟不同参数对结果的影响大小（表 8.1）。

表 8.1　实例分析模型相关参数取值表

相关参数	值	相关参数	值
煤层厚	6.3m	初始含气饱和度	40.8%
深度	1000m	水的温度	40℃
储层裂隙渗透率	0.8mD	水的密度	990kg/m^3
裂隙孔隙度	0.5%	水的黏度	0.607cP
煤的有效压缩系数	1.45×10^{-7}/kPa	水的压缩系数	5.8×10^{-7}/kPa
储层温度	40℃	气体温度	45℃（113°F）
储层压力	90bar	煤密度	1300kg/m^3
Langmuir 体积 CH_4	35	Langmuir 压力 CH_4	2.7
Langmuir 体积 CO_2	50	Langmuir 压力 CO_2	0.9

模型共设计五口井，其中包括四口垂直井和一口水平井。水平井作为生产井，四口垂直井作为注入 CO_2 井，水平井的长度为 700m。

储层网格大小为 9×9×6，共计 486 个网格。模型边界为无流动边界，煤层分为六个层网格进行模拟。模型实际大小是 1000m×1000m×6.3m，垂直井在模型的 4 个角上，水平井位于模型的中心，水平段方向和 x 轴方向相同（图 8.1）。

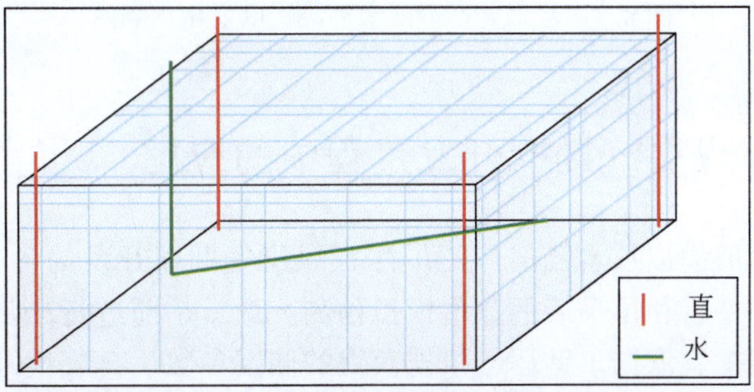

图 8.1　模型网格剖分示意图

通过设定不同的孔隙度（0.2%、0.4%、0.5%、0.7%和1%）进行模拟，对比不同孔隙度对产量的影响。模拟结果显示，孔隙度越小，最初的产量越大，这主要和含水量小有关系。在第三年开始注入 CO_2 增产，在 25 年内，水平井的日产量是先降低，后逐步增加，但是也能够明显地看出，孔隙度越小产量还是越大。但是期，直到 25 年以后，孔隙度小的井产气量下降非常快，孔隙度大的井产气量下降较为缓慢（图 8.2）。

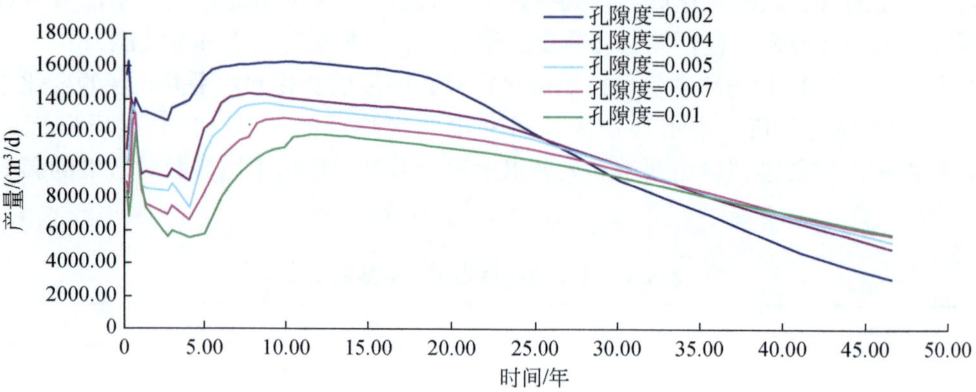

图 8.2　水平井产量随孔隙度变化预测图

将水平井的长度分别设定在 320m、600m、700m、920m 和 980m。水平井井筒在煤层中延伸，沟通了煤层中的裂隙，从而提高了煤层气井的产量。随着水平段长度的增加，单井产量也在增加，但是增大的幅度明显的减小，因此水平井并不是水平段越长越好（图 8.3）。

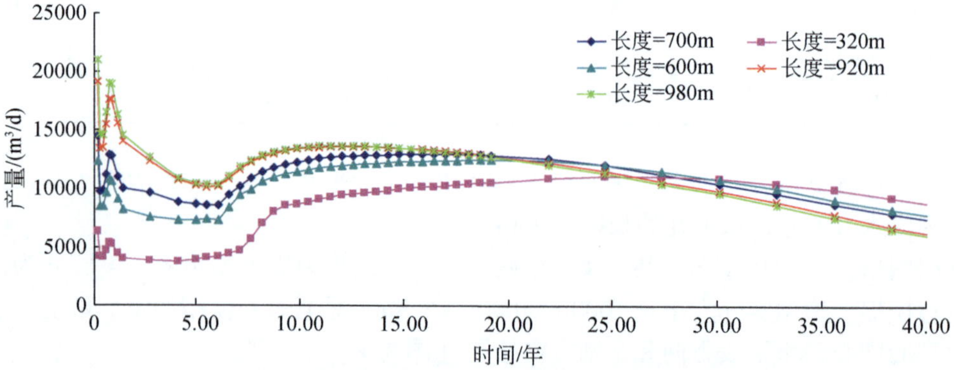

图 8.3　水平井产量随水平段长度变化预测图

四、数值模拟在煤层气勘探开发过程中的应用

目前，煤层气数值模拟技术已经广泛应用在煤层气勘探开发的各个环节。勘探阶段，对每口井进行钻前、钻后和排采后的数值模拟预测产量。钻前进行产量的预测，为钻井设计和井口设备的选型提供依据。钻后，根据获得的储层参数、含气性及钻井污染情况，再次进行产量预测，是对后续排采制度的选择提供依据。待排采一段时间后，进行历史拟

合，对储层进行重新认识，预测较为准确的产量数据，确定技术采收率，为储量的提交和开发方案的设计提供支撑。

另外在开发过程中更需要进行气藏的描述和数值模拟。随着煤层气田的开发，需要对产量低的井进行分析，通过数值模拟分析产量低的原因，预测调整井的井位。预测剩余技术可采储量，为产能接替做好准备。

本书将数值模拟在储量研究中应用实例做简要介绍。

储量区及邻区进行了煤层气探井、参数井和生产试验井的钻井、完井、压裂和排采施工，并获得了大量基础数据。根据地质参数、储层参数、井参数等，运用储层模拟软件ECLIPSE对申报区内煤层气生产试验井进行了产能历史拟合，确定或修正部分参数后，对直井单井的产能进行了预测。

利用该区煤层实验、试验参数，对排采数据进行了多次历史拟合，最终的拟合曲线如图8.4、图8.5所示。拟合效果除对产水和产气的异常峰值的反映不明显外总体较好。

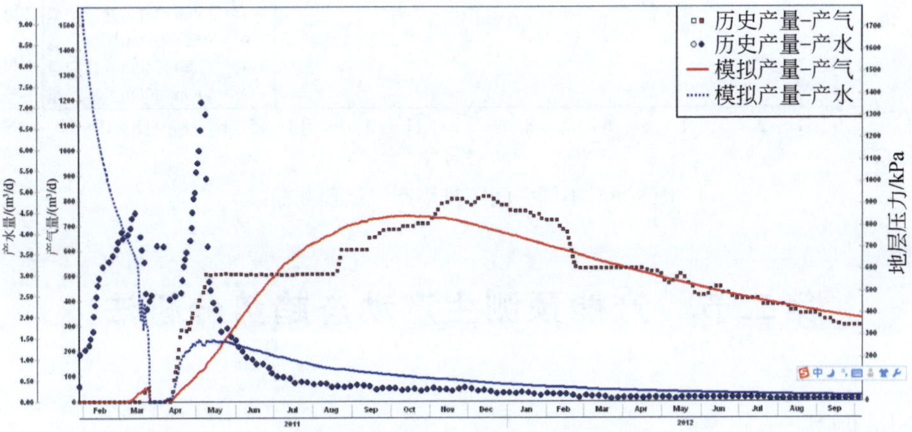

图8.4　1号井历史拟合曲线

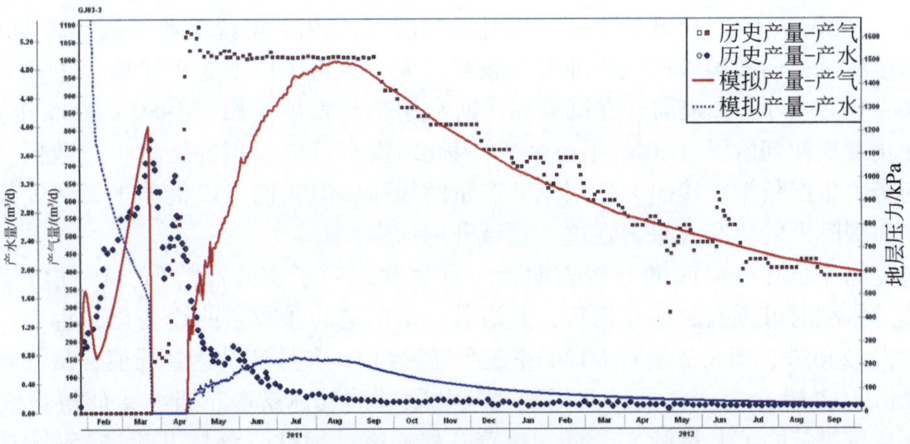

图8.5　2号井历史拟合曲线

用16口井，根据目前煤层气开发井距的范围，本次选取250m×250m、300m×300m、350m×350m和400m×400m等4种井间距，利用拟合后的参数，进行了不同井距的产气能力及采收率预测。

进行了17年的产气量预测（图8.6）。模拟结果表明350m×350m的平均产气量和采收率均较高。最终采用350m×350m的井距进行产能预测和采收率的预测。

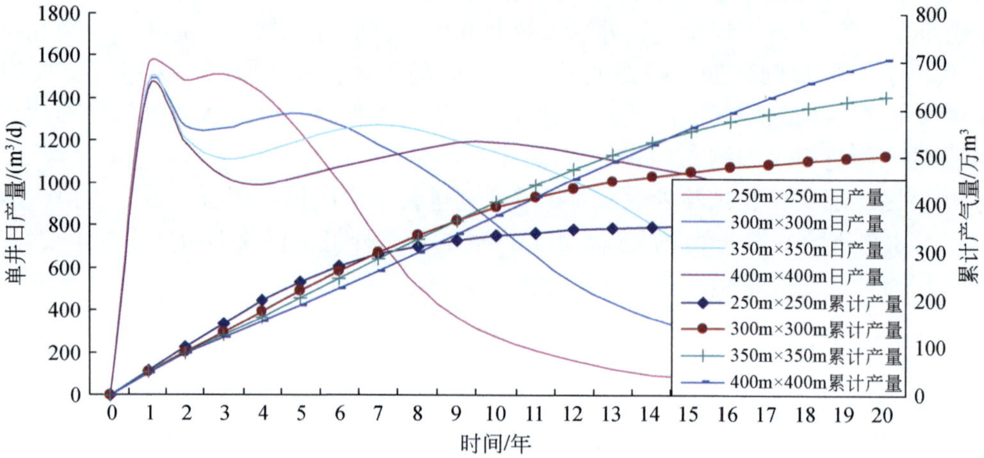

图8.6　不同井间距排采产气量预测曲线

第二节　产能预测生产动态趋势分析法

一、发展概况

煤层气产量预测是煤层气项目经济评价的基础，是设计开发方案的重要依据（朱超等，1998）。美国从1953年开始尝试地面开发煤层气，1977年获工业气流，20世纪90年代产量迅速增长，而我国煤层气产业起步较晚，大致经历了以下3个阶段：①井下抽放阶段（1950～1979年）；②地面开发试验和瓦斯利用初步发展阶段（1980～2005年）；③煤层气产业化发展初期阶段（2006年至今）。因此，没有可以模拟的历史生产数据，无法利用实际的历史生产数据直接研究煤层气井产量的规律，但我们可以借助于天然气藏工程理论、方法和国际上的研究成果，在这一领域开展探索。

通过美国TEAM开采区的分析表明，一旦气井达到了实际高峰值，产气量就开始下降，持续呈典型的可预测的递减趋势，并沿着一条拟定的递减率曲线变化，直到气井报废（贾承造等，2007）。图8.7是OG-134井在产气后约10个月产量达到峰值，从开始产气直到达到峰值的这10个月，包括以前提到的气井附近的气体解吸、排水、储层产气最佳阶段，气井产量维持峰值共持续8个月，接着开始递减。因此，该气井生产经过18个月才第一次明显表现递减。值得注意的是，在随后的整个气井生产年限内，递减率一直没有变化。这一实例与TEAM开采区的绝大多数气井情况是一致的。

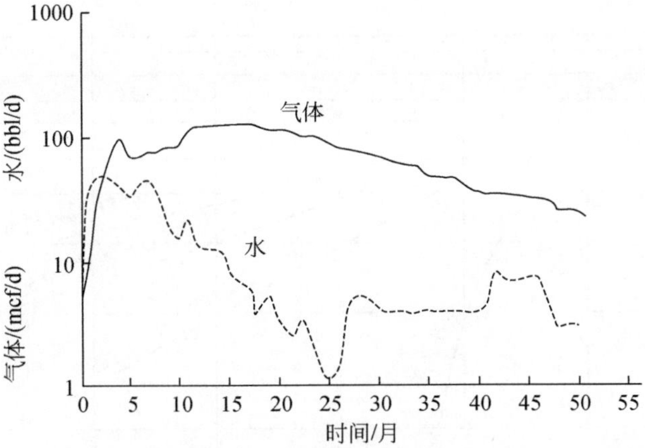

图 8.7　TEAM 开采区 OG-134 井生产曲线图（据贾承造，2007）
bbl. 桶；mcf. 千立方英尺

二、产量递减法

1. 产量递减法原理

使用递减曲线分析预测煤层气产量是由 Hanby（1991）第一个提出来的，他使用指数递减对黑勇士盆地的煤层气井的产量进行了预测，并在此基础上开展了煤层气井经济评价。

传统递减分析法是基于 Arps（1945）方程式，它是对历史数据的曲线拟合，进而对产量进行预测的一个经验关系式。Arps 方程式的表达形式如下：

$$q=\frac{q_i}{(1+D_i bt)^{\frac{1}{b}}} \tag{8.1}$$

式中，q 为 t 时的产量，mscf/d（mscf 为千标准立方英尺）；q_i 为递减初始产量，mscf/d；D_i 为初始递减率，d^{-1}；b 为递减指数。

有 3 种递减类型：根据递减指数的不同取值，可将递减曲线分为 3 种基本类型，即指数递减、双曲线递减和调和递减（表 8.2，图 8.8），其中 D 表示在某一时间 t 时的递减率。

表 8.2　3 种产量递减法数学模型表

递减类型	指数递减	双曲线递减	调和递减
递减指数	$b=0$	$0<b<1$	$b=1$
递减率	$D=D_i=$常数	$D=D_i(1+bD_it)^{-1}$	$D=D_i(1+D_it)^{-1}$
产量与时间	$q=q_ie^{-Dt}$	$q=q_i(1+bD_it)^{-1/b}$	$q=q_i(1+D_it)^{-1}$
	$\log q=\log q_i-\frac{D}{2.303}t$	$\left(\frac{1}{q}\right)^b=\left(\frac{1}{q_i}\right)^b+\frac{bD_i}{q_i^b}t$	$\frac{1}{q}=\frac{1}{q_i}+\frac{D_i}{q_i}t$

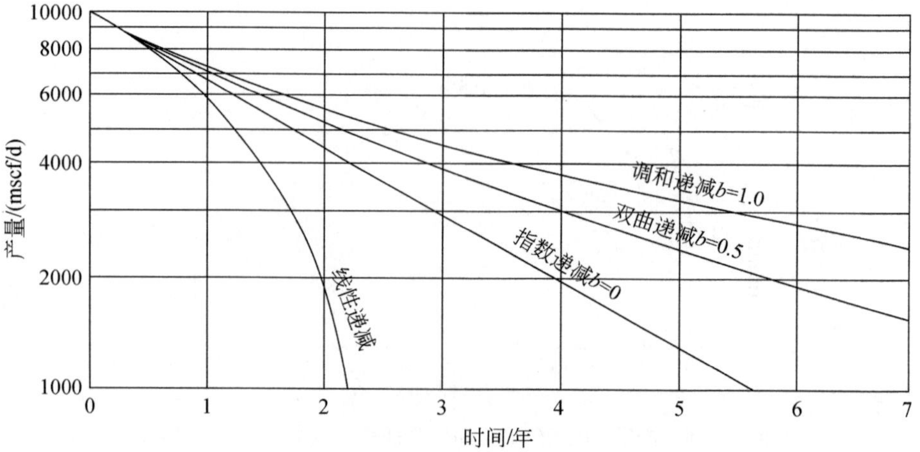

图 8.8　产量递减常见曲线形态图

Arps 递减曲线法是假定井在恒定井底压力、渗透率和表皮系数下产生的，如果井底压力、渗透率或者表皮系数改变，其递减特征相应改变。Arps 递减曲线法只能运用于分析边界确定的已达到稳定流动的数据。

由于产量递减曲线法的应用要满足产量-时间曲线上在产气高峰后至少有 3 个月以上稳定的气产量递减曲线斜率值，因此该方法在煤层气井产量预测方面的应用具有一定的局限性，适用于气井产量出现明显的递减规律后的产量预测，而不适用于煤层气井生产的早期阶段。

图 8.9 为两口煤层气井指数递减拟合的实例，图 8.10 为长期产量趋势预测的实例。

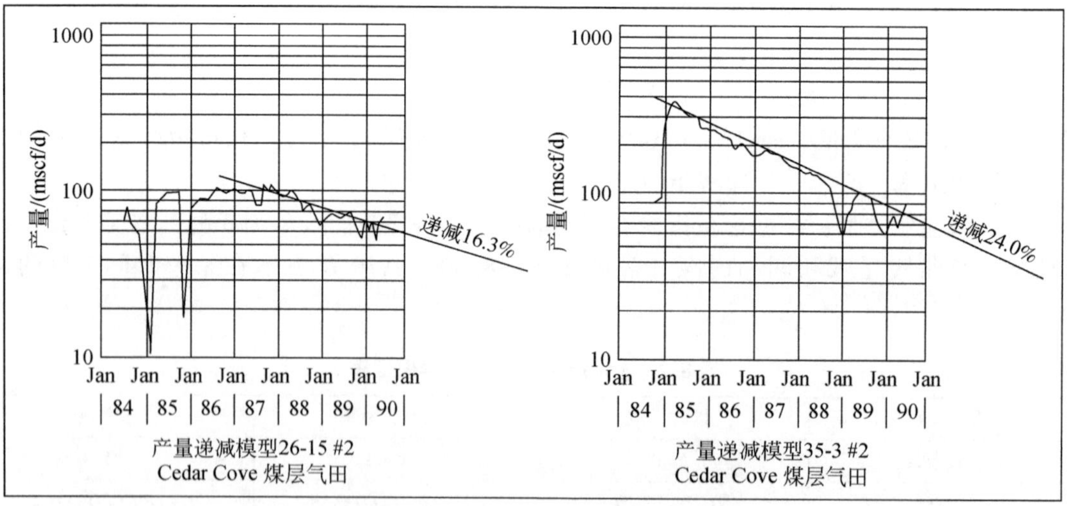

图 8.9　煤层气井产量指数递减拟合实例图

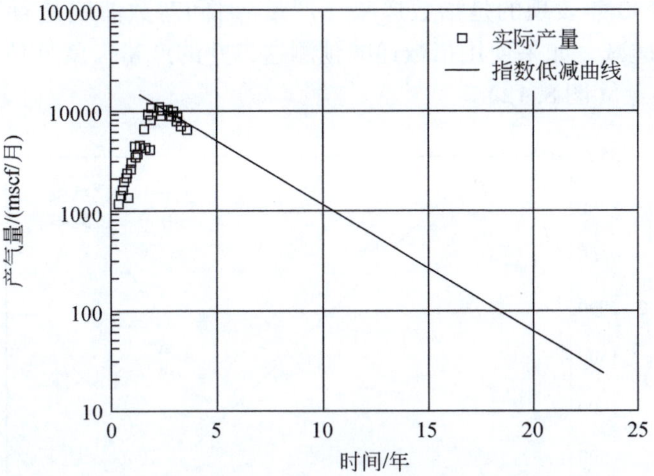

图 8.10　煤层气井产量长期趋势预测实例图

2. 煤层气产量递减规律研究

Aminian 等（2004）通过大量的模拟得出影响煤层气产量递减的关键储层参数包括：流压、原始储层压力、煤层气的吸附特征、原始水饱和度、基质收缩及多层煤层气储层。然而正是因为这些参数变化，不同程度地改变了 b 值。

在没有大量生产数据时，很难判断煤层气产量曲线是指数递减还是双曲线递减，这取决于方程式的 b 值。

Okuszko 等（2007）对什么样的储层和操作条件能够影响气井的 b 值做了研究，并进行了模拟，得出煤层气产量递减趋势满足双曲线递减（$0<b<1$），并对一口煤层气井 50 年来的产量的预测进行模拟，模拟结果见图 8.11，说明了递减率确实不是常量，观察到的产量-时间的对数曲线说明在井的整个生命期的全过程下降曲线是非指数型的。还可以从图

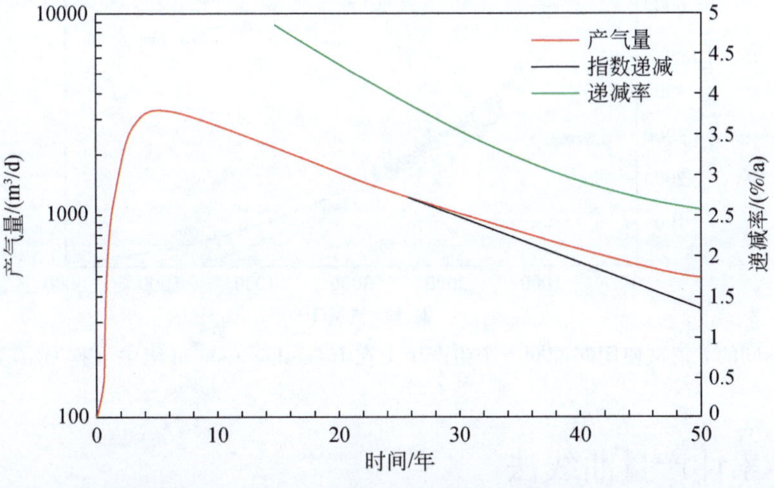

图 8.11　50 年产量模拟在 30 年以后显示的是双曲线递减（据 Okuszko *et al.*，2007）

8.11 观察到气井前30年表现的是指数递减（产量-时间对数曲线是直线），而在后20年生产曲线是双曲线递减。如果使用指数递减预测这口井的产量，就低估了，最终储量可能比预测的多15%以上（图8.12）。

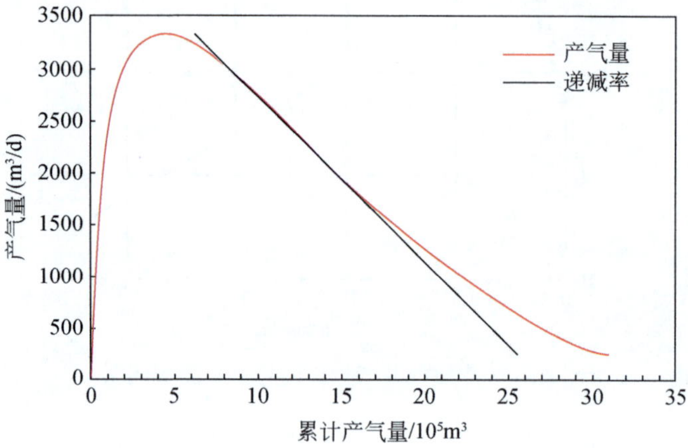

图8.12　指数递减低估储量多于15%（据 Okuszko *et al.*，2007）

既然煤层气产量递减符合双曲线递减，也就是$0<b<1$，那么用来匹配历史生产数据的b值到底是多少呢？许多煤层气井，尤其在中国，还没有生产足够长的时间，以至于无法建立一个下降趋势，用一个唯一的b值去匹配数据是很难的。对于这种情况，一般实际使用b值是来源于模拟井。然而在煤层气开发中，像 Horseshoe Canyon 组，几乎没有长期的模拟信息可以利用。多个不同的b值被使用匹配同一个生产历史（图8.13）。递减趋势可能匹配的b值在0~0.6之间，由于历史和模拟数据的限制，一个唯一的b值不可能被确定。

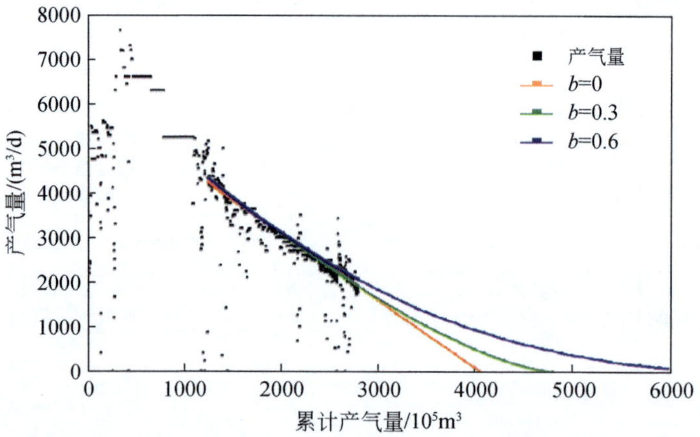

图8.13　多个不同的b值被使用匹配同一个生产历史在 Horseshoe Canyon 组中（据 Okuszko *et al.*，2007）

三、产量-累计产量曲线法

产量随累计产量递减，也存在指数、双曲和调和3种主要的类型（表8.3）。其中，在算术坐标系中，产量-累计产量指数递减呈直线关系（图 8.14）；在半对数坐标系中，产量-累计产量调和递减呈线性关系（图 8.15）。

表 8.3　产量-累计产量不同曲线类型及公式表

递减类型	指数递减	双曲递减	调和递减
b	$b=0$	$0<b<1$	$b=1$
D-t	$D=D_i=$常数	$D=D_i(1+bD_it)-1$	$D=Di(1+D_it)-1$
N_p-Q	$N_p=E\dfrac{q_i-q}{D}$	$N_p=E\dfrac{q_i^b}{D_i}\dfrac{1}{1-b}(q_i^{1-b}-q^{1-b})$	$N_p=E\dfrac{q_i}{D_i}\ln\dfrac{q_i}{q}$

注：N_p为累计产量；q_i为递减初期产量；q为产量；b为递减指数；D_i为初始递减率；D为递减率；E为考虑到时间单位和产量单位不一致而产生的换算系数。

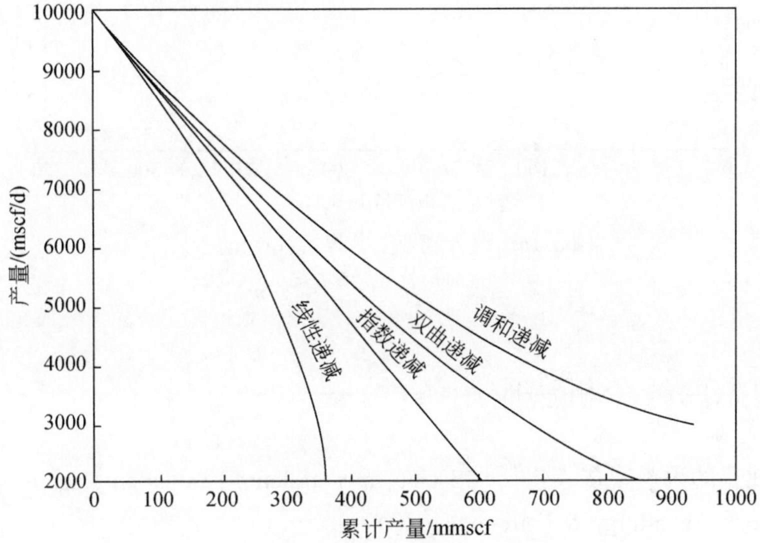

图 8.14　产量-累计产量关系图（算术坐标）

mmscf. 百万标准立方英尺

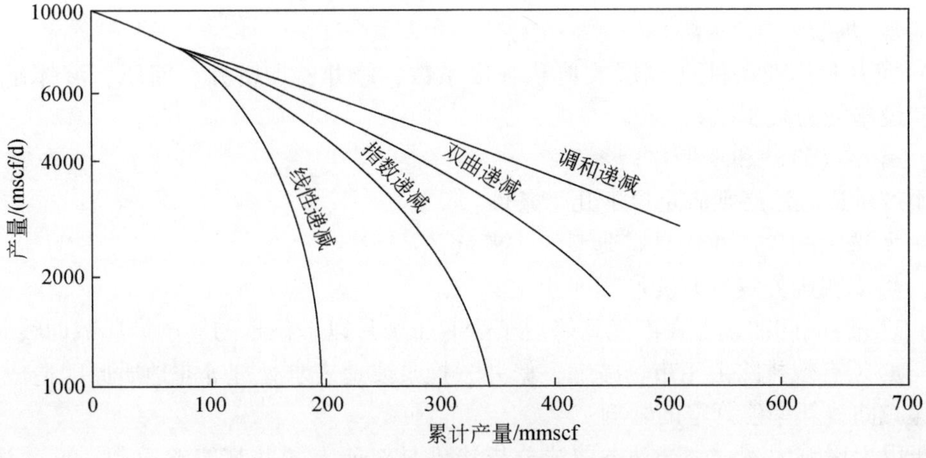

图 8.15　产量-累计产量关系图（半对数坐标）

图 8.16 为澳大利亚的一口以含水煤层为储层的煤层气井产量曲线，随着排水，煤层气产量达到峰值后出现递减，在管线压力相对稳定阶段的递减趋势，可用于外推预测未来的产量。

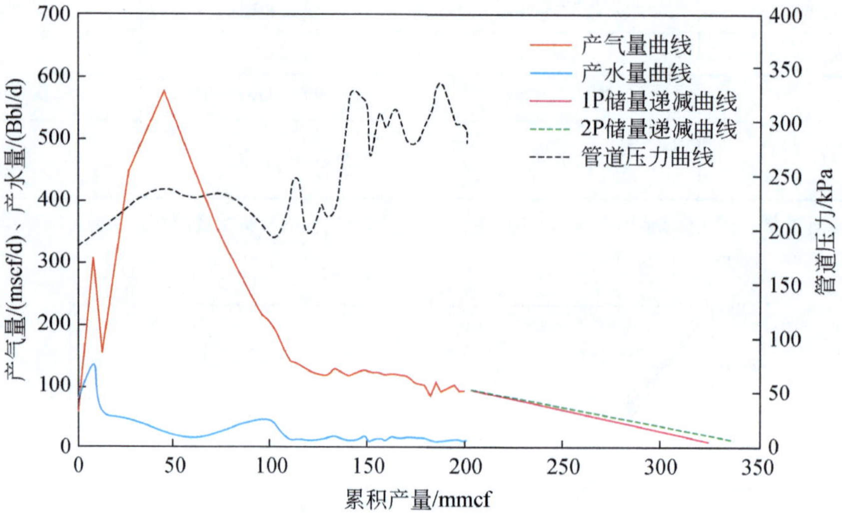

图 8.16　澳大利亚某井煤层气产量曲线

mmcf. 百万立方英尺

四、生产动态曲线分析法应用条件

影响产量曲线的因素很多，包括（Society of Petroleum Evaluation Engineers and Canadian Institute of Mining，Metallurgy & Petroleum，2007）：

（1）生产井所处阶段；

（2）煤储层和流体性质（成层性和混层开采、Langmuir 体积和 Langmuir 压力、渗透率和表皮系数、基质收缩效应、裂缝孔隙体积和相对渗透率）；

（3）驱动机理（含水层）；

（4）完井和作业条件（储层改造和表皮系数、修井、加密井、回压、液体举升、井筒腐蚀和设施能力限制等）；

（5）井型（直井和水平井）等。

运用产量递减法必须满足以下几个条件：

（1）所选用的生产曲线具有典型的代表意义；

（2）可以明确界定气井的产气面积；

（3）产量-时间曲线上在产气高峰后至少有 3 个月以上稳定的气产量递减曲线斜率值；

（4）必须有效排除由于市场减缩，修井、检泵或地表水处理等非地质原因造成的产量变化对递减曲线斜率值判定的影响。

鉴于以上影响因素，生产动态曲线分析法不是对所有的井都能够适用，这种情况下，评估者应该选择方法（如容积法结合类比法）来预测生产动态及 EUR。图 8.17 ~图 8.20 给出了生产动态曲线分析法不适用的实例。

图 8.17 为一种典型的含水煤层排水响应，该煤层气井位于俄怀明州粉河盆地，以 Big George 含水煤层为储层，这口井已达到商业产气量，但产量曲线呈现出高产水量的排水响应特征，产气量在最近一段时间内呈现递增的趋势，无法利用生产动态曲线分析法预测产量。

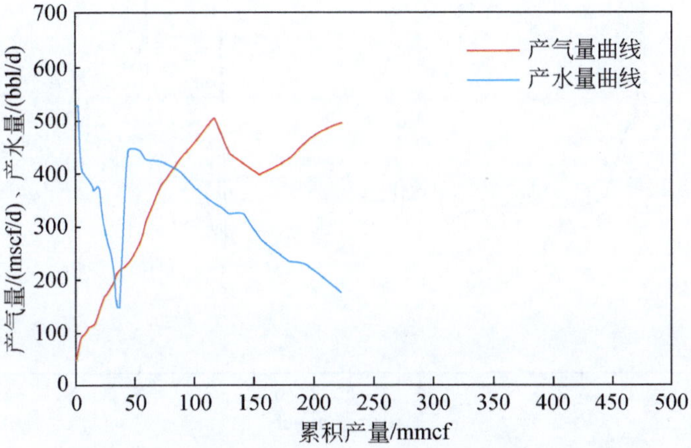

图 8.17　俄怀明州 Big George 煤层的煤层气产量曲线

图 8.18 为澳大利亚的一口煤层气生产井（直井），储层为欠饱和煤层。加密直井钻遇了煤储层中的泄压区，导致在生产早期呈现出高产气量和低产水量的特征，随后，管线压力的增加导致产量曲线复杂化，无法利用生产动态曲线分析法预测产量。

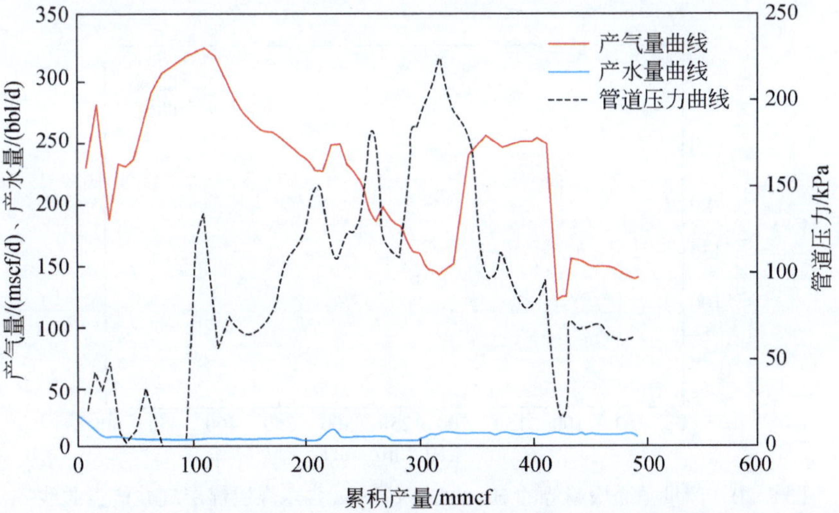

图 8.18　管线压力增加导致产量递减不明显的产量曲线

图 8. 19 是位于加拿大艾伯塔盆地 Horseshoe Canyon 煤层的一口煤层气井的产量曲线，产气煤层为埋深浅的干煤层。由于煤储层压力和储层解吸压力均较低，回压增加会导致产量发生急剧变化，产量曲线变化复杂，甚至在管线压力较高的时期，会出现产气量锐减的现象，无法利用生产动态曲线分析法预测产量。

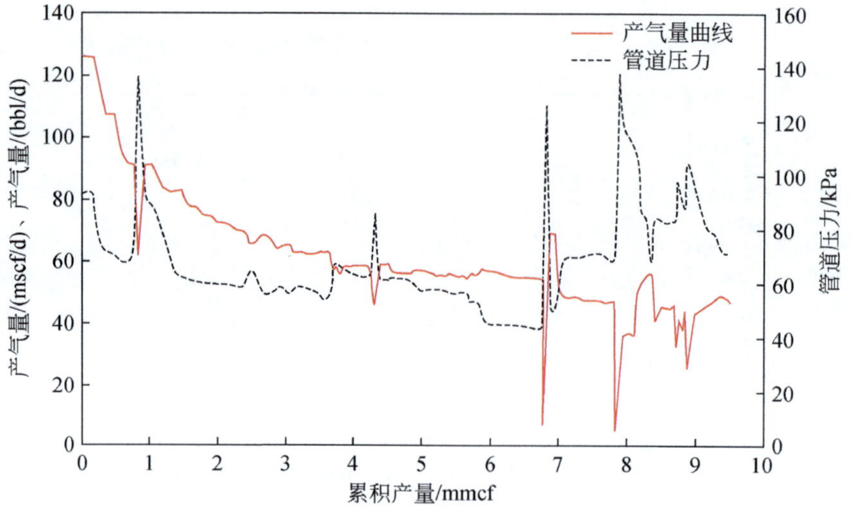

图 8. 19　管道压力变化对产量影响显著的 Horseshoe Canyon 煤层气井产量曲线

图 8. 20 为加拿大艾伯塔盆地 Horseshoe Canyon 煤层的一口煤层气井，其煤储层的原始压力高于解吸压力。随后，生产区域发生排水，井附近的储层压力开始下降并低于解吸压力，导致产气量不断上升，产气量曲线呈现递增趋势。这种情况下的产气量曲线没有十分明显的递减趋势，无法利用生产动态曲线分析法预测产量。

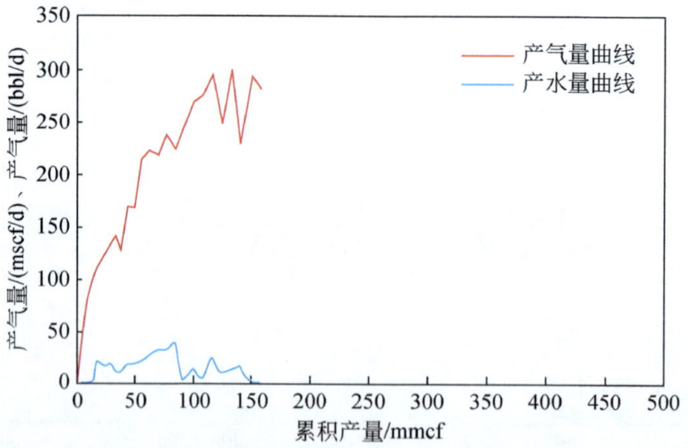

图 8. 20　产量呈递增趋势的 Horseshoe Canyon 含水煤层煤层气井产量曲线

第三节　煤层气井典型峰值产量预测动态统计法

一、煤层气井产能影响因素分析

对于煤层气井产量影响因素，前人开展了大量研究工作。娄剑青（2004）指出影响煤层气井产气量的主要因素是煤储层渗透率、煤储层厚度及煤储层含气量，其中含气量是影响产气量的物质基础，而渗透率是影响产气量大小的控制性因素。邓英尔等（2005）系统地分析和总结了煤层介质的低渗透率特性、煤层气的解吸扩散渗流特性、煤层与围岩的组合方式、含气饱和度对煤层气产量的影响。万玉金等（2005）指出影响煤层气井单井产气量的因素包括煤渗透率、孔隙度、吸附能力、含气量、临界解吸压力、相对渗透率等。秦绍锋等（2013）用层次分析法研究了煤层气井排采主控地质因素。

影响煤层气井产量的因素很多，如煤储层的厚度、含气量、渗透率、储层压力、地解压差、构造等地质因素和排采速度、排采强度等工程因素（田永东，2004；邓泽等，2009；尹俊禄，2012）。概括起来，影响煤层气井产量的因素可归纳为两大类，即由煤储层本身静态地质因素所决定的产气地质潜力和排采引起的煤层气解吸程度的大小（Dou *et al.*，2013）。

下面，以中国中部某盆地实际资料为例，分析煤储层厚度、含气量和渗透率对典型日产气量的影响。

1. 煤储层厚度对典型日产气量的影响

研究区煤储层在平面上遍布整个研究区，厚度变化较大，约为5.1～17.0m。选取研究区22口排采时间超过100d的煤层气井的生产情况作为研究对象，统计其典型日产气量，分别做典型日产气量与煤储层厚度的相关关系散点图（图8.21）和不同厚度煤储层条件下气井产量分类柱状图（图8.22），分析煤储层厚度与典型日产气量之间的相关关系。

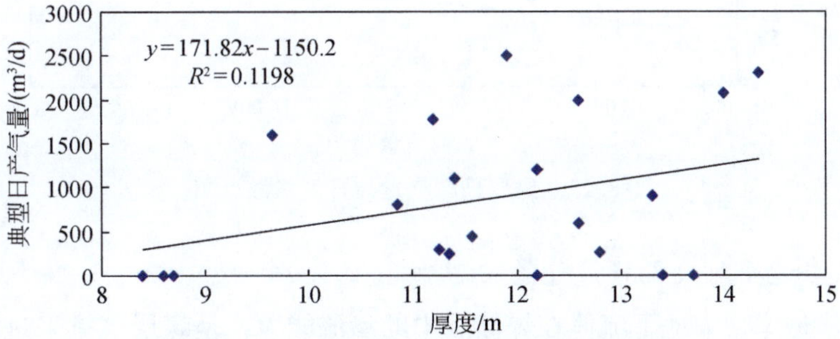

图8.21　典型日产气量与煤层厚度散点图

从图8.21中可以看出，煤储层厚度与气井的典型日产气量之间的相关性并不十分明显，相关系数R=0.35，图8.22也表明气井的典型日产气量并不是随着煤储层厚度的增大而呈现出高产井比例增加而低产井比例减小的趋势。

2. 煤储层含气量对典型日产气量的影响

含气量是煤储层的一个重要物理参数，决定着单位体积煤储层中煤层气的含量。统计研究区煤储层的含气量测井解释资料，区内储层含气量变化范围为 11.5～16.8m^3/t。分别做所选取的研究区 22 口典型井的典型日产气量与煤储层含气量的相关关系散点图（图 8.23）和不同煤储层含气量条件下气井产量分类柱状图（图 8.24），分析煤层气井的典型日产气量与煤储层含气量之间的相关关系。

从图 8.23 中可以看出煤储层含气量与气井的典型日产气量之间没有明显的相关性，相关系数仅为 R=0.17，图 8.24 表明气井的典型日产气量也没有随着煤储层含气量的增大而明显的呈现出高、中产井比例增加而低产井比例减小的趋势。

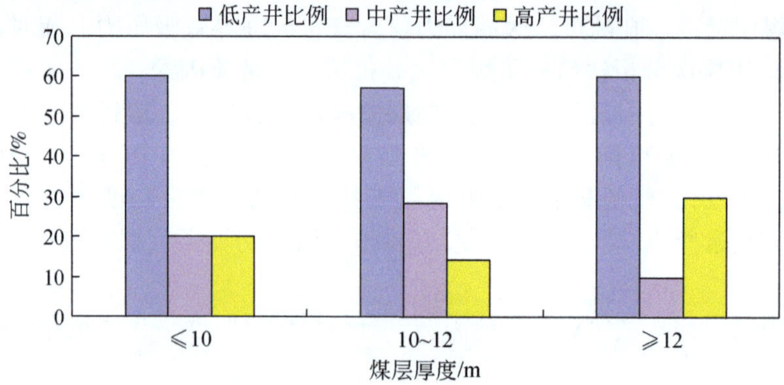

图 8.22　按煤层厚度气井产量分类柱状图

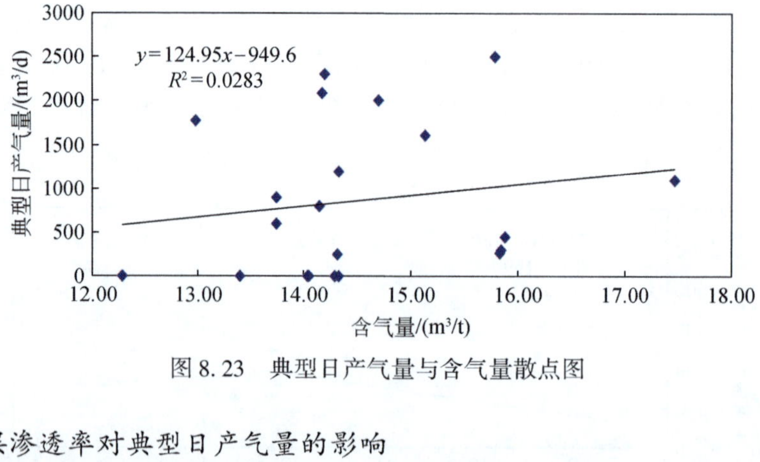

图 8.23　典型日产气量与含气量散点图

3. 煤储层渗透率对典型日产气量的影响

煤储层的渗透率代表地下流体在煤储层中的渗流能力，是煤层气排采过程中的一个重要参数。煤储层渗透率在研究区内具有很强的不均一性，分布范围为 0.006～0.101mD。分别做所选取的研究区 22 口典型井的典型日产气量与煤储层渗透率的相关关系散点图（图 8.25）和不同煤储层渗透率条件下气井产量分类柱状图（图 8.26），分析煤层气井的

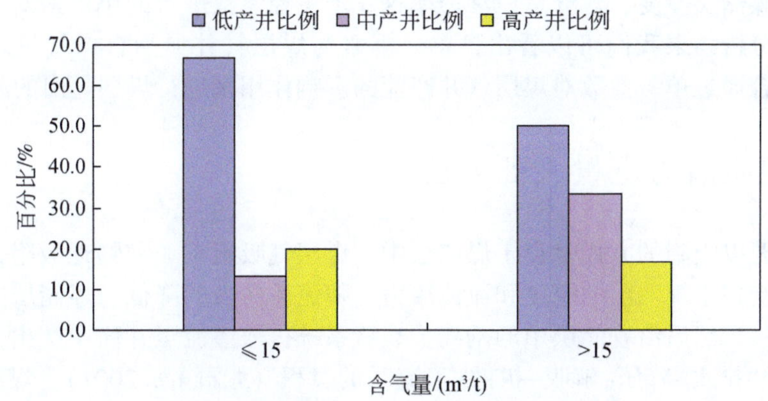

图 8.24　按煤储层含气量气井产量分类柱状图

典型日产气量与煤储层含气量之间的相关关系。

从图 8.25 中可以看出煤储层含气量与气井的典型日产气量之间没有明显的相关性，相关系数为 $R=0.29$，图 8.26 也表明气井的典型日产气量并不是随着煤储层渗透率的增大而呈现出高产井比例增加而低产井比例减小的趋势。

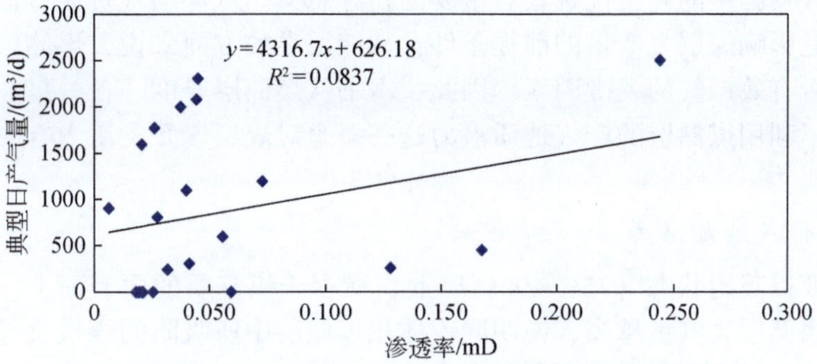

图 8.25　典型日产气量与煤储层渗透率散点图

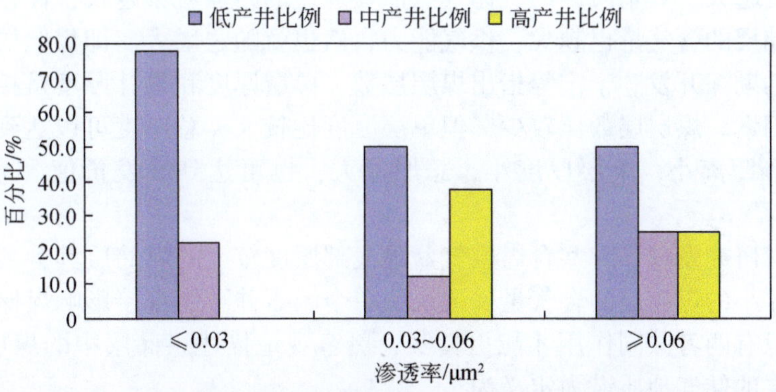

图 8.26　按煤储层渗透率气井产量分类柱状图

从以上对煤储层厚度、含气量、渗透率这3个主控参数进行的单因素对煤层气井产能的影响作用的分析结果我们可以看出，单一因素与煤层气井典型日产气量之间相关关系弱，因此不适合通过单一参数对煤层气井产能的影响作用来进行煤层气田的井位优选。

二、产气地质潜力定量表征方法

煤层气主要以吸附的方式赋存于煤储层中，煤层气吸附是一种物理吸附，且是一个可逆过程，主要受控于煤储层的温度和流体压力，随流体压力的降低，煤储层中所吸附的气体即可发生解吸，然后沿着储层中的割离、裂缝系统扩散渗流至井筒中产出。因此煤层气的产出是一个“排水-降压-解吸-扩散-渗流”的过程（张群等，2001）。煤层气井位优选的目的是使气井能够高产，并且能够保持长时间的稳产，其首先要考虑的因素就是煤储层自身的煤层气资源总量和煤层气在储层中的解吸渗流能力。

煤储层自身的性质对其煤层气含量具有决定性的作用。煤储层是一种双重孔隙型储层，煤基质中的微孔隙是煤储层中孔隙的主要组成部分，煤储层的裂缝系统主要包括面割理和端割理，是从煤储层中解吸出的煤层气的主要渗流通道。煤层气资源量是煤层气开发最基本的物质基础，煤层气的可采性是煤层气得以开发利用的重要保证（孙淑云，2005），两者对煤层气开发区中的井位优选具有重要的指导意义。从煤层气资源方面来说，煤储层厚度与含气量是影响煤层气产量的前提条件；从储层参数方面来说，煤储层渗透率又是决定煤层气井能否有效产气的关键因素。因此，本书从煤储层厚度、含气量和渗透率三个方面出发，提出了利用煤储层的产气地质潜力这一概念对煤层气开发潜力有利区优选和井位优化的新思路。

1. *煤储层储气地质潜力*

煤层气主要以吸附状态（75%~90%以上）赋存于煤基质的内表面上，在其他条件相同的情况下，煤储层含气量越高，说明同等体积煤储层中所吸附的煤层气越多，因此煤储层含气量高的地区是煤层气勘探开发的有利区。

煤层的厚度在一定程度上控制着煤储层中的煤层甲烷含量。在其他条件相同的情况下，煤储层厚度越大，其基质内的气体逸散需要通过的路径就会越长，保存在基质内的气体就会越多，储层的含气量也越大，供气能力自然也就随之增大。即煤储层厚度越大，越有利于煤层气的勘探开发。宁宁等指出煤层层数、单层厚度和累计厚度是控制煤层气开发最基本的地质因素。煤层层数比较少，但单层厚度比较大，总厚度可以达到开发价值；煤层层数多，间隔距离小，单层厚度小，总厚度大，也可达到开发价值（宁宁和张建博，1999）。

但是，也有研究发现，有些含煤层气盆地浅部厚度较大的煤储层其含气量小于甚至远小于深部厚度较小的煤储层的含气量。这说明单个因素并不能直接影响煤储层气中煤层气含量的高低，只有两者共同作用才能更真实、更客观地描述煤储层中的煤层气赋存情况。因此，将煤储层的储气地质潜力定义为

$$S_g = h \times C_{ad} \tag{8.2}$$

式中，S_g为储气地质潜力，m · m³/t；h 为煤储层厚度，m；C_{ad}为含气量（空气干燥基），

m^3/t。

煤层储气地质潜力能更好地从煤层气资源量方面反映煤储层中的煤层气赋存情况。

2. 煤储层产气地质潜力

煤层气主要依靠储层压力而以吸附状态赋存于煤基质的内表面上，经过煤储层的有效排水降压煤层气才能从煤基质表面解吸出来。有效排水是指在煤储层的排水降压过程中，从煤储层中排出的水必须是煤储层本身孔隙和裂缝系统中所含的地下水。只有有效排水才能达到使煤储层降压漏斗不断扩大，卸压面积不断延伸，从而达到解吸出更多煤层气的目的。无效排水不只是排出煤储层中的水，还有上下围岩中含水层内的水，不能有效地使煤储层内的降压漏斗继续扩展，不利于煤层气的解吸。煤层水在煤储层中的渗流通道主要是煤储层自身的割理裂缝系统及在储层压裂改造过程中所形成的压裂缝。煤储层中的割理裂缝越发育，则煤储层的渗透率就越大，煤层甲烷在储层中的流动能力也就越强，即煤储层的渗流条件越好，就越有利于流体流动至井筒。故而渗透率是评价煤储层产气地质潜力的一个重要参数。

对于一个煤层气田，首先决定它是否能进行开采的物质基础是煤储层的储气地质潜力，即首先要有一定的资源量；其次是煤储层的渗透率条件，即保证储层中所含有的煤层气要有能够发生扩散渗流的通道。煤层气的开采，首先必须要排水降压作用，煤层中吸附的大量煤层气才能解吸，然后扩散到裂缝系统中，进而渗流至井筒。一个煤层气田如果只具有较好的储气地质潜力，但储层的渗透率较差，就会使得煤储层压力得不到有效降低，煤储层中所吸附的大量煤层气难以发生解吸，导致大大降低了煤层气的采收率；反过来说，如果煤储层的储气地质潜力较差，那么即便其储层的渗透率再好，由于没有充足的气源供给，也不可能成为煤层气勘探开发的有利区。因此，煤层储气地质潜力和渗透率作为两个独立的影响因素，均不足以单独证明煤储层的产气地质潜力，只有综合考虑两个因素的共同影响，才能更好地对煤储层的产气地质潜力进行评价，我们给出煤储层产气地质潜力的概念：

$$Pr_g = S_g \times k \tag{8.3}$$

式中，S_g为煤储层储气地质潜力，$m \cdot m^3/t$；k 为渗透率，mD。

研究区内煤层气井典型日产气量与煤储层的产气地质潜力具有较好的相关性(图 8.27)，

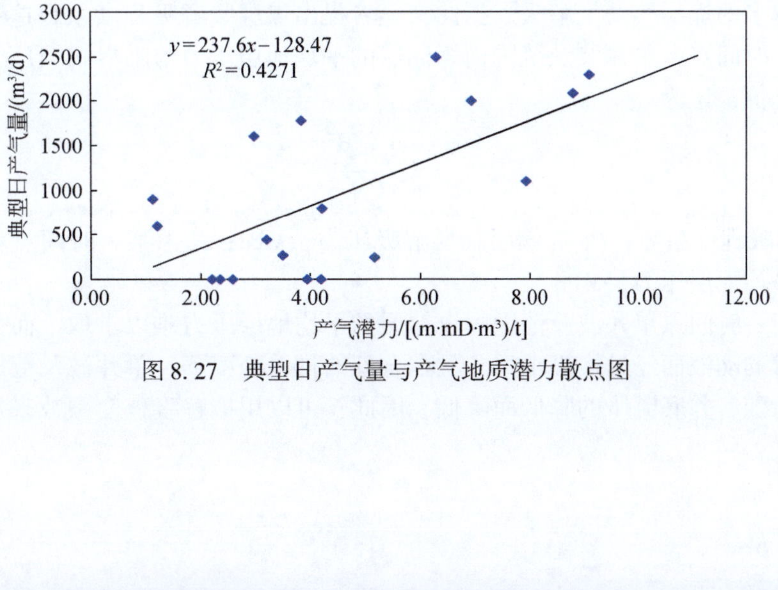

图 8.27　典型日产气量与产气地质潜力散点图

相关系数$R=0.65$。做不同煤储层产气地质潜力条件下气井产量分类柱状图（图 8.28），从图中也可以看出气井的典型日产气量随着煤储层产气地质潜力的增大而明显的呈现出高产井比例增加而中、低产井比例减小的趋势，表明煤储层的产气地质潜力作为综合变量，能够更好地解释气井典型日产气量。

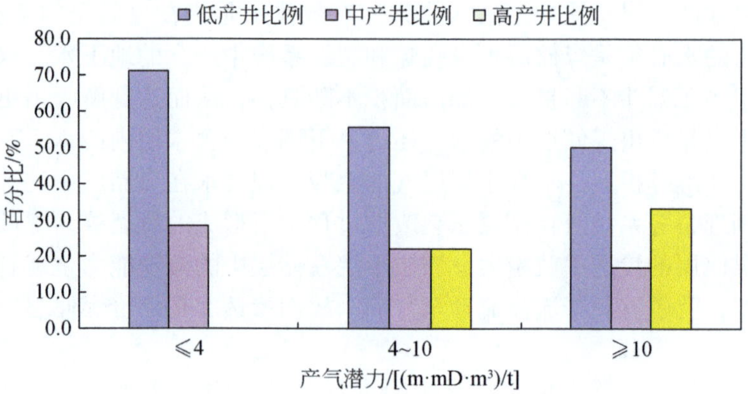

图 8.28　按产气地质潜力气井产量分类柱状图

三、煤层气解吸程度定量表征

影响煤层气井产量的因素很多，如煤储层的厚度、含气量、渗透率、储层压力、地解压差、构造等地质因素和排采速度、排采强度等工程因素（田永东，2004；邓泽等，2009；尹俊禄，2012）。概括起来，影响煤层气井产量的因素可归纳为两大类，即静态地质因素所反映出的煤储层本身所具备的产气地质潜力和排采引起的煤层气解吸程度的大小。

从煤层气的解吸程度来看，自气井见气开始到达到产量峰值之前，在排除人为调节等因素影响的理想状态下，从理论上来说，煤层气井的产气量将会随着煤层气解吸程度的不断提高而逐渐增大到产气峰值，之后进入产量递减阶段。解吸程度与煤层中地层压力降低的幅度有关，当地层压力降低到临界解吸压力时，煤层气开始解吸，随着地层压力的继续降低，越来越多的煤层气发生解吸。据此，笔者提出煤层气解吸程度系数这一概念，将其定义为在某一时间点上单井波及范围内煤储层的平均地层压力与临界解吸压力之差与临界解吸压力的比值，记为

$$\alpha=\frac{P_{\mathrm{cd}}-\overline{P_{\mathrm{f}}}}{P_{\mathrm{cd}}} \tag{8.4}$$

式中，α 为解吸程度系数；P_{cd}为储层临界解吸压力，MPa；$\overline{P_{\mathrm{f}}}$为某一时间点单井波及范围内煤储层的平均地层压力，MPa。

由于在某一时间点单井波及范围内煤储层的平均地层压力难以求取，而井底流压则可以根据气井对的动液面经过换算求得，且在合理的排采制度下，单井波及范围内煤储层的平均地层压力随着井底流压的降低而降低，因此，可以用拟解吸程度系数来代替严格意义

上的解吸程度系数，我们将拟解吸程度系数 β 定义为

$$\beta=\frac{P_{cd}-P_{wf}}{P_{cd}} \tag{8.5}$$

式中，β 为拟解吸程度系数；P_{wf} 为某一时间点煤层气井井底流压，MPa。

四、煤层气井典型峰值产量预测动态统计模型

煤层气产量预测动态统计法，即是建立某一生产单元煤层气井产气量与产气地质潜力和拟解吸程度系数之间的统计模型（康永尚等，2013b）：

$$q=f_1(Pr_g)+f_2(\beta)+B \tag{8.6}$$

式中，q 为煤层气井产气量，m^3/d；Pr_g 为煤储层产气地质潜力，$m \cdot mD \cdot m^3/t$；β 为拟解吸程度系数；B 为常数项。

利用统计模型 8.5，即可对该生产单元内的煤层气井未来在达到产气峰值之前的产气量进行预测，对于一口井的产量预测来说，煤储层产气地质潜力 Pr_g 为一定值（取决于井点处的煤储层厚度、含气量和渗透率），拟解吸程度系数 β 根据不同时间点的井底流压取不同的值，获得产气峰值前对应不同井底流压的产量预测值，煤层气井峰值产量则对应井底流压接近于 0 时的产量。

需要指出的是，从理论上来讲，选择煤层气井见气后任意时间点的产量和对应的井底流压，可以获得产量与产气地质潜力和拟解吸程度系数之间的统计模型，进而对后续的产量做出预测。然而，由于煤层气井排采动态曲线存在较大波动，因此，选择见气后相对稳定的产气量即典型日产气量（康永尚等，2013a）和对应的井底流压，可以获得更为可靠的统计模型。若在见气后出现两个或两个以上相对稳定的产气阶段，则选择低值典型日产气量和其对应的井底流压作为统计模型建立的依据。

煤层气井产量预测的动态统计方法可井底流压归纳为：①从煤储层厚度、含气量及渗透率等地质因素出发，分析煤储层的产气地质潜力；②选择煤层气井见气后产气量相对稳定阶段的低值典型日产气量所对应的井底流压，计算拟解吸程度系数；③建立典型日产气量与产气地质潜力和拟解吸程度系数之间的统计模型；④利用统计模型预测未来井底流压不断降低时的产量（图 8.29），直至井底流压接近于 0 时的峰值产量。

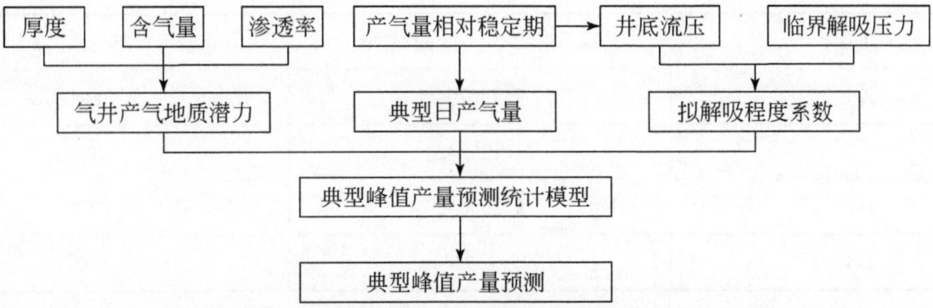

图 8.29　煤层气井典型峰值产量预测动态统计法流程图

煤层气井见气后，可能出现产气量低值稳定阶段和高值稳定阶段（不是每口井都出现这种情况），二者出现的时间循序没有前后规律性，但低值稳定阶段对应相对高的井底流压，高值稳定阶段对应相对低的井底流压，图 8.30 为中国中部某煤层气井排采动态特征曲线图。在拟合公式（8.6）时，选择低值稳定阶段典型日产气量和其对应的井底流压（拟解吸程度系数）或高值稳定阶段典型日产气量和其对应的井底流压（拟解吸程度系数），都是可行的。笔者建议，用低值稳定阶段典型日产气量和其对应的井底流压（拟解吸程度系数）进行统计模型的拟合。

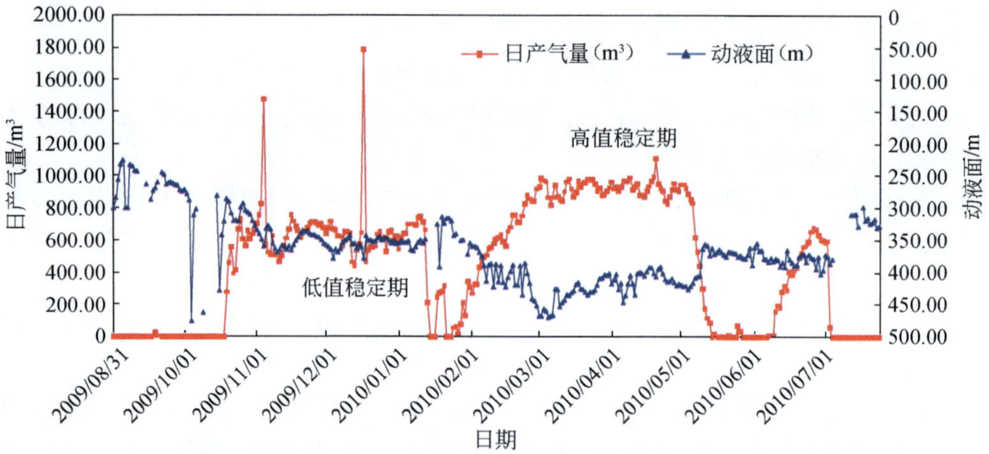

图 8.30　中国中部某煤层气井排采动态特征曲线图

五、动态统计模型法应用实例

用上文提出的煤层气井产量预测的动态统计方法，对中国中部某煤层气田开发区块进行应用实例研究。根据该开发区块的地质资料及排采动态资料，提取了 4 口井（因资料所限）的单井典型日产气量和产气地质潜力（表 8.4）与 28 口井的典型日产气量及其所对应的拟解吸程度系数进行研究（表 8.5）。

表 8.4　研究区典型井产气地质潜力与典型日产气量统计表

井号	产气地质潜力/[(m · mD · m³)/t]	典型日产气量/(m³/d)
1-1	7.726704	600
1-2	1.125342	200
1-3	9.259652	650
1-4	12.739444	900

表 8.5　研究区典型井解吸程度系数与典型日产气量统计表

井号	拟解吸程度系数	典型日产气量/(m^3/d)	井号	拟解吸程度系数	典型日产气量/(m^3/d)
1-1	0.476970	600	1-15	0.055886	200
1-2	0.142398	200	1-16	0.750521	1800
1-3	0.144085	650	1-17	0.504890	1600
1-4	0.089370	900	1-18	0.665495	4000
1-5	0.151606	250	1-19	0.015375	100
1-6	0.358758	400	1-20	0.097866	200
1-7	0.041651	300	1-21	0.112437	200
1-8	0.485418	1000	1-22	0.064120	300
1-9	0.499874	1400	1-23	0.100055	200
1-10	0.246168	700	1-24	0.031580	100
1-11	0.551423	1000	1-25	0.828091	6300
1-12	0.453273	1000	1-26	0.234896	700
1-13	0.229903	300	1-27	0.353150	400
1-14	0.412701	1000	1-28	0.037243	300

气井产气地质潜力与典型日产气量之间的相关关系（图 8.31）表明，煤层气井典型日产气量与煤储层的产气地质潜力之间呈良好的线性正相关关系，相关系数 R 达到 0.997。典型日产气量与拟解吸程度系数之间的相关关系（图 8.32）表明，煤层气的拟解吸程度系数与日产气量之间呈良好的指数正相关关系，相关系数 R 达到 0.871。

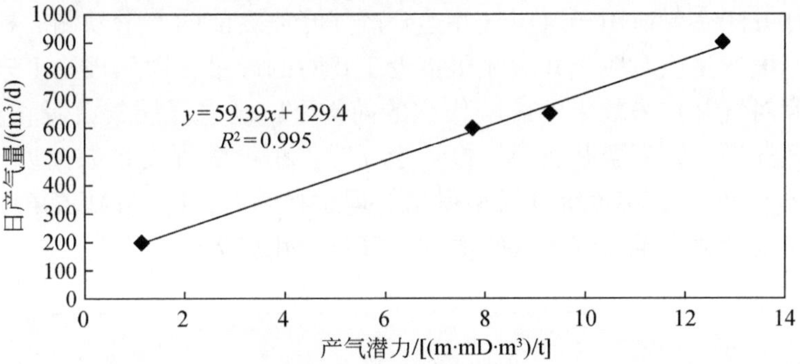

图 8.31　典型日产气量与产气地质潜力关系图

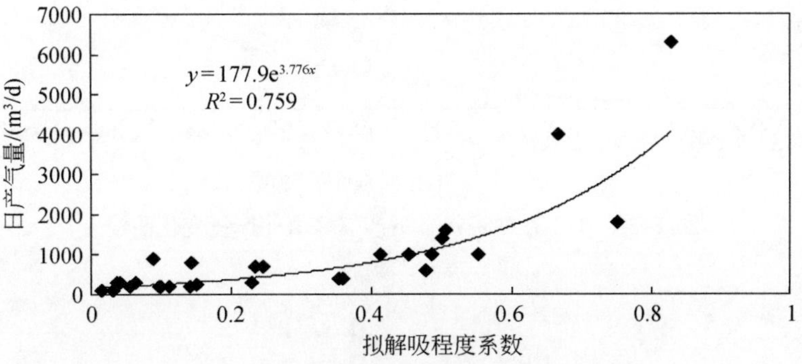

图 8.32　典型日产气量与解吸程度系数关系图

利用多元回归方法，得出研究区单井典型日产气量与产气地质潜力和拟解吸程度系数之间的统计模型：

$$q_r = 362.688e^{3.589\beta} + 129.371Pr_g - 1247.028 \tag{8.7}$$

式中，q_r为煤层气井产气量，m^3/d；Pr_g为煤储层产气地质潜力，$m \cdot mD \cdot m^3/t$；β为拟解吸程度系数。

为了验证统计模型的有效性，选取有两个以上产气稳定期的三口典型井的实际生产数据，运用该统计模型，预测高产气稳定期气井的产气量，将预测结果与气井的实际生产数据作对比（表8.6）。

表8.6　产气量预测及误差分析

井号	产气地质潜力/[(m·mD·m³)/t]	高产气稳定期拟解吸程度系数	实际日产气量/(m³/d)	统计模型预测日产气量/(m³/d)	误差/%
1-3	9.259652	0.237119	900	854.989	5.001
1-4	12.739444	0.160476	1200	1074.054	10.496
1-5	6.732544	0.409808	1600	1382.304	13.606

从表8.6中可以看出，由该统计模型对未来井底流压不断降低时的气井产量进行预测的结果与煤层气井实际生产数据吻合度较好，误差范围在15%以内。因此，该动态统计模型对未来井底流压不断降低时的气井产量进行预测具有较好的可行性，对实际生产具有一定的指导意义。

该动态统计方法主要适用于煤层气井达到产气峰值之前的产量预测。根据上述讨论可知，煤层气井峰值产量应对应于井底流压接近于0时的产量，即从理论上来说，在不考虑人为等外在因素对气井排采效果的影响作用的前提下，随着煤层气解吸程度的不断增大，气井产气量也逐渐增大，直至井底流压接近于0时，拟解吸程度系数接近于1，气井将达到产量峰值。图8.33为应用该统计模型得出的理想状态下，1-3井随着解吸程度的不断增大，气井产量逐渐增大直至达到产气峰值的产气量变化趋势。

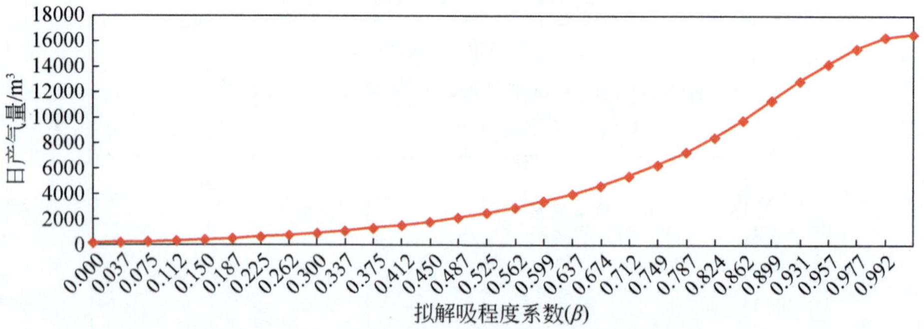

图8.33　1-3井理想状态下产气峰值前产量变化曲线

第四节　煤层气井经济评价

煤层气井开发难度大，具有高投资、低产出、高风险的特点。在开采的初始阶段，探索煤层气井单井经济的有效性，对煤层气商业开发具有指导作用（Yang *et al.*，2008）。

一、煤层气单井产量预测

本章第一节中，讨论了预测煤层气产量曲线的数值模拟法和递减曲线法，第二节讨论了产量峰值的预测方法，产量预测是经济评价的基础。

但我国目前处于煤层气商业开发的初级阶段，根据第二节提供的方法，可以对单口井的峰值产量进行预测，但对达到峰值产量后，递减指数 b 取多大，仍是个未知数。

本节讨论的经济评价方法基于这样一个思路：假定单井峰值产量已知，给出一个峰值产量，用不同的递减指数 b 来模拟未来产量，通过现金流分析，得到模拟井具有商业价值的概率；给出不同峰值产量，得到不同峰值产量具有商业价值的概率的概率。

利用 Arps 方程式对不同产气峰值、不同初始递减率和匹配的不同 b 值对樊庄区块单井产量进行近 200 种预测，下面是产量峰值为 $4000m^3/d$，初始递减率为 10% 时，对 $0<b\leqslant1$ 的产量预测结果如表 8.7 和图 8.34 所示。

表 8.7　产气峰值为 $4000m^3/d$，初始递减率为 10% 时单井产量预测表

（单位：m^3/d）

年份 \ b 值	0.1	0.2	0.3	0.4	0.5	0.6	0.7	0.8	0.9	1
第 1 年	1500	1500	1500	1500	1500	1500	1500	1500	1500	1500
第 2 年	3600	3600	3600	3600	3600	3600	3600	3600	3600	3600
第 3 年	4000	4000	4000	4000	4000	4000	4000	4000	4000	4000
第 4 年	3621	3623	3625	3626	3628	3630	3631	3633	3635	3636
第 5 年	3281	3288	3294	3300	3306	3312	3317	3323	3328	3333
第 6 年	2976	2989	3001	3013	3025	3036	3046	3057	3067	3077
第 7 年	2702	2722	2742	2760	2778	2795	2811	2827	2842	2857
第 8 年	2456	2484	2510	2536	2560	2583	2605	2627	2647	2667
第 9 年	2234	2270	2304	2336	2367	2396	2424	2450	2476	2500
第 10 年	2033	2077	2119	2158	2195	2230	2263	2294	2324	2353
第 11 年	1853	1904	1953	1998	2041	2081	2119	2155	2190	2222
第 12 年	1690	1748	1803	1854	1902	1948	1990	2031	2069	2105
第 13 年	1542	1608	1668	1725	1778	1828	1874	1919	1960	2000
第 14 年	1409	1480	1546	1608	1665	1719	1769	1817	1862	1905
第 15 年	1288	1364	1435	1501	1563	1620	1674	1725	1773	1818

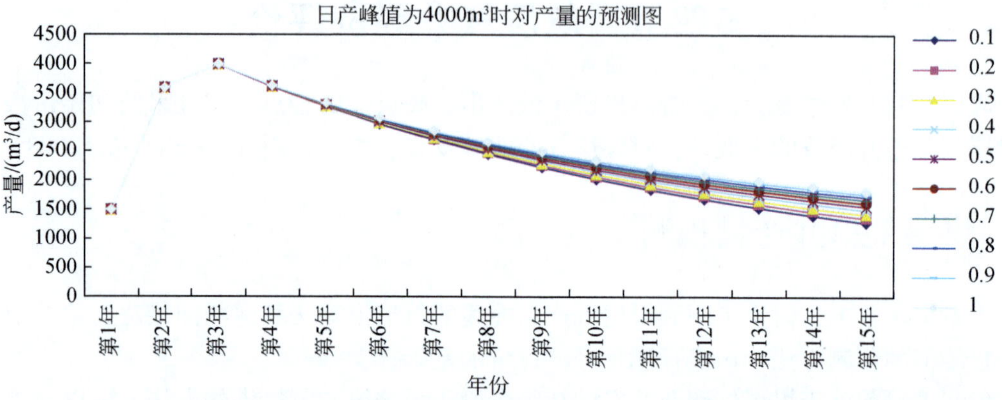

图 8.34 煤层气井峰值产量为 4000m^3/d 和初始递减率为 10% 时产量随 b 值变化预测图

二、煤层气单井投资估算和费用分析

1. 单井投资估算

对单口煤层气直井的投入和产出情况进行估算，按照一口井服务 15 年计，钻采投资 133.74 万元，其中钻井工程投资 74.64 万元，单井采气工程投资 59.1 万元，具体投资估算可参见表 8.8。

表 8.8　单井建设投资估算表

序号	费用项目及名称	合计/万元	比例/%
一	工程费用	187.49	88.34
1)	钻井工程投资	74.64	35.17
2)	采气工程投资	59.1	27.85
3)	地面工程投资	53.75	25.33
二	其他费用	17.95	8.46
三	基本预备费	6.8	3.20
建设投资		212.24	100

2. 我国煤层气产业财税制度的变迁

目前，煤层气开发利用市场尚不成熟，开发利用成本高，技术方面也存在一些瓶颈，为鼓励煤层气的开发利用，根据国务院《研究煤矿瓦斯综合治理利用专题会议纪要》（国阅［2007］19 号）精神，财政部决定对煤层气民用燃气等进行适当补贴，中央财政按 0.2 元/m^{3}煤层气（折纯）标准对煤层气开采企业进行补贴，在此基础上，地方财政可根据当地煤层气开发利用情况对煤层气开发利用给予适当补贴，具体标准和补贴办法由地方财政部门自主确定。

中央财政安排的煤层气补贴资金按以下方式计算：

$$补贴额度=(销售量+自用量-用于发电量)\times补贴标准 \tag{8.8}$$

财政部、国家税务总局《关于加快煤层气抽采有关税收政策问题的通知》中指出对煤层气抽采企业的增值税一般纳税人抽采销售煤层气实行增值税先征后退政策。先征后退税款由企业专项用于煤层气技术的研究和扩大再生产，不征收企业所得税，并且规定对地面抽采煤层气暂不征收资源税，这些优惠政策对煤层气井的经济效益有很大的影响。

三、经济评价投资决策指标

财务盈利能力分析主要是考察项目投资的盈利水平，对经济效益分析的方法（杨永国等，2001；康永尚等，2014）很多，本书从内部收益率的角度评价了该区块的投资盈利能力，采用现金流量法进行经济效益分析，净现金流量是指各个时间点上发生的现金流入与现金流出之差。

财务内部收益率（IRR）是指项目在整个计算期内各年的净现金流量现值累计等于零时的折现率，计算公式如下：

$$\sum_{t=1}^{n}(\mathrm{CI-CO})_t(1+\mathrm{IRR})^{-(t-1)}=0 \tag{8.9}$$

式中，$(\mathrm{CI-CO})_t$为第 t 年的净现金流量；IRR 为财务内部收益率,%；CI 为现金流入量；CO 为现金流出量；n 为项目计算期（或分析期）。

当财务内部收益率大于该项目所要求的基准收益率水平时（这里设定8%），接受该项目，否则拒绝该项目。

四、煤层气单井峰值经济评价

1. 经济评价参数的确定及成本和费用分析

经济评价选取的基本参数（刘清志和王桂荣，1998）见表8.9。设建设期1年，整个评价期15年。考虑煤层气开发难度大，是高风险、高投资、低产出的产业，基准收益率（折现率）按照8%计。

表8.9　经济评价基本参数表

基础参数	数值	单位	基础参数	数值	单位
项目建设期	1	年	增值税率	0	%
煤层气商品率	95	%	城建维护税率	0	%
井口气价	0.8.1.0	元/m^3	教育附加税率	0	%
基准收益率	8	%	资源税率	0	元/10^3m^3
折现率	8	%	所得税率	33	%

注：包括维持正常生产的材料费、燃料费、动力费、工资及福利费、维护修理费、井下作业费、气和水处理费、运输费、折旧费等（杨永国等，2001）。

2. 评价结果

我们选择了日产峰值为 2000 ~ 5000m^3，对该地区单井进行产量预测，因为它们代表樊庄地区典型的煤层气井日产峰值产量。采用现金流量法，建立单井峰值产量经济模型（张遂安等，2004），从预测的不同产量，以及国家给予煤层气产业补贴前后进行对比分析。下面就日产峰值为 4000m^3 举例说明其峰值经济效益（表 8.10）。由表 8.10 可知，当产气峰值为 4000m^3/d 时：

补贴前：初始递减率在 20% 以下都具有投资潜力；当初始递减率达到 30% 时，b 值大于 0.2 能够盈利；当初始递减率达到 40% 时，b 值大于 0.6 能够满足设定的 8% 基准收益率以上的超额收益（图 8.35）。

补贴后：递减率 40% 以下都具有投资价值。

表 8.10　峰值产量为 4000m^3/d 时补贴前后的内部收益率情况表

初始递减率为 10% 时的 IRR										
b 值	0.1	0.2	0.3	0.4	0.5	0.6	0.7	0.8	0.9	1
补贴前	22.14%	22.31%	22.48%	22.63%	22.77%	22.91%	23.03%	23.15%	23.27%	23.38%
补贴后	40.08%	40.20%	40.32%	40.43%	40.53%	40.63%	40.73%	40.81%	40.90%	40.98%
初始递减率为 20% 时的 IRR										
b 值	0.1	0.2	0.3	0.4	0.5	0.6	0.7	0.8	0.9	1
补贴前	15.14%	15.90%	16.52%	17.03%	17.47%	17.86%	18.21%	18.54%	18.83%	19.11%
补贴后	34.30%	34.74%	35.12%	35.46%	35.77%	36.05%	36.31%	36.55%	36.77%	36.98%
初始递减率为 30% 时的 IRR										
b 值	0.1	0.2	0.3	0.4	0.5	0.6	0.7	0.8	0.9	1
补贴前	4.76%	7.60%	9.54%	11.03%	12.20%	13.14%	13.93%	14.61%	15.19%	15.67%
补贴后	28.42%	29.36%	30.18%	30.90%	31.54%	32.09%	32.58%	33.04%	33.44%	33.80%
初始递减率为 40% 时的 IRR										
b 值	0.1	0.2	0.3	0.4	0.5	0.6	0.7	0.8	0.9	1
补贴前				2.82%	5.80%	7.80%	9.34%	10.56%	11.58%	12.43%
补贴后	22.30%	23.94%	25.32%	26.50%	27.50%	28.37%	29.14%	29.83%	30.45%	31.00%

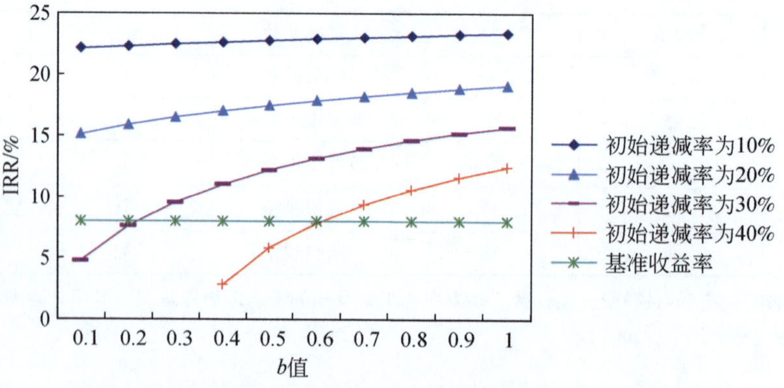

图 8.35　峰值产量为 4000m^3/d 时补贴前的 IRR 示意图

我们按照以上方法对樊庄地区单口煤层气井不同峰值产量进行了补贴前、后经济效益对比，得出了煤层气井是否满足投资价值的初始递减率界限（表8.11、表8.12，图8.36、图8.37）。

表8.11　补贴前不同峰值产量下初始递减率投资盈利情况表

峰值产量	全部具有投资价值的初始递减率	部分具有投资价值的初始递减率	完全不具有投资价值的初始递减率
$2000m^3/d$	7%以下	7%~10%	10%以上
$2500m^3/d$	10%以下	10%~20%	20%以上
$3000m^3/d$	15%以下	15%~30%	30%以上
$4000m^3/d$	20%以下	20%~50%	50%以上
$5000m^3/d$	30%以下	30%~80%	80%以上

表8.12　补贴后不同峰值产量下初始递减率投资盈利情况表

峰值产量	全部具有投资价值的初始递减率	部分具有投资价值的初始递减率	完全不具有投资价值的初始递减率
$2000m^3/d$	17%以下	17%~28%	20%以上
$2500m^3/d$	20%以下	20%~47%	47%以上
$3000m^3/d$	32%以下	32%~66%	66%以上
$4000m^3/d$	55%以下	55%~100%	
$5000m^3/d$	73%以下	73%~100%	

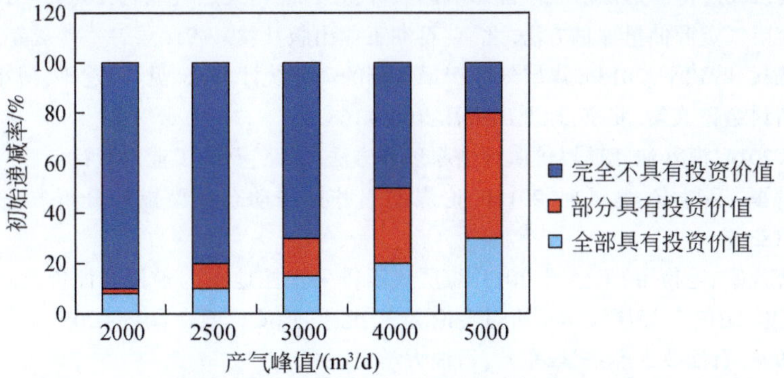

图8.36　补贴前经济效益分析结果图

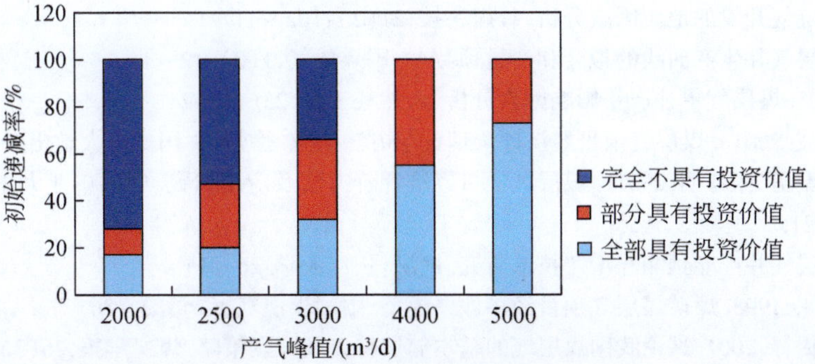

图8.37　补贴后经济效益分析结果图

3. 结论和建议

(1) 当峰值为 2000m³/d，补贴前，初始递减率在 7% 以下全部具有投资价值，在 10% 以上就不具有投资价值了；而补贴后 17% 以下都具有投资价值，达到 20% 以上就不具有投资价值了。当峰值为 3000m³/d，补贴前，初始递减率在 15% 以下全部具有投资价值，在 30% 以上就不具有投资价值了；而补贴后 32% 以下都具有投资价值，达到 66% 以上就不具有投资价值了。当峰值为 5000m³/d，补贴前，初始递减率在 30% 以下全部具有投资价值，在 80% 以上就不具有投资价值了；而补贴后 73% 以下都具有投资价值。

(2) 峰值越高、初始递减率越低、匹配的 b 值越大（$b<1$）产气量越高。

(3) 本书投资估算及成本费用分析都是以樊庄区块为基础的，因此评价的结果只对本地区有意义，而评价的方法是有效的可以适用于其他地区。

(4) 在经济评价的过程中，经济评价的参数本身也是预测的，有很多不确定因素存在，因此此次评价的结果只能作为投资决策者的参考。

参考文献

邓英尔，黄润秋，郭大浩，张遂安. 2005. 煤层气产量的影响因素及不稳定渗流产量预测. 天然气工业，25(1)：117～119.

邓泽，康永尚，刘洪林，李贵中，王勃. 2009. 开发过程中煤储层渗透率动态变化特征. 煤炭学报，34(7)：947～951.

杜志敏，付玉，伍勇. 2007. 低渗透煤层气产能影响因素评价. 石油与天然气地质，28(4)：516～527.

贾承造等. 2007. 煤层气资源储量评估方法. 北京：石油工业出版社：89～91.

康永尚，窦凤珂，张兵，叶建平. 2013a. 煤层气井产量预测的动态统计方法. 见：叶建平，傅小康，李五忠. 2013 年煤层气学术研讨会论文集. 北京：地质出版社：160～168.

康永尚，郭黔杰等. 2014. 海外油气项目价值评估原理和方法. 北京：石油工业出版社.

康永尚，秦绍锋，韩军，毛得雷，窦凤珂. 2013b. 论煤层气井排采动态典型指标分析方法体系. 煤炭学报，38(10)：1825～1830.

秦绍锋，康永尚，曹爱娟，毛得雷，王会娟. 2013. 煤层气田排采主控地质因素权重评价及地质意义. 见：叶建平 傅小康 李五忠. 2013 年煤层气学术研讨会论文集. 北京：地质出版社：196～205.

刘清志，王桂荣. 1998. 石油技术经济学. 东营：石油大学出版社.

娄剑青. 2004. 影响煤层气井产量的因素分析. 天然气工业，24(4)：62～64.

宁宁，张建博. 1999. 煤层气地质选区评价方法研究. 天然气工业，19(3)：34～35.

孙淑云. 2005. 煤层气开发的地质因素分析. 甘肃科技，21(2)：102～117.

田永东. 2004. 煤层气井生产曲线的拟合和产量预测. 中国煤层气，1(2)：12～14.

万玉金，曹雯. 2005. 煤层气单井产量影响因素分析. 天然气工业，25(1)：124～126.

杨永国，秦勇，姜波. 2001a. 煤层气项目经济评价理论与方法研究. 徐州：中国矿业大学出版社.

杨永国，王桂梁，秦勇，张冬明. 2001b. 煤层气项目经济评价方法及应用研究. 中国矿业大学学报(自然科学版)，(2)：18～21.

尹俊禄. 2012. 煤层气井产能预测与增产技术研究. 武汉：长江大学：26～45.

朱超，刘馨，王万兴. 1998. 煤矿煤层气项目经济评估模型. 中国煤层气，(2)：82～86.

张群，冯三利，杨锡禄. 2001. 试论我国煤层气的基本储层特点及开发策略. 煤炭学报，26(3)：230～235.

张遂安，王竹平，李艳红. 2004. 煤层气开发项目经济评价方法与预测模型. 中国矿业大学学报，33(3)：

314 ~ 317.

Aminian K, Ameri S, Sanchez M, Garcia A. 1945. Type curves for coalbed methane production prediction. SPE, 91482, SPE Eastern Regional Meeting in Charleston W V.

Arps J J. 1945. Analysis of decline curves. Transactions of the AIME, 160(1): 228 ~ 247.

David H S L, van der Meer L G H, Gunter W D. 2002. Numerical Simulator Comparison Study for Enhanced Coalbed Methane Recovery Processes, Part I: Pure Carbon Dioxide Injection. SPE, 75669.

Dou F K, Kang Y S, Qin S F, Mao D L, Han J. 2013. The coalbed methane production potential method for optimization of wells location. Journal of Coal Science & Engineering, 19(2): 210 ~ 218.

Hanby K P. 1991. The Use of Production Profiles for Coalbed Methane Valuations. Proceedings of the 1991 Coalbed Methane Symposium, 443 ~ 452.

Okuszko K E, Gault B W, Mattar L. 2007. Production decline performance of CBM wells. Petroleum Society's 8th Canadian International Petroleum Conference(58th Annual Technical Meeting).

Paul G W. 1996. Simulating coalbed methane reservoirs. In: Saulsberry J L, Paul S, Schraufnagel R A (eds). A Guide to Coalbed Methane Reservoir Engineering. Chicago: Gas Research Institute.

Society of Petroleum Evaluation Engineers (Calgary Chapter), Canadian Institute of Mining, Metallurgy & Petroleum (Petroleum Society). 2007. Canadian Oil and Gas Evaluation Handbook (Detailed Guidelines for Estimation and Classification of Coal Bed Methane Resources and Reserves) (Volume 3), 1st ed. Washington, DC: Calgary SPEE.

Yang S, Kang Y S, Zhao Q, *et al.* 2008. Method for predicting economic peak yield for a single well of coalbed methane. Journal of China University of Mining and Technology, 18(4): 521 ~ 526.